Die Technik selbsttätiger Steuerungen und Anlagen

Neuzeitliche schaltungstechnische Mittel
und Verfahren, ihre Anwendung auf den Gebieten
der Verriegelungen
und der selbsttätigen Steuerungen

Von

Dipl.-Ing. G. Meiners

Mit 144 Abbildungen

München und Berlin 1936

Verlag von R. Oldenbourg

Vorwort.

In den letzten zehn Jahren hat sich auf dem Gebiet der Schaltungs-technik eine Weiterentwicklung vollzogen, die einerseits eine Vervoll-kommnung der Netz- und Maschinen-Schutzsysteme und andererseits die Anwendung mannigfacher Verriegelungs- und Steueranord-nungen im Bereiche der elektrischen Stromerzeugung, -umformung und -verteilung gebracht hat.

Ein besonderes Gebiet im Rahmen dieser Technik bilden die so-genannten »selbsttätigen Anlagen«. Ihre Entwicklung hat den Anstoß zum Bau vieler neuartiger Relais, Schützen, Schaltwalzen und Schalter gegeben. Gleichzeitig wurden Schaltanordnungen für das Zusammen-arbeiten der neugeschaffenen Geräte ausgebildet, planmäßig erforscht, geordnet und — was das Wesentliche ist — im Laufe der Zeit immer mehr vereinfacht. Es zeigte sich nämlich bald, daß die Vereinfachung des Aufwandes und der Anordnung wesentlich für die Weiterentwick-lung ist.

Über diese Entwicklung berichtet das vorliegende Buch. Der Rahmen dieses Buches reicht aber über das eigentliche Gebiet der selbsttätigen Anlagen hinaus, wie überhaupt festzustellen ist, daß heute die Grenzen zwischen einer von Hand bedienten und einer selbsttätigen oder ferngesteuerten Anlage sehr verwischt sind.

Das ursprüngliche Kennzeichen einer selbsttätigen Anlage bestand darin, daß alle diejenigen Schalt- und Reguliervorgänge, die in einer handbedienten Anlage durch die Bedienungsmannschaft von Hand betätigt werden, bei der automatischen Anlage durch eine mehr oder weniger umfangreiche Steueranlage selbsttätig bewerkstelligt werden. Heute dagegen versteht man unter einer selbsttätigen Anlage auch eine solche, in der sich neben der Steuerung einzelner Vorgänge von Hand ein großer Teil der Steuervorgänge selbsttätig abwickelt. Die Frage des Ersatzes der Bedienungsmannschaft durch selbsttätige Steueraus-rüstungen spielt heute überhaupt nur in kleinen und mittleren Anlagen eine Rolle.

Im allgemeinen handelt es sich bei der Anwendung der neugeschaf-fenen Verriegelungs- und Steuerverfahren einfach um eine schaltungs-technische Vervollkommnung, beispielsweise zur Verkürzung der An-laufzeit großer Maschinensätze, zur Verhinderung von Fehlschaltungen, zur Ermöglichung der Steuerung umfangreicher Anlagen über große Entfernungen oder ähnliches.

Ebenso wichtig wie die Einfachheit der Ausführung schwieriger Schaltvorgänge ist die Einfachheit ihrer schaltungstechnischen Darstellung. Diese mußte ganz besonders gepflegt werden, wenn man mit der Einführung umfangreicher selbsttätiger Steueranlagen weiterkommen wollte. Im vorliegenden Buch ist versucht, das gesamte Gebiet der teilweise komplizierten Anordnungen möglichst einfach zu erläutern. In diesem Bestreben der einfachen Darstellung war dem Verfasser die Vortrags- und Darstellungsweise seines Lehrers an der Hochschule, des Herrn Prof. Dr. W. Petersen, richtungweisend.

Wenn in der vorliegenden Arbeit in erster Linie von Anordnungen und Lösungen der Allgemeinen Elektricitäts-Gesellschaft die Rede ist, so hat dies seinen Grund darin, daß der Verfasser diese Dinge aus nächster Nähe kennt, und daß das ganze Material von dieser Seite aus mühelos zur Verfügung steht. Das soll aber nicht den Eindruck erwecken, als ob andere deutsche Großfirmen der Elektrotechnik einen geringen Anteil an der im Buch geschilderten Entwicklung und am heutigen Stande hätten. Auch die Wasserturbinenbauer, in erster Linie die Firmen J. M. Voith, Heidenheim, und Escher, Wyß u. Cie, haben einen großen Teil der Entwicklung geleistet. Von ihnen stammen die hydraulischen und hydraulisch-elektrischen Steueranordnungen.

Soweit der Verfasser die im Buche geschilderte Entwicklung beobachten oder fördern konnte, ist festzustellen, daß diese Tätigkeit insofern eine Weiterentwicklung aus den allerersten Anfängen des Schaltanlagenbaues heraus darstellt, als sie von einem Pionier im Schaltanlagenbau, Herrn Dr.-Ing. h. c. H. Probst, betreut und mit viel Verständnis für technische Schwierigkeiten geleitet wurde. Auf dem Gebiet der übersichtlichen und klaren Verlegung der Betätigungsleitungen einer Steueranlage, die um so wichtiger ist, je umfangreicher und verwickelter die Schaltung ist, hat Herr Oberingenieur P. Kannengießer wichtige Vorarbeiten geleistet.

Soweit es sich um den Beitrag handelt, den die AEG auf dem vorliegenden Gebiete zu der verhältnismäßig schnellen Entwicklung geliefert hat, verdankt der Verfasser dem Relaisbauer, Herrn Oberingenieur K. Boeckh, die Schaffung vieler Relaisarten zu einer Zeit, als der Relaisbau für den Starkstromtechniker noch Neuland war. Heute, nachdem eine große Zahl von Grundformen geschaffen ist, neigt man dazu, die Schwierigkeiten dieser ersten Anfänge zu vergessen. Die Schwierigkeiten lagen erstens darin, daß infolge fehlender Betriebserfahrungen die Forderungen, die an die Relaisausrüstungen zu stellen waren, unklar waren, und zweitens darin, daß seinerzeit bei vielen Betriebsleuten eine starke Abneigung gegen alle, auch die allereinfachsten, Relaisanordnungen bestand.

Die amerikanischen Ingenieure haben auf dem behandelten Gebiet schon seit dem Jahre 1913 mit Erfolg bahnbrechende Arbeit geleistet. Durch eine Studienreise nach den Vereinigten Staaten von Amerika und durch das Zusammentreffen mit Fachleuten, wie Ch. Lichtenberg, W. Anderson und B. Seeley, konnte der Verfasser einen lebhaften Eindruck von der amerikanischen Entwicklung gewinnen.

Was den Wunsch nach immer größerer Vereinfachung der Schaltungen anbetrifft, so haben die Mitarbeiter des Verfassers, vor allem die Ingenieure B. Fleck und H. Gülzow, keine Arbeit und Mühe gescheut, um jede Ausführung einer Steueranordnung gegenüber der vorher durchgearbeiteten zu vereinfachen, statt ähnliche Anlagen nach einem feststehenden Muster zu kopieren. So entstanden Hunderte von Anlagen, deren Schaltungselemente alle untereinander ähnlich sind, von denen aber jede später gebaute Anlage einen kleinen Schritt weiter in dem Streben nach Einfachheit der Ausführung darstellt.

Berlin-Südende, Mai 1936.

G. Meiners, VDE.

Inhaltsverzeichnis.

A. Einleitung.

Zu dem Handwerkszeug des Starkstromtechnikers gehören heute viele Arten schaltungstechnischer Verfahren, die die Aufgabe haben, Schaltvorgänge gegeneinander zu verriegeln, voneinander abhängig zu machen oder selbsttätig zu steuern. Die Kenntnis dieser Möglichkeiten ist für den Betriebsmann ebenso wie für den mit der Planung von Kraftwerken, Unterwerken, Industrie- und Verteilungsanlagen beschäftigten Fachmann von Wichtigkeit. Infolge des Zusammenschlusses vieler Kraftwerke sind die Forderungen nach Schnelligkeit des Leistungseinsatzes, nach Genauigkeit der Regelung, nach Sicherstellung der elektrischen Stromversorgung verwickelter geworden, als dies bisher der Fall war. Im Zusammenhang mit den neuzeitlichen Fernsteuerverfahren sind schaltungstechnische Aufgaben entstanden, die einer planmäßigen Behandlung bedürfen. Derartige Fragen werden im vorliegenden Buch im Zusammenhang und im Aufbau behandelt, wobei von den einfachen Anordnungen ausgegangen ist.

Die Entwicklung dieser Technik ist in Deutschland etwa 15 Jahre alt und man kann wohl folgende Entwicklungsstufen feststellen: Nach Anwendung der ersten selbsttätigen Steuerungen an rotierenden Umformern und kleinen Wasserkraftanlagen ermöglichte die Einführung der Glas- und Eisengleichrichter die Durchführung der selbsttätigen Steuerung mit besonders einfachen Mitteln. Gleichzeitig wurde infolge Anwachsens der Netzbelastung die Vergrößerung der Leistung der Umformeranlagen nötig. Die Aufstellung von im Netz verteilten Gleichrichteranlagen ermöglichte die gewünschte Leistungsvergrößerung ohne beträchtliche Verstärkungen der Querschnitte der Speiseleitungen. Die Ausrüstung dieser Gleichrichteranlagen als selbsttätige oder ferngesteuerte Unterwerke war besonders naheliegend. Es wurden neue Geräte und Verfahren entwickelt, die sich auch auf anderen Gebieten anwenden ließen.

Bei einer solchen Entwicklung mag wohl der Anstoß zu einer neuartigen Anordnung von dem mit der Planung betrauten Bearbeiter ausgehen, aber im Grunde hängt das Wohl und Wehe solcher Entwicklungen doch davon ab, ob der Betriebsmann die neu geschaffenen Lösungen für richtig hält, und ob sie ihm bei seiner Arbeit nützlich sind. Die Anregungen, die vom Betriebe ausgehen, sind selbstverständlich die wertvollsten. Andererseits ist es wichtig, daß der Betriebsmann über die zur Verfügung stehenden Mittel unterrichtet wird. Das vorliegende Buch dient dieser Aufgabe.

Die Frage: »Wann Automatisierung und wann Fernsteuerung?« hat einige Zeit lang die Entwicklung gehemmt. Es hat sich aber bald herausgestellt, daß diese Fragestellung selbst irreführend ist und daß diese beiden Steuerverfahren nicht Lösungen sind, die untereinander im Wettbewerb stehen, sondern daß das richtige Zusammenarbeiten der beiden Steuerarten zu den besten Betriebsergebnissen führt. Heute hat wohl für die meisten Anwendungen die erwähnte Frage an Bedeutung verloren.

Für das Zusammenarbeiten der beiden Steuerverfahren haben sich einige Wege herausgebildet, die in einem besonderen Abschnitt behandelt werden.

Die nächste Stufe der Entwicklung ist wohl durch den Begriff »Einfachheit« gekennzeichnet. Besonders in den letzten Jahren wurden in dem Bestreben nach Einfachheit der Steueranlagen große Fortschritte gemacht, und zwar in bezug auf die verwendeten Geräte, ebenso wie in schaltungstechnischer Beziehung. Ein Beispiel für dieses Streben nach Einfachheit besteht darin, daß auf dem Gebiete der Relais das elektromagnetische Relais, das von Natur aus verhältnismäßig schlechte elektrische Eigenschaften hat, mit Rücksicht auf seinen robusten und einfachen Aufbau die meisten anderen Relais, insbesondere viele Relais, die aus dem Meßinstrumentenbau kamen, verdrängt hat.

Infolge der Bevorzugung des einfachen elektromagnetischen Relais durch den Betriebsfachmann waren die Relaisbauer gezwungen, Mittel und Wege zu finden, um dieses Relais überall da anwenden zu können, wo vorher hochempfindliche meßinstrumentenartige Relais in Anwendung waren. Diese Entwicklung ist heute zu einem gewissen Abschluß gekommen und man kann wohl sagen, daß es durch Anwendung aller möglicher Kunstschaltungen gelungen ist, das elektromagnetische Relais ganz allgemein und auf viel größerer Basis zu verwenden, als dies früher möglich zu sein schien.

Dasselbe liegt auf dem Gebiet der Schaltungstechnik vor. Für Anordnungen, die früher nur unter Verwendung von etwa 20 Relais durchgeführt werden konnten, werden heute nur 5 bis 6 Relais gebraucht. In dieser Richtung wird die Entwicklung noch weiter fortschreiten und mit zunehmender Vereinfachung wird die Anwendung der Verriegelungsschaltungen und der selbsttätigen Steuerungen zunehmen.

Es ist wohl selbstverständlich, daß in der Zeit der schwersten wirtschaftlichen Krise in Deutschland häufig die Frage gestellt wurde, ob überhaupt die Anwendung selbsttätiger Steuerungen gerechtfertigt erscheint. Dieser Frage mußte ganz besondere Aufmerksamkeit geschenkt werden. Sie ist in den Abschnitten B4 u. B8 ausführlich behandelt.

Im vorliegenden Buche sind die folgenden Gebiete nicht bearbeitet, obwohl sie in enger Beziehung zu seinem Inhalt stehen: Netz- und Maschinenschutzsysteme, soweit sie auch in von Hand bedienten Anlagen üblich sind, Fernsteuerverfahren[1]), Fernmeßeinrichtungen und Kesselregelungsanordnungen.

Die Röhrensteuerungen, von denen man wohl annehmen kann, daß sie sich in naher Zukunft weiter ausbreiten werden, sind nur in schaltungstechnischer Beziehung besprochen. Es gibt auf diesem Gebiet zwar viele neuartige Lösungen, aber es sind noch wenig einfache Formen durchentwickelt und in die Praxis eingeführt. Trotzdem muß sich der heutige Schaltungstechniker mit ihnen beschäftigen, denn die Anwendung der Steuerröhre erweitert das Gebiet der Relaissteuerungen in bedeutender Weise. Besonders durch die Erfassung außerordentlich kurzzeitiger Schaltvorgänge können neuartige schaltungstechnische Wirkungen erzielt werden. Ein Beispiel ist im Abschnitt VII 25 erläutert.

B. Schaltungstechnische Aufgaben, Mittel und Verfahren.

I. Aufgabe und Zweck der selbsttätigen Steueranordnungen.

Der Anlaß zur Anwendung einer selbsttätigen Steuerung richtet sich nach den Betriebsverhältnissen und kann sehr verschieden sein. In erster Linie dient die Automatisierung zur Lösung technischer Aufgaben. Nur seltener handelt es sich darum, Bedienungskosten zu ersparen. Einige der Überlegungen, die zur Anwendung selbsttätiger Steuerungen geführt haben, sollen im folgenden geschildert werden; im Anschluß daran wird die Frage geprüft, in welcher Weise die Anwendung selbsttätiger Steuerungen das Arbeitslosenproblem berührt.

1. Ermöglichung einer dezentralisierten Stromumformung in Bahnanlagen und Lichtnetzen.

Vor etwa 25 Jahren hat man Umformeranlagen für Bahnbetriebe so geplant, wie dies, in vereinfachter Weise dargestellt, aus der Abb. 1 a hervorgeht. Große Bahnnetze, ähnlich wie das Stromversorgungsnetz der Berliner Stadt- und Ringbahn, wurden durch nur wenige, aber sehr große Umformerwerke mit Strom versorgt. In diesen Umformerwerken war eine große Zahl von Maschinen im Betrieb, und über verhältnismäßig lange Speiseleitungen mit großem Querschnitt wurde das gesamte Bahnnetz von den Sammelschienen dieser wenigen Unterwerke aus mit

---

[1]) Siehe: W. Stäblein, »Die Technik der Fernwirkanlagen«, R. Oldenbourg, München u. Berlin 1934. — Schleicher, »Die elektrische Fernüberwachung und Fernbedienung für Starkstromanlagen und Kraftbetriebe«, Springer, Berlin 1932.

Strom versorgt. Durch die Anwendung der Automatisierung, Fernsteuerung und Fernüberwachung ist es möglich geworden, die gesamte
Anordnung derartiger Anlagen dadurch technisch zu verbessern, daß
man an Stelle der früher geplanten, wenigen großen Umformerwerke

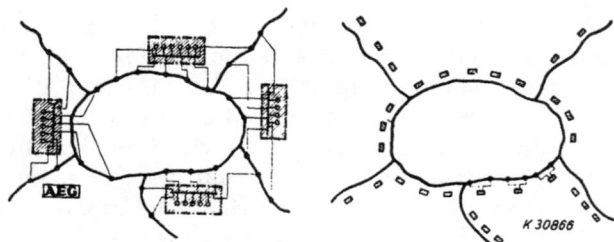

Abb. 1. Gleichstromversorgung eines Bahnnetzes.

a) Wenige große Umformer-   b) Viele kleine Umformeranlagen mit Handbedienung.   anlagen mit Fernbedienung.

eine sehr große Zahl kleiner Unterwerke baut, wie dies die Abb. 1b
zeigt. Die hauptsächlichsten technischen Vorzüge bei dieser im Netz
verteilten Stromumformung sind folgende:

a) Man kommt mit kleineren Kupferquerschnitten im Fahrleitungs-
netz aus,

b) durch starke Verkürzung der Speiseleitungen steigt die Betriebssicherheit des Speisenetzes,

c) die Spannungshaltung ist leichter und besser,

d) im Falle von außergewöhnlichen Betriebsstörungen werden nur
kleinere Teile stillgelegt, als dies bei der zentralisierten Stromumformung (Abb. 1a) der Fall war.

Der Nachteil, daß das Hochspannungsnetz ausgedehnter wird als
bei der früheren Anordnung, ist nicht so groß, daß die oben angeführten
Vorteile dadurch wieder aufgewogen werden. Man kann wohl feststellen,
daß bei fast allen neuzeitlichen Bahnnetzen diese dezentralisierte Stromumformung angewendet wird. Sie ist dadurch möglich geworden, daß
durch die Anwendung der selbsttätigen oder fernbetätigten Steuerung
der vielen einzelnen, im Netz verteilten Unterwerke der Gesamtbetrieb
genau so einheitlich geführt werden kann, wie das früher bei Anordnung
nur weniger Unterwerke der Fall war.

Was nun die Frage der Bedienungsmannschaft solcher automatischer,
fernüberwachter Stationen anbetrifft, so ist von vornherein festzustellen, daß die Aufgabe der selbsttätigen Steueranordnungen nicht die
ist, das Bedienungspersonal zu ersetzen, sondern vielmehr die, eine ein-
heitliche Steuerung sämtlicher Anlagen zu ermöglichen. Man findet,
daß die Bedienungsmannschaft bei der Anordnung nach Abb. 1b kaum
kleiner, in vielen Fällen sogar größer geworden ist. Das ist nicht sofort.

einzusehen. Man muß aber bedenken, daß wohl früher die Bedienung von Hand vorgenommen wurde, daß aber nur wenige große Werke vorhanden waren, in denen insgesamt eine verhältnismäßig kleine Zahl von Bedienungsleuten an der Arbeit war. Die Zahl der Schaltwärter, die man benötigt, um eine große Zahl kleiner automatischer oder ferngesteuerter Anlagen in Ordnung zu halten (Abb. 1b), ist mindestens ebenso groß, wenn man von Ausnahmen absieht.

Es wäre falsch, zu verlangen, daß man nun in jedem der 40 kleinen Unterwerke ebensoviel Bedienungsmannschaften unterbringen soll, wie man früher für jedes der nur 4 Unterwerke gebraucht hat. Das ergäbe insgesamt eine gegenüber dem früheren Plan so große Zahl von Bedienungsmannschaften bzw. so hohe Bedienungskosten, daß wohl die Lösung mit der dezentralisierten Stromumformung wiederum gegenüber der früheren Anordnung zurücktreten müßte.

Wenn man feststellt, daß man für die Überwachung und Instandhaltung einer großen Zahl automatischer oder ferngesteuerter Umformeranlagen eine größere Anzahl Schaltwärter benötigt, dann soll das nicht etwa heißen, daß sich die Automatisierungs- und Fernsteuereinrichtungen nicht gut bewährt hätten. Es entspricht einem falschen Ehrgeiz, eine automatische Starkstrom-Schaltanlage bauen zu wollen, die keinerlei Wartung und Pflege bedürfe. Das kann man von einem, in ein staubdichtes Gehäuse eingebauten Relais, aber nicht von einer umfangreichen Gesamtschaltanlage erwarten. Elektrizitätswerke, die langjährige Erfahrungen mit selbsttätigen Schaltanlagen gemacht haben und mit diesen Anlagen sehr zufrieden sind, geben immer die Auskunft, daß die zuverlässige Wartung aller Anlageteile, wenn sie gut organisiert ist, sehr einfach, aber auch unerläßlich ist. Es wäre ein Mißbrauch technischer Fortschritte, wenn ein Betriebsleiter mit dem Hinweis darauf, daß die in seinem Betrieb befindliche Umformerstation als »automatische Anlage« gekauft sei, der Anlage aus Sparsamkeitsgründen oder aus Bequemlichkeit keinerlei Wartung angedeihen ließe.

Der soeben geschilderte Fall der Planung vieler kleiner automatischer Anlagen an Stelle weniger handbedienter Anlagen kommt nicht nur in Bahnnetzen, sondern sehr häufig in Lichtnetzen vor. Früher wurden mittlere Städte von einer einzigen Umformerzentrale aus mit Gleichstrom versorgt. Im Laufe der Zeit ist man aber dazu übergegangen, nicht mehr diese Umformeranlagen zu vergrößern, um sich dem erhöhten Strombedarf anzupassen, sondern an vielen verschiedenen Netzpunkten kleine Gleichrichterstationen als Stützpunkte zu bauen. An Stelle der Erweiterung des großen Umformerwerkes, die früher geplant war, sind im Laufe der letzten Jahre 5 bis 10 kleine und kleinste Umformeranlagen getreten. Der Sinn der Automatisierung ist auch hier die Ermöglichung der Erstellung vieler im Netz verteilter Unterwerke an Stelle weniger großer Anlagen.

2. Selbsttätige Steuerung von Vorgängen, bei denen es auf Schnelligkeit ankommt.

Aus der großen Zahl der zur Verfügung stehenden Beispiele soll hier nur ein sehr anschaulicher Fall geschildert werden. Wenn es sich um die Aufgabe handelt (Abb. 2), ein von Umformern gespeistes Gleichstromnetz 3, das wegen einer Hochspannungsstörung und einer damit verbundenen Störung der Stromumformung spannungslos geworden ist, wieder in Betrieb zu setzen, dann zeigt es sich, daß das Wiedereinschalten der das Netz speisenden Abzweige 2 nicht so einfach ist, wie man dies auf den ersten Blick glaubt. Die in dem Netz eingebauten vielen tausend Beleuchtungslampen haben bekanntlich die Eigenschaft, im kalten Zustand einen gegenüber ihrem normalen Belastungsstrom sehr hohen Einschaltstromstoß aufzunehmen, wenn sie an die volle Betriebsspannung angelegt werden. Hierdurch wird das Einschalten eines solchen

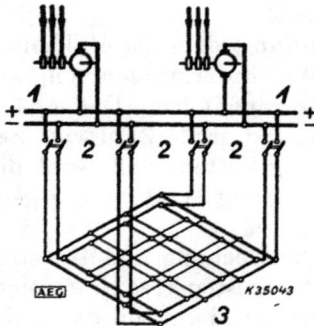

Abb. 2. Vereinfachtes Schaltbild eines Gleichstrom-Maschennetzes.
1 = Gleichstrom-Sammelschiene,
2 = Abzweigschalter,
3 = Maschennetz.

Netzes sehr erschwert und man spricht aus diesem Grunde vom »Anlassen« des Gleichstromnetzes, was besagen soll, daß man den schädlichen Einschaltstromstoß vermeidet, wenn man die Spannung in dem Gleichstromnetz allmählich vom Wert Null bis auf den normalen Wert erhöht.

Zur Lösung dieser Aufgabe gibt es viele Schaltungen. Die einfachste besteht wohl darin, daß man die einzelnen Abzweigschalter 2 nicht alle gleichzeitig, sondern in kurzen Zeitabständen nacheinander einschaltet. Dann spielt sich folgender Vorgang ab: Man geht bei dem Einschalten der Abzweigschalter so vor, daß man zuerst denjenigen Schalter einschaltet, der den am weitesten von der Umformer-Sammelschiene entfernten Speisepunkt mit der Sammelschiene verbindet. Dann weist in diesem Schaltzustand der Widerstand zwischen Netz und Sammelschiene einen verhältnismäßig großen Wert auf. Daß dies der Fall ist, hat seinen Grund darin, daß im normalen, eingeschalteten Zustand viele parallel geschaltete Speiseleitungen, deren Gesamtwiderstand infolge der Parallelschaltung verhältnismäßig klein ist, das Netz mit den Sammelschienen der Umformeranlage verbinden, während in dem geschilderten Fall nur eine einzige Speiseleitung eingeschaltet ist. Infolge dieses großen Widerstandes (des natürlichen Kabelwiderstandes) erhält das Netz anfangs nur eine geringe Spannung. Der Einschaltstromstoß ist demzufolge verhältnismäßig gering, jedenfalls viel geringer, als wenn man sämtliche Speiseleitungen gleichzeitig einschalten würde. Schaltet man nun in kurzen Zeitabständen auch die übrigen Speiseleitungen ein, dann wird der zwischen Sammelschiene und Netz liegende Verbindungswiderstand immer kleiner und kleiner bzw. die Netzspannung steigt immer mehr an. Es ist also auf diese Weise unter Verwendung des natürlichen Widerstandes der Speiseleitungen möglich, das Gleichstromnetz »anzufahren«.

Die Stromverhältnisse bei einem solchen Anlaßvorgang gehen aus Abb. 3 hervor. Zur Zeit Null wird die erste Speiseleitung eingeschaltet. Es tritt ein verhältnismäßig geringer Stromstoß auf. Nach einer halben Sekunde wird die zweite Speiseleitung parallel geschaltet. Es tritt wieder ein geringer Stromstoß auf. Nach einer weiteren halben Sekunde wird die dritte Speiseleitung eingeschaltet usw., und man sieht, daß hierbei Stromspitzen auftreten, die nur etwa doppelt so groß wie der normale Netzstrom sind. Würde man dagegen sämtliche Speiseleitungsschalter gleichzeitig eingeschaltet haben, dann würde eine Stromspitze auftreten, die das Zehnfache oder mehr des Normalstromes betragen würde. Worauf es bei diesem Vorgang aber ankommt, das ist die Zwangläufigkeit der Einschaltung der einzelnen Schalter und die Tatsache, daß die Zeitverzögerung zwischen der Einschaltung eines Schalters und der des nächsten nur sehr gering ist. Dies ist notwendig, weil sonst die Überlastung der zuerst eingeschalteten Speiseleitung so lange andauern würde, daß die in dieser Leitung liegende Sicherung durchbrennen würde. Bei einer schnell aufeinander folgenden Einschaltung der Speiseleitungsschalter brennen die in den einzelnen Leitungen liegenden Sicherungen nicht durch, weil die Entlastung der zuerst eingeschalteten Speiseleitungen durch die darauf folgende Einschaltung ausreichend schnell erfolgt.

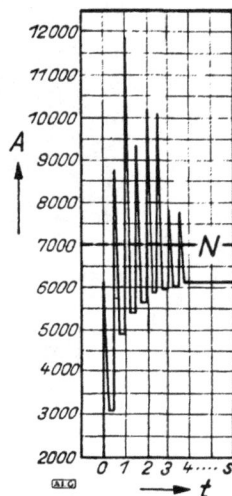

$N = $ Maschinen-Nennstrom.

Abb. 3. Einschaltstrom eines Gleichstrom-Maschennetzes in Abhängigkeit von der Zeit bei acht selbsttätig nacheinander gesteuerten Abzweigschaltern.

Würde man eine solche Schaltung von Hand vornehmen wollen, d. h. würde man versuchen, die in der Abb. 4 dargestellten Abzweighebelschalter von Hand schnell nacheinander in bestimmter Reihenfolge einzuschalten, dann würde man auf große Schwierigkeiten stoßen. In solchen Fällen ist es zweckmäßig, die Steuerung einer selbsttätigen Anordnung zu überlassen, und in großen Umformeranlagen in Berlin sind derartige selbsttätige Steueranordnungen mit Erfolg in Betrieb (Abb. 5).

Die vielen Abzweighebelschalter 6 wurden jeder mit einem Druckluft-Steuerkolben versehen. Die Schalttafeln mit den Hebelschaltern waren bereits seit vielen Jahren in Betrieb und wurden von Hand be-

Abb. 4. Teilansicht der Speisepunkt-Abzweigschalter.

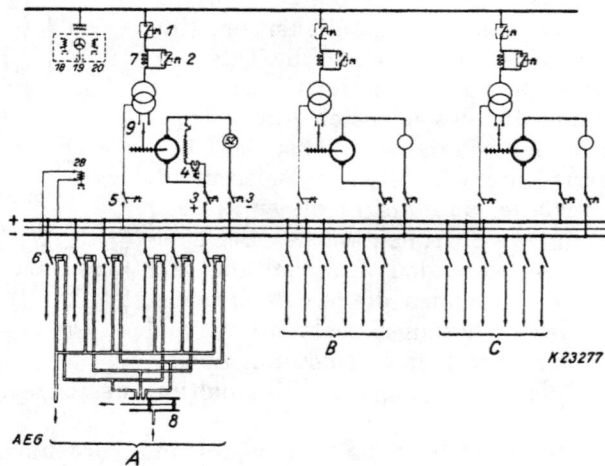

1 = Hauptölschalter,
2 = Ölschalter zur Über-
  brückung der Fang-
  drossel,
3 = Gleichstromautomaten,
4 = Feldschwächungs-
  automat,
5 = Nullautomat,
6 = Speisepunkt-Kabel-
  schalter,
7 = Fangdrossel,

8 = Verteilerventil.
9 = Anlaßumschalter,
18. 20 = Spannungsabfall-
  relais,
19 = Frequenzänderungs-
  relais,
28 = Sammelschienen-
  Spannungswächter.
52 = Strombegrenzungs-
  relais.

Abb. 5. Gesamtschaltbild.

Drei Einankerumformer an einem gemeinsamen Drehstromsystem arbeiten parallel auf eine
Gleichstromsammelschiene mit drei Netzgruppen A, B und C.

dient. Früher waren auf der Gleichstromseite Netzbatterien vorhanden, die bei Ausbleiben der Hochspannung das Gleichstromnetz unter Spannung hielten. Als man aber dazu überging, die Netzbatterien auszubauen, mußte ein Weg gefunden werden, um den Netzanlaßvorgang einwandfrei durchzuführen. Zu diesem Zweck wurden die Hebelschalter in der geschilderten Weise mit Druckluftkolben versehen, um sie mit Hilfe eines Steuerkolbens 8 selbsttätig und schnell nacheinander einschalten zu können.[1])

3. Selbsttätige Stromversorgung der Hilfsbetriebe von Kraftwerksanlagen bei Störungen in der normalen Stromversorgung.

In großen Kraftwerksanlagen wird unterschieden zwischen der Hauptbetriebsanlage, d. h. den Anlageteilen, die der Aufgabe dienen, den in das Netz zu liefernden Strom zu erzeugen und zu verteilen, und den sog. »Hilfsbetrieben«, wie Kessel-, Feuerungs- und Pumpenanlagen, deren Betriebsbereitschaft zur Aufrechterhaltung des Kraftwerksbetriebes unbedingt nötig ist. Häufig wird folgende Anordnung gewählt:

Im normalen Betriebszustand werden die Hilfsbetriebe über besondere Haustransformatoren von den Hauptbetriebs-Sammelschienen gespeist. Bleibt nun infolge irgendeiner Störung die Spannung der Hauptmaschinen aus, dann handelt es sich für den Kraftwerksleiter in erster Linie darum, daß seine Hilfsbetriebe auf einem anderen Wege Strom bekommen. Zu diesem Zweck werden in Kraftwerken Einrichtungen geschaffen, die dazu dienen, bei Ausbleiben der Spannung des Hauptbetriebes, unabhängig von diesem Hauptbetrieb die Hilfsbetriebs-Sammelschienen unter Spannung zu setzen. Beispielsweise kann hierfür eine sog. »Notturbine« oder eine Dieselmaschine verwendet werden. Das Anlassen eines solchen Maschinensatzes erfolgt zweckmäßig selbsttätig, damit die Bedienungsmannschaft nicht durch den Anfahrvorgang belastet wird, sondern sich mit den Angelegenheiten des Hauptbetriebes allein beschäftigen kann. Der Anlauf erfolgt entweder unmittelbar in Abhängigkeit von der Tatsache, daß im Hauptbetrieb eine Störung eingetreten ist, oder halbautomatisch im Anschluß an die Betätigung eines Start-Druckknopfes. Eine solche Anordnung hat den Vorteil, daß wenige Sekunden nach Ausbleiben der Spannung des Hauptbetriebes die Hilfsbetriebe wieder unter Spannung stehen, ohne daß sich die Bedienungsmannschaft um die Frage der Hilfsstromerzeugung kümmern muß. Es handelt sich hier also nicht darum, den Bedienungsmann für die Notturbine zu ersetzen, sondern nur darum, den Anfahrvorgang der Maschine selbsttätig zu steuern (siehe auch Abschnitt XIX und XXII.

---

[1]) Siehe: R. Schiffmann, »Selbsttätige Einrichtungen der Umformerstationen der Elektrizitätswerk Südwest A.G. Berlin«, AEG-Mitteilungen 1930, S. 730.

4. Selbsttätige Stromerzeugungsanlagen.

Ein wichtiges Anwendungsgebiet der selbsttätigen Steuerungen sind kleine und mittlere Stromerzeugungsanlagen, z. B. Wasserkraftanlagen mit Leistungen von etwa 50 bis 1000 kW, die ohne Anwendung der selbsttätigen Steuerung im Vergleich zu anderen und größeren Anlagen nicht wirtschaftlich arbeiten könnten.

Die Anlagen bestehen in den meisten Fällen aus einem Maschinensatz. Sie arbeiten häufig mit größeren Überlandnetzen zusammen und haben die Aufgabe, kleinere anfallende Energiemengen auszunutzen. Sie sind in ihrem Aufbau so einfach, daß eine Automatisierung mit geringen zusätzlichen Mitteln möglich ist, wenn bereits bei der Planung auf eine evtl. Automatisierung geachtet wurde. In diesem Falle dient die selbsttätige Steuerung dazu, die kleinen Wasserkraftwerke mit den größeren Stromerzeugungsanlagen wettbewerbsfähig zu machen. Würde eine Automatisierung in diesem Falle nicht angewendet, dann könnten häufig diese kleineren Werke nicht erhalten bzw. nicht ausgebaut werden.

Wenn oben Anlagen mit einer Leistung von etwa 1000 kW als »klein« bezeichnet sind, so ist hier folgendes zu beachten: Es gibt Gegenden und Länder mit Stromerzeugungsanlagen, die ihren Strom an, in der Nachbarschaft liegende, große Industrieunternehmungen zu einem außerordentlich niedrigen Preis liefern können. Dieser Preis ist nur ein Bruchteil des von dem städtischen Strombezieher bezahlten Preises. Da die Erzeugungsanlagen schon vor etwa 25 bis 30 Jahren gebaut wurden, so ist der heutige Kapitaldienst für diese Anlagen klein, so daß die Bedienungskosten 10 bis 15 % des Strompreises ausmachen. Es kann sich hier z. B. um Anlagen mit mehreren Maschinen von je 5000 kVA handeln. Sobald diese Anlagen mit Erzeugungsanlagen im Wettbewerb stehen, in denen mehrere Maschinen von je 20 000 kVA aufgestellt und in denen die Bedienungskosten auch nicht höher als in der alten Anlage sind, spielt die Ersparnis an Bedienungskosten eine große Rolle. Sie kann von Bedeutung sein für die Möglichkeit der Inbetriebhaltung der alten Anlage und für die Wettbewerbsfähigkeit von Industrieanlagen. Hier kann durch teilweise selbsttätige Überwachung und Steuerung die Wettbewerbsfähigkeit älterer Anlagen erhalten werden.

5. Vereinfachung der Schaltvorgänge für das Anlassen von Maschinensätzen durch eine teilweise oder vollständige Automatisierung des Anlaufvorganges.

Handelt es sich um das Anlassen von Maschinensätzen, deren Steuerung verhältnismäßig schwierig ist, beispielsweise von Periodenumformersätzen, Wasserkraft-Pumpspeicherwerken, Phasenschiebern mit verschiedenen Betriebsarten und ähnlichen Anlagen, dann wird es häufig als zweckmäßig erachtet, die einzelnen Schaltvorgänge zum Schutz gegen

Fehlschaltungen gegeneinander zu verriegeln oder zu blockieren. Es wird in einem späteren Abschnitt gezeigt, wo der Unterschied zwischen einer zuverlässig verriegelten Anlage und einer selbsttätigen Steueranlage liegt, und diese Untersuchung zeigt, daß der Unterschied zwischen beiden Steuerungsarten sehr gering ist, wenn man den schaltungstechnischen Apparateaufwand miteinander vergleicht.

In vielen Fällen ist der Übergang von einer verriegelten Anlaufsteuerung eines Maschinensatzes zu einer selbsttätigen Steuerung nichts weiter als ein Entschluß, ohne daß umfangreiche zusätzliche Einrichtungen nötig wären. In Ländern, in denen wenig geschulte Schaltwärter zur Verfügung stehen, wie beispielsweise in Japan oder in Rußland, sind selbsttätige Anordnungen für das Anlassen großer Maschinensätze stark vertreten. Der Grund hierfür liegt darin, daß für den Bedienenden die Arbeit außerordentlich erleichtert wird. Allerdings muß in der Anlage ein Schaltwärter zur Verfügung stehen, der genau Bescheid weiß, und der bei irgendwelchen Störungen eingreifen kann. Diese Bedingung ist aber in den meisten Fällen erfüllt, während die Bedienungsmannschaft, die täglich die Maschinen anzulassen hat, weniger geschult ist.

Bei großen Industrieanlagen wird die Automatisierung des Anlaufvorganges größerer Maschinensätze vor allen Dingen deshalb gewählt, weil dann der Maschinensatz von mehreren Stellen des Werkes aus ferneingeschaltet werden kann. Z. B. ist dies bei Kompressoranlagen der Fall. In der Nähe der Maschinensätze befinden sich einfache Steuerpulte mit wenigen Druckknöpfen und wenigen Überwachungsgeräten. Durch Betätigen des Anlaufdruckknopfes kann der Kompressormotor in Betrieb genommen werden, und durch Betätigung eines zweiten Druckknopfes wird er wieder stillgesetzt. Die Steuerung ist auf diese Weise sehr einfach, obwohl es sich in Wirklichkeit immerhin um etwa 10 Schaltvorgänge handelt, die selbsttätig nacheinander abgewickelt werden (siehe Abschnitt XIII).

6. Verkürzung der Anlaufzeit von Maschinensätzen durch selbsttätige Steuerung.

Hier handelt es sich z. B. um die Verkürzung der Zeit, die für die Inbetriebnahme von Maschinensätzen oder ganzen Kraftwerken bzw. für deren Wiederinbetriebnahme nach Störungen benötigt wird. Manchmal hört man die Ansicht, daß es auf diese Verkürzung der Anlauf- und Inbetriebnahmezeit von Reservemaschinen nicht ankomme; denn im normalen Betriebe würden so viele Reservemaschinen leer mitlaufen, daß eine Übernahme der Last einer gestörten Maschine durch eine leerlaufende Reservemaschine ohne irgendwelche Hilfsmittel möglich sei. Dieses sehr einfache Verfahren beruht also darin, daß man eine möglichst große Anzahl von Reservemaschinen mitlaufen läßt, damit bei Ausfall von Betriebsmaschinen der Betrieb ohne Anlauf- und Schaltvorgänge weitergehen kann. Es ist anzunehmen, daß die Vervollkommnung und die Vereinfachung der selbsttätigen Einrichtungen für die Automatisierung des Inbetriebsetzungsvorganges von Maschinen im Laufe der Jahre auch hier eine Weiterentwicklung insofern bringen werden, als man die Zahl der leer mitlaufenden Reservemaschinen vermindern, dafür aber Steuereinrichtungen für die Schnellinbetriebnahme von Maschinen vorsehen wird. In dieser Beziehung ist es aber ratsam, die Einführung der selbsttätigen Steuerungen nicht zu überstürzen, sondern langsam das Vertrauen der Betriebsleute zu gewinnen.

Einige mit in Betrieb befindlichen Maschinen erzielte Inbetriebsetzungszeiten geben darüber Aufschluß, was durch Anwendung der selbsttätigen Steuerung schon heute erreicht werden kann:

1. Asynchronphasenschieber von 20000 kVA, Anlauf vom Stillstand bis zur Blindlastübernahme . . . . 90 s
2. Synchronphasenschieber von 30000 kVA, Anlauf . . . . 90 s
3. Not-Dampfturbinensatz von 500 kVA, vom Stillstand bis Lastübernahme . . . . 22 s
4. Wasserkraftmaschinensatz von 40000 kVA, Anlauf vom Stillstand einschl. Parallelschaltung bis Lastübernahme . 150 s
5. Wasserkraftmaschinensatz 14000 kVA, Anlauf durch Fernbetätigung über eine Entfernung von 5 km einschl. automatischer Parallelschaltung . . . . 90 s
6. Dieselaggregat 100 kVA, Anlauf bis Lastübernahme . . . 20 s
7. Wiederinbetriebnahme von außer Tritt gefallenen 2500-kVA-Einankerumformern . . . . 15 s

7. Selbsttätige Steuerungen im Zusammenhang mit den Aufgaben der Lastverteilerstellen (Netzwarten).

Die Bedeutung der Netzwarten wächst immer mehr, weil sich durch den Zusammenschluß der Hochspannungsnetze der Gemeinschaftsbetrieb über immer größere Gebiete erstreckt. Die Netzwarte wird den einzelnen Kraftwerkswarten übergeordnet, denn es haben sich neben den wirtschaftlichen Aufgaben der Lastverteilung im Laufe der Entwicklung regulier- und schaltungstechnische Aufgaben herausgebildet, die nur von einer Stelle des Netzes aus bewältigt werden können, die im Gegensatz zu den Warten der einzelnen Kraftwerke und Umspannwerke über die Vorgänge im gesamten Netz gut unterrichtet ist. So wird aus der Lastverteilerstelle die »Netzwarte«, der vor allem in Netzstörungsfällen besondere Bedeutung zukommt, da sie dafür zu sorgen hat, daß möglichst geringe Teile des Netzes von der Störung in Mitleidenschaft gezogen werden.

Im Störungsfalle ist eine schnelle Verständigung zwischen den beiden Warten nötig, wobei nach Möglichkeit der Umweg über telephonische

Gespräche vermieden werden sollte. Es hat sich gezeigt, daß der Lastverteiler Eingriffsmöglichkeiten in Schaltanlageteile der Kraftwerke
haben muß, wenn er schnell handeln soll. Hiermit soll keineswegs der
Arbeitsbereich der Kraftwerkswarte verkleinert oder gar die Kraftwerkswarte unnötig gemacht werden; vielmehr interessieren den Lastverteiler nur einige wenige Schalter und Maschinen der Kraftwerks-
Schaltanlage, und zwar insbesondere:

> Der Schalter zur Überbrückung der Sammelschienenreaktanz,
> der Kuppelschalter für die Verbindung von Netzteilen,
> die Schalter für weniger wichtige Abzweige, die im Notfalle zum
> Zweck der Entlastung des Netzes durch den Lastverteiler ausge-
> schaltet werden können,
> der Startdruckknopf für das selbsttätige Anlassen von Phasen-
> schiebern und Reservemaschinen,
> das Organ für die Verstellung des Sollwertes von Frequenz-, Lei-
> stungs- und Spannungsreglern und ähnliches.

Im Zusammenhang mit der Aufgabe der Fernbedienung von Maschinen und ganzen Kraftwerken von einer zentralen Lastverteilerstelle
— Netzwarte — aus ermöglicht die Automatisierung des Anlaufvorganges
der Maschinen ihre Fernbedienung mit nur wenigen Fernsteuerkomman-
dos. Dies ist aus zwei Gründen wichtig:

1. Die verhältnismäßig kostspieligen Fernsteuerkanäle werden für die
   Steuerung nur in geringem Maße in Anspruch genommen und stehen
   dadurch für die wichtigere Aufgabe der Fernmessung zur Verfügung,
2. Der Lastverteiler kann die Fernbedienung mit nur wenigen Handgriffen vornehmen.

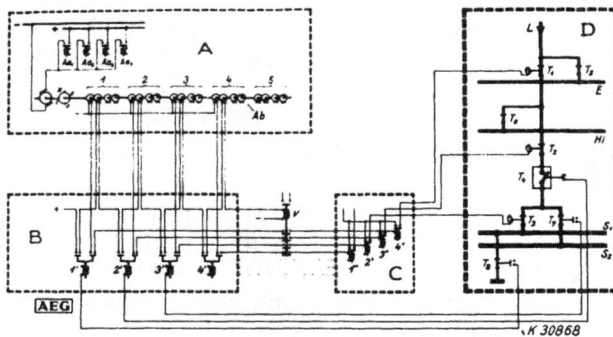

Abb. 6. Zusammenhang zwischen Lastverteilerstelle und ferngesteuerter Hochspannungsschalt-
anlage.

Abb. 6 soll den Zusammenhang zwischen der Lastverteilerstelle und
einer durch selbsttätige Schaltanordnungen gesteuerten Anlage dar-
stellen. Bei diesem Beispiel ist die fernzusteuernde Anlage nicht ein

Maschinensatz, bei dem eine teilweise örtliche Automatisierung offensichtlich notwendig ist, sondern es ist ein Fall gewählt, bei dem es nicht allgemein bekannt ist, daß eine Fernsteuerapparatur mit einer örtlichen Automatisierungsapparatur zusammenarbeiten muß. Es sei angenommen, daß die Hochspannungsabzweige einer sehr umfangreichen Schaltstation fernzusteuern sind. Sobald es sich um die Fernbetätigung umfangreicher Schaltanlagen handelt, wird man diese Aufgabe nicht so lösen, daß in Analogie zu der örtlichen elektrischen Betätigung der Leistungs- und Trennschalter einer solchen Anlage alle diese Schalter einzeln von der Netzwarte aus betätigt werden. Eine solche Einzelbetätigung hätte eine außerordentlich große Zahl von Einzelrückmeldungen und Einzelmessungen zur Voraussetzung. Vielmehr wird man dazu kommen (Abb. 6), daß man durch Betätigung eines einzigen Druckknopfes einen ganzen Freileitungsabzweig D, bestehend aus 7 Schaltern, in bestimmter Weise schaltet, genau so, als ob an Stelle der Schalterkombination nur ein einziger Schalter zu steuern wäre. Die zur Durchführung einer solchen kombinierten Betätigung notwendige Einrichtung innerhalb der ferngesteuerten Anlage besteht aus der Schaltwalze A, die von der Netzwarte aus mit wenigen Steuerkommandos gesteuert werden kann und durch deren Stellung die an die Automatisierungsanordnung zu stellende Aufgabe festgelegt ist, aus der Apparatur B, die die Durchführbarkeit der gewünschten Schaltaufgabe zu prüfen hat (zum Schutz gegen Fehlschaltungen), und aus den Einrichtungen C, die anschließend die selbsttätige örtliche Betätigung der einzelnen Schalter durchzuführen hat.

8. Die Automatisierung und das Arbeitslosenproblem.

Es ist nicht zu verwundern, daß jede Automatisierung in dem Verdacht steht, die Arbeitslosigkeit, ein schwieriges Problem unserer Tage, zu verschlimmern. Infolge oberflächlicher Betrachtung wird daher häufig die in diesem Buche behandelte Automatisierung auf dem Gebiete der Stromerzeugung, -umformung und -verteilung verworfen. Bei genauer Prüfung findet man aber, daß, wie die oben erläuterten Beispiele zeigen, die wichtigsten Aufgaben der Automatisierung in der Starkstromtechnik auf rein technischem Gebiet liegen. Eine wirtschaftliche Aufgabe haben diese selbsttätigen Steuerungen nur, wenn es sich darum handelt, kleine und mittlere Anlagen zu bauen oder zu erhalten, die ohne Anwendung der selbsttätigen Steuerung mit größeren Anlagen nicht wettbewerbsfähig wären.

Im Abschnitt XVII werden Umspannwerke behandelt, bei denen zur Ersparnis an Leerlaufverlusten die Ein- und Ausschaltung von Umspannern in Abhängigkeit von der Netzlast selbsttätig erfolgt. Diese Anlagen arbeiten auch ohne Anwendung der selbsttätigen Steuerung in den meisten Fällen ohne dauernde Bedienung.

II. Zur Frage: Wann selbsttätige Steuerung und wann Fernsteuerung einer Schaltanlage?

Die Frage, ob eine bestimmte Schaltanlage als selbsttätige oder als ferngesteuerte Anlage bessere Dienste tut, wird sehr oft gestellt. In beiden Fällen wird sie kurz als »bedienungslos« bezeichnet, weil in der Anlage selbst keine Bedienung nötig ist.

Bevor die Frage allgemein beantwortet wird, seien an einem Beispiel diejenigen Eigenschaften erläutert, welche eine selbsttätige Anlage im Gegensatz zu einer ferngesteuerten kennzeichnen.

1. Aufgaben des normalen Betriebes.

Von einer selbsttätigen Anlage könnte man kurz sagen, daß sie sämtliche Schalt- und Reguliervorgänge im normalen Betrieb sowie in Störungsfällen ohne menschliche Eingriffe mindestens ebenso vollkommen zu erledigen hat, wie dies in einer handbedienten Anlage durch das Bedienungspersonal geschieht.

Als Beispiel sei eine selbsttätige Gleichrichteranlage für Bahnbetrieb untersucht, obwohl ebensogut eine Erzeuger- oder Transformatorenanlage gewählt werden könnte.

Zu den Aufgaben des normalen Betriebes gehören z. B. folgende:

1. Inbetriebnahme der Anlage in Abhängigkeit von der Zeit, d. h. Einschaltung durch eine Kontaktuhr, oder abhängig von den Lastverhältnissen. In Abb. 7 sind die hierzu notwendigen Stromkreise angedeutet. Mit Hilfe des Wählersteckers W wird von Hand einer der 4 Gleichrichter als »führender Satz« ausgewählt. Durch das Organ für die Inbetriebsetzung J wird über den Wählerstecker der führende Satz durch Einschalten seines Schalters O automatisch in Betrieb gesetzt. Zu dieser Inbetriebnahme seien auch die an die Einschaltung des Schalters O sich

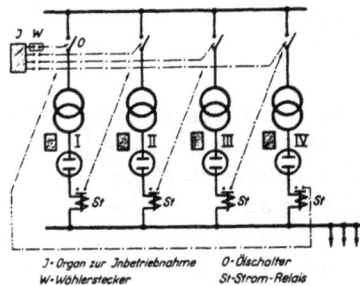

J·Organ zur Inbetriebnahme   O·Ölschalter
W·Wählerstecker   St·Strom-Relais

Abb. 7. Aufgaben des normalen Betriebes. (Selbsttätige Gleichrichteranlage.)

unmittelbar anschließenden Vorgänge innerhalb des Gleichrichtersatzes gerechnet: das Zünden, die Aufrechterhaltung des Vakuums, die Kühlung, evtl. Spannungs- und Stromregulierung.

2. Die zweite Aufgabe, welche zu den Vorgängen des normalen Betriebes zu zählen ist, ist die Inbetriebsetzung des jeweils nächsten Satzes bei Überschreitung einer gewissen Lastgrenze des vorher in Betrieb gesetzten. Diese Zuschaltung in Abhängigkeit von einem

Stromrelais *St* ist ebenfalls in Abb. 7 eingezeichnet. Ähnlich erfolgt die Außerbetriebnahme der einzelnen Gleichrichtersätze in Abhängigkeit von der Lastabnahme. Diese Aufgaben, die der normale Betrieb stellt, können durch eine ferngesteuerte Anlage ebensogut wie durch die erläuterte selbsttätige Anlage gelöst werden, wenn man von Kleinigkeiten absieht, z. B. davon, daß eine automatisch regulierte Maschine die Spannung in vollkommenerer Weise konstant hält als eine mit Druckknopfsteuerung von Hand regulierte Maschine.

2. Aufgaben in Störungsfällen.

Ganz anders verhält es sich mit den Aufgaben, die durch Störungsfälle irgendwelcher Art gestellt werden. Diese Aufgaben sind für den Betrieb die wichtigsten. In diesen Fällen ist eine einwandfreie selbsttätige Steuerung jeder reinen Fernsteuerung ebenso überlegen wie einer Handsteuerung, denn die Handsteuerung hat gezeigt, daß gerade in Störungsfällen die meisten Fehlschaltungen vorkommen, weil es sich hier um selten eintretende Betriebsfälle handelt, auf die der Schaltwärter oft nicht eingeübt ist, und die noch dazu eine gewisse Nervosität für den Bedienenden mit sich bringen.

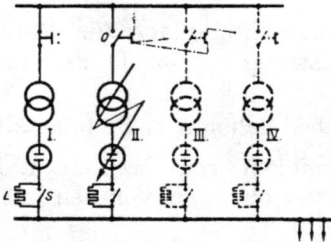

L - Lastbegrenzungswiderstand O - Ölschalter S - Schalter

Abb. 8. Aufgaben in Störungsfällen.
(Selbsttätige Gleichrichteranlage.)

An Hand der Abb. 8 soll ein Störungsfall für die schon in der vorhergehenden Abbildung gezeigte Gleichrichteranlage untersucht werden, um zu zeigen, wie eine automatische und wie eine ferngesteuerte Anlage den Anforderungen des Störungsfalles entspricht.

Angenommen, die beiden Sätze *I* und *II* seien in Betrieb und verhältnismäßig stark belastet. In diesem Zustand tritt irgendeine innere Störung am Satz *II* auf. Eine automatische Anlage reagiert auf diesen Betriebsfall einfach so, daß beim Fallen des Schalters *O* des gestörten Satzes sofort als Ersatz für diesen der in Reserve stehende dritte Gleichrichter in Betrieb gesetzt wird, welcher sofort nach seinem automatischen Zünden den Lastanteil des gestörten Satzes *II* übernimmt. In wenigen Sekunden ist diese Ersatzinbetriebnahme erledigt, und gelegentlich der Revision der Anlage kann der Schaltwärter mit Genugtuung feststellen, daß die Automatisierungseinrichtung sich geholfen und der Betrieb nichts von der Störung gemerkt hat. Die Zeit, welche diese automatische Ersatzinbetriebnahme beansprucht, ist dabei sehr wesentlich, denn, falls der Vorgang zu lange dauert, kann es vorkommen, daß der vorübergehend allein in Betrieb befindliche Satz *I* wegen Überlastung abschaltet, weil er natürlich die Last des gestörten Satzes *II* übernehmen mußte.

In Abb. 8 ist angedeutet, daß einfach ein »Aus-Kontakt« am Ölschalter des Satzes *II* den Ölschalter des Satzes *III* oder, wenn auch dieser Satz versagt, den Satz *IV* einschaltet. Betriebsmäßig liegen die Verhältnisse jedoch nicht ganz so einfach. Es bestehen vielmehr folgende Möglichkeiten, den Störungsfall betriebsmäßig einwandfrei zu beheben:

Sobald ein Satz wegen Störung abschaltet, werden selbsttätig in den Stromkreis des in Betrieb verbleibenden Satzes *I* durch Öffnen des Schalters *S* Lastbegrenzungswiderstände *L* eingeschaltet, um diesen Satz so lange künstlich gegen Überlast zu schützen, bis die selbsttätige Ersatzinbetriebnahme von Satz *III* erfolgt ist. Für die angeschlossenen Bahnstrecken bedeutet dies eine vorübergehende Verschlechterung der Spannungsverhältnisse, wenn die Last so groß ist, daß der Satz *I* die Last nicht mit guter Spannung halten kann. Dieses Mittel ist in den amerikanischen Einankerumformeranlagen gebräuchlich, weil in diesem Falle die Ersatzinbetriebnahme infolge des notwendigen Maschinenanlaufes etwa 1 min dauert, während in europäischen selbsttätigen Anlagen, wo es sich meist um Gleichrichter handelt, die Inbetriebnahme eines neuen Satzes in wenigen Sekunden vorgenommen ist.

Die angedeuteten Verfahren zeigen, daß in selbsttätigen Anlagen die Störung eines Gleichrichtersatzes nach außen als Störung kaum in Erscheinung tritt und der Betrieb unter Ausnutzung von besonderen, für den Störungsfall ausgearbeiteten und erprobten Verfahren unbedingt aufrechterhalten wird.

Wie verhält sich dagegen eine rein ferngesteuerte Anlage in dem angeführten Störungsfall? Sobald Satz *II* ausfällt, wird dieser Schaltvorgang nach der Steuerstelle gemeldet. Diese Rückmeldung kann, wenn es sich um eine Fernsteuerung handelt, bei der mit wenigen, beispielsweise drei Leitungen eine große Anzahl, beispielsweise dreißig Befehle übertragen werden sollen, bis 5 s dauern. In der Fernsteuerstelle ertönt also nach 5 s ein Signal, das den Bedienenden von der Ausschaltung unterrichtet. Da erfahrungsgemäß Störungen an verschiedenen Stellen oft zusammentreffen, so ist es möglich, daß der Bedienende nicht sofort zur Verfügung steht. Hinzu kommt noch die Zeit, die er braucht, um sich zu der vorzunehmenden Ersatzinbetriebnahme des Satzes *III* zu entschließen. Jedenfalls können kostbare Minuten vergehen, bevor diese Inbetriebnahme vorgenommen ist. Es ist in diesem Falle wahrscheinlich, daß die Störung an Satz *II* auch den Satz *I* zum Abschalten veranlaßt, weil die Entlastung für Satz *I* zu spät kommt.

Der geschilderte Störungsfall läßt als Beispiel erkennen, daß die reine Fernsteuerung, die wohl für die normalen Betriebsvorgänge einer Automatisierung gleichwertig ist, in Störungsfällen kaum den Anforderungen einer modernen Betriebsführung entsprechen kann.

Um Mißverständnisse zu vermeiden, sei darauf hingewiesen, daß der hier geschilderte Betriebsfall nur als ein anschauliches Erläuterungsbeispiel zu bewerten ist. Es soll damit nicht gesagt sein, daß eine Anlage, bei der die Ersatzinbetriebnahme eines Gleichrichters an Stelle eines gestörten durch Fernsteuerung erfolgt, nicht betriebstüchtig sein könne. Es sind viele Bahnanlagen in Betrieb, bei denen die Ersatzinbetriebnahme durch Fernsteuerung erfolgt. Wenn man dauernd so viele Reserveeinheiten leerlaufend in Betrieb hat, daß die vorübergehende Überlastung ohne Schwierigkeiten von diesen übernommen werden kann, bis die Ersatzinbetriebnahme von der Fernsteuerstelle aus vorgenommen ist, dann liegen natürlich keine Schwierigkeiten vor.

3. Starrheit der Automatisierung.

Man kann andererseits feststellen, daß jeder Automatisierung eine gewisse Starrheit anhaftet. Als einfache Beispiele sollen folgende Betriebsfälle erläutert werden:

Die Kontaktuhr einer Straßenbahnanlage sei so eingestellt, daß sie morgens um 5 Uhr das Unterwerk in Betrieb nimmt. Soll nun ausnahmsweise einmal eine Straßenbahnstrecke schon morgens um 4 Uhr befahren werden, dann ist es sehr angenehm, wenn man durch Fernsteuerung unabhängig von der Einstellung der Kontaktuhr die Station zu einer willkürlich früheren Zeit einschalten kann. Oder folgender Fall: Mehrere Anlagen arbeiten auf ein gemeinsames Netz und in einer der Anlagen wird beim Überprüfen einer Maschine eine Störung bemerkt. Die betreffende Maschine kann aber noch eine kurze Zeit lang in Betrieb behalten werden. In diesem Falle ist es von großem Vorteil, wenn man wie folgt vorgehen kann: Von der Station A, in der die Störung beobachtet wird, ruft man die gemeinsame Fernsteuerstelle an und bittet, sofort von der Steuerstelle aus in einer benachbarten Anlage B eine Ersatzmaschine in Betrieb zu nehmen und dann schleunigst die gestörte Maschine A außer Betrieb zu setzen. Es ist leicht einzusehen, wie wertvoll es im allgemeinen, insbesondere aber in dem erläuterten Störungsfalle ist, auf dem Umweg über die Fernsteuerstelle auch in andere Stationen als die gerade geprüfte eingreifen zu können.

Die Fernsteuerung gewinnt allgemein immer dann an Bedeutung, wenn mehrere Anlagen auf ein gemeinsames Netz arbeiten. Für das Zusammenarbeiten der Werke muß eine Stelle verantwortlich gemacht werden, die sämtliche Anlagen übersehen kann. Die einzelne, noch so gut ausgerüstete ganzselbsttätige Anlage kann dies aber nicht. Ihr Verantwortungsbereich ist im großen und ganzen auf die eigene Anlage beschränkt.

Andererseits wäre es aber auch falsch, mit Hilfe der Fernsteuermittel zu weitgehend in die einzelnen Schalthandlungen einer an sich selbsttätig arbeitenden Anlage einzugreifen. Die Fernsteuerung soll nur den Anstoß zu den sich selbsttätig abspielenden Schaltvorgängen innerhalb der ferngesteuerten Anlage geben.

Man kann allgemein sagen, daß die rein selbsttätige Steuerung der Werke eines Netzes eine gewisse Dezentralisierung der Betriebsführung mit sich bringt. Dieser Mangel sowie die oben erwähnte Starrheit, welche jede Automatisierung im Gefolge hat, kann durch die Ergänzung der vollautomatischen Anlage mit Fernüberwachungs- oder besser Fernsteuermitteln wieder gut gemacht werden.

Aus den behandelten Beispielen dürfte schon hervorgehen, daß die gestellte Frage: »Wann Automatisierung und wann Fernsteuerung?« irreführend ist. Im allgemeinen müßte die Frage lauten: Wie wird die Automatisierung so mit einer Fernsteuerung vereinigt, daß den heutigen, etwas komplizierten Betriebsbedingungen am weitestgehenden entsprochen werden kann?

Die Beachtung der Fernsteuerung ist vor allem mit Rücksicht auf Erweiterungen und Netzzusammenschlüsse erforderlich. Eine selbsttätige Anlage sollte jedenfalls immer so gebaut sein, daß es später möglich ist, sie durch Fernsteuerung zu ergänzen und umgekehrt. Wenn man erkannt hat, daß eine Vereinigung selbsttätiger Steuervorgänge mit Fernsteuervorgängen die zweckmäßigsten Lösungen ergibt, dann muß man untersuchen, welche Schaltvorgänge am besten durch die eine Steuerungsart und welche am besten durch das andere Steuerverfahren abgewickelt werden. Beispiele solcher Überlegungen werden später erläutert. Grundsätzlich hat hier der Betriebsmann zu entscheiden. Allerdings müssen ihm die technischen Möglichkeiten beider Verfahren bekannt sein. Die Möglichkeiten zu schildern, ist die Aufgabe dieses Buches.

III. Zusammenarbeiten der Fernsteuerverfahren mit den selbsttätigen Steuerverfahren.

1. Steueranordnungen.

a) Die reine Fernsteuerung. Fernbetätigung von selbsttätigen Steuergruppen. Fernsteuerung des Anlaufimpulses.

Im vorhergehenden Abschnitt wurde festgestellt daß in den meisten Anwendungsfällen eine Vereinigung der beiden Steuerverfahren vom Betriebsstandpunkt aus die weitestgehenden Möglichkeiten ergibt. Die Arten, wie diese beiden Verfahren zusammenarbeiten, können sehr verschieden sein. Kennzeichnend ist hier, daß bestimmte Lösungen für eine Gruppe von Anlagen, beispielsweise Industrieanlagen, sehr zweckmäßig sind, während sich dieselben für andere Betriebe, beispielsweise Elektrizitätswerksanlagen, als unzweckmäßig erweisen können.

Die Zusammenhänge werden am klarsten, wenn man von der rein ferngesteuerten Anlage ausgeht. Bei diesen Betrachtungen möge vorläufig die Größe der Entfernung zwischen der Steuerstelle und der gesteuerten Anlage keine Rolle spielen.

Das reine Fernsteuerverfahren (Abb. 9) zeichnet sich dadurch aus, daß für jeden der im Schaltfolgenbild angedeuteten 4 Betätigungsvorgänge je 1 Steuerdruckknopf in der Fernsteuerstelle vorgesehen ist.

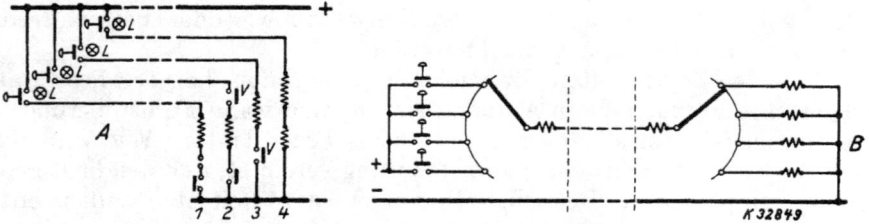

Abb. 9. Die reine Fernsteuerung durch Einzelbetätigung aller Vorgänge.
A. Steuerung über viele Leitungen.
B. Steuerung unter Verwendung von Wählern für die Steuerung mehrerer Schaltorgane über wenige Leitungen.

Innerhalb der ferngesteuerten Anlage können Verriegelungskontakte V vorhanden sein, um Fehlschaltungen zu verhindern. Ebenso sind 4 Stellungsmeldelampen L vorgesehen.

Der nächste Schritt (Abb. 10) besteht nun darin, daß man Gruppen von Vorgängen, die sich innerhalb der ferngesteuerten Anlage abspielen, zusammenfaßt und jede mit einem Druckknopf steuert. Diese Anordnung arbeitet also so, daß durch Fernbetätigung nur jeweils des ersten

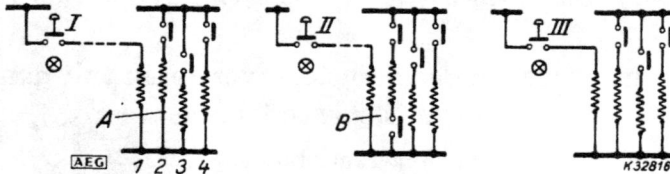

Abb. 10. Fernbetätigung von Steuergruppen.

Steuervorganges eine Gruppe von Schaltvorgängen eingeleitet wird. Die sich an den ersten Vorgang anschließenden 3 Schaltvorgänge erfolgen selbsttätig. Nachdem die erste Gruppe der Schaltvorgänge A abgewickelt ist, erfolgt die Betätigung des Druckknopfes II und hierauf die selbsttätige Abwicklung der Schaltgruppe B. Der letzte Vorgang der einzelnen Gruppen wird jeweils mit Hilfe einer Signallampe nach der Steuerstelle gemeldet, wenn er ordnungsgemäß abgeschlossen ist. Dann erfolgt die Betätigung des nächsten Druckknopfes III usw.

Wenn man einen Schritt in der Erweiterung der Aufgabe der selbsttätigen Steuerung weitergeht, dann kommt man zu der wohl am meisten angewendeten Anordnung nach Abb. 11, bei der nur der erste Vorgang, z. B. der Anlaßimpuls eines umfangreichen Maschinenaggregates, von

der Steuerstelle aus betätigt wird.
Im Anschluß daran spielen sich
die Vorgänge 1 bis 20 des Schaltfolgenbildes selbsttätig ab. Hierauf erscheint ein Signal in der
Fernsteuerstelle, aus dem hervorgeht, daß alle Einzelvorgänge zu
Ende geführt sind.

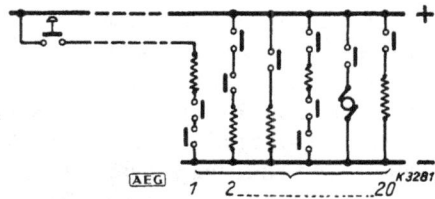

Abb. 11. Fernbetätigung des Anlaufimpulses.

b) Fernsteuerung von Maschinen, die in verschiedenen
Betriebsarten arbeiten.

Bei derartigen Maschinensätzen ergibt sich nun noch folgende Aufgabe (Abb. 12): Es soll zwar nur der erste Anlaufimpuls von der Fernsteuerstelle aus gegeben werden, aber die im Anschluß an diesen Impuls
sich abspielenden Anlaufvorgänge der Maschine sollen verschieden sein,
je nachdem, für welche Betriebsart der Maschinensatz im Augenblick

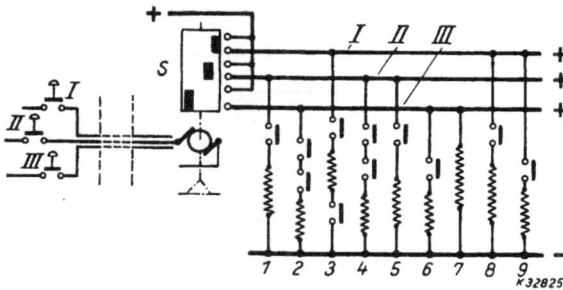

Abb. 12. Fernsteuerung von Maschinen, die in verschiedenen Betriebsarten
arbeiten können.

verwendet werden soll. Wenn es sich beispielsweise um ein Wasserkraft-
pumpspeicherwerk handelt, dann kann der Maschinensatz in 3 verschiedenen Betriebsarten arbeiten, und zwar: 1. als Turbinen-Generatorsatz,
2. als Phasenschieber, 3. als Motor-Pumpensatz. Man sieht also, daß das
von der Steuerstelle aus zu gebende Kommando für die Inbetriebsetzung des Maschinensatzes ganz verschieden sein muß, je nachdem,
für welche Betriebsart die Anlage im Augenblick in Betrieb genommen
werden soll. Es genügt also nicht ein einfaches Startkommando, sondern
es müssen hier schon 3 verschiedenartige Startbefehle gegeben werden.

In der Abb. 12 ist dieses Zusammenarbeiten zwischen Fernsteuervorgängen und selbsttätigen Vorgängen dargestellt: In der Fernsteuerstelle sind 3 verschiedene Druckknöpfe I, II und III vorhanden, die
den 3 möglichen Betriebsarten entsprechen. Beispielsweise diene der
Druckknopf I dazu, den Maschinensatz für Turbinen-Generatorbetrieb
anzulassen. Durch Betätigen des Druckknopfes II soll erreicht werden,

daß innerhalb der ferngesteuerten Anlage der Maschinensatz für den Phasenschieberbetrieb hochläuft. Der Druckknopf *III* sei vorgesehen, um den Maschinensatz für Pumpenbetrieb anzufahren. Innerhalb der ferngesteuerten Anlage befindet sich eine einfache Schaltwalze *S*, die in eine von 3 Stellungen gesteuert wird, je nachdem, welcher der 3 Druckknöpfe betätigt wurde. Das hat zur Folge, daß innerhalb der ferngesteuerten Anlage die Betätigungs-Sammelschienen *I* oder *II* oder *III* an Spannung gelegt werden. Die Folge hiervon ist, daß jeweils nur diejenigen Steuervorgänge betätigt werden, die an die betreffende Sammelschiene angeschlossen sind. Diese drei Gruppen leiten die drei verschiedenen Anlaufvorgänge ein.

c) Selbsttätige Schaltanlagen mit einer überlagerten Fernsteuerung.

Ein häufig anwendbares Verfahren der Zusammenarbeit zwischen Fernsteuerung und selbsttätiger Steuerung ist auch das folgende (Abb. 13): Eine elektrische Anlage, beispielsweise eine Glasgleichrichterstation für

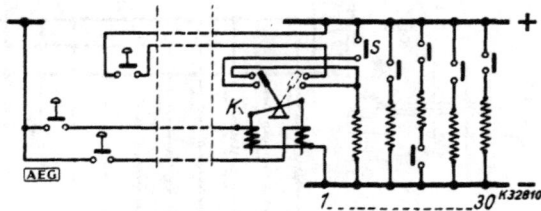

Abb. 13. Selbsttätige Steuerung mit überlagerter Fernsteuerung.

Bahnbetrieb, sei im allgemeinen als vollselbsttätige Anlage in Betrieb. Die Inbetriebsetzung der Station erfolge in Abhängigkeit vom Strombedarf des Bahnnetzes, und auch die Außerbetriebsetzung erfolge vollautomatisch, wenn der Bedarf des Bahnnetzes auf einen gewissen geringen Wert absinkt. Diese vollautomatische Station wird nun von einer Fernsteuerstelle aus überwacht und kann auch von dieser Fernsteuerstelle aus in und außer Betrieb genommen werden. Um ein Gegeneinanderarbeiten der beiden Steuerverfahren zu verhindern, wird folgende Anordnung gewählt:

Wenn von der Fernsteuerstelle aus eingegriffen wird, dann wird zuerst ein »Kipprelais« *K* durch einen Fernsteuerimpuls umgelegt und das hat zur Folge, daß die Station von diesem Zeitpunkt ab nicht mehr selbsttätig, sondern von der Fernsteuerstelle aus bedient wird. Trotzdem können sich die Einzelvorgänge 1 bis 30 selbsttätig abspielen, denn es genügt, wenn der Inbetriebsetzungsimpuls, der bei selbsttätigem Betrieb der Anlage durch den Kontakt *S* innerhalb der Gleichrichteranlage gegeben wird, nach erfolgter Fernumschaltung des Kipprelais von der Fernsteuerstelle aus gegeben wird. Soll wieder auf selbsttätigen Betrieb übergegangen werden, dann wird das Kipprelais von der Fernsteuerstelle aus wieder in seine frühere Lage umgeschaltet. Dies hat zur Folge, daß der Stromkreis für die Ferninbetriebnahme wieder unterbrochen ist, während der Stromkreis für die selbsttätige In- und Außerbetriebnahme durch den Kontakt S wieder betriebsbereit ist.

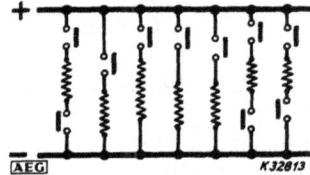

Abb. 14. Vollselbsttätige Steueranordnung.

Wenn man den Weg von der reinen Fernsteuerung nach der reinen selbsttätigen Steuerung noch einen Schritt weiter geht, dann ergibt sich das Schaltfolgenbild 14, bei dem sich sämtliche Vorgänge ohne Eingriffe von außen abspielen.

2. Anwendung der Steuerverfahren nach Abb. 9 bis 14 für die Lösung der Aufgaben des praktischen Betriebes.

Solange es sich um die Fernbetätigung einfacher Schaltstationen, z. B. der Schaltanlage von Transformatoren- oder Verteilungsanlagen handelt, wird das Verfahren nach Abb. 9 zweckmäßig sein. Die einzelnen Schalter der Schaltanlage werden einzeln fernbetätigt und ihre Stellung einzeln zurückgemeldet. Wenn die Entfernung zwischen den Betätigungsdruckknöpfen und der ferngesteuerten Schaltanlage groß ist, dann geht man dazu über, sog. »leitungsparende« Fernsteuermittel anzuwenden, um zu ermöglichen, daß für die Fernsteuerung und Rückmeldung einer großen Zahl von Schaltern nur eine sehr geringe Zahl von Fernsteuerleitungen benötigt wird. Die meisten Fernsteuerverfahren arbeiten mit Wählern, ähnlich den Geräten aus der automatischen Telephonie.

Im rechten Teil der Abb. 9 sind die Wähler andeutungsweise dargestellt; grundsätzlich haben sie die Aufgabe, einen Fernsteuerdraht an beiden Schaltstellen so umzuschalten, daß er für die wahlweise Fernbetätigung einer großen Zahl von Schaltern verwendet werden kann. Diese Art der reinen Fernsteuerung von Schaltern spielt eine besondere Rolle, wenn es sich darum handelt, von einer Netzwarte aus verschiedene im Netz verteilte, einfache Schaltstationen fernzubetätigen.

Das Verfahren nach Abb. 10 wird in der Hauptsache für Schaltanlagen in Industriebetrieben verwendet (siehe Abschnitt XIII). Dort handelt es sich darum, dem Bedienungsmann die Fernbetätigung zu vereinfachen, indem man Gruppen von Steuervorgängen zusammenfaßt. Andererseits entschließt man sich nicht zu einer weitergehenden Automatisierung, weil man mit der dargestellten Zwischenlösung auskommt. Wenn z. B. die Aufgabe vorliegt, einen Synchron-Motorkompressorsatz in Betrieb zu nehmen, dann kann dies in mehreren Gruppen erfolgen: Durch Betätigung des ersten Druckknopfes werden mehrere Hilfs-

maschinen, beispielsweise der Belüftungsmotor für das Schleifringgehäuse des Synchronmotors, der Antriebsmotor einer Ölpumpe usw.,
in Gang gesetzt. Wenn man diese Vorgänge einzeln steuern wollte, wie
dies in Abb. 9 dargestellt ist, dann würden allein für die Betätigung der
ersten Gruppe 4 Druckknöpfe bzw. 4 einzelne Steuervorgänge nötig
sein. Um die Bedienung zu vereinfachen, faßt man die 4 Vorgänge zu
einer Gruppe zusammen und steuert die ganze Gruppe mit einem gemeinsamen Betätigungsdruckknopf. Nachdem die Hilfsbetriebe als im
Betrieb befindlich zurückgemeldet sind, werden durch Betätigen des
Druckknopfes der zweiten Steuergruppe weitere Steuervorgänge eingeleitet. Um bei dem beschriebenen Beispiel eines Synchron-Kompressormotors zu bleiben, würde man mit Hilfe dieser 2. Steuergruppe den
Synchronmotor selbst anlassen. Dieser Anlaßvorgang setzt mehrere
einzelne Steuervorgänge voraus, die wiederum der Einfachheit wegen
zu einer Gruppe zusammengefaßt sind.

Die Schaltung ist einfach und die durch das Zusammenfassen in
Gruppen erzielte Erleichterung für den Betrieb ist ausreichend. Es wäre
sehr naheliegend, auch im Kraftwerksbetrieb diese Art der Steuerung
anzuwenden, beispielsweise wenn es sich darum handelt, von einer
Fernsteuerstelle einen umfangreichen Maschinensatz in Betrieb zu
nehmen. Es hat sich aber gezeigt, daß es in diesem Falle besser ist, zu
der Schaltung nach Abb. 11 überzugehen. Dort wird nur der erste
Betätigungsvorgang von der Fernsteuerstelle aus veranlaßt, während
sich sämtliche übrigen Vorgänge selbsttätig abspielen. Der zusätzliche
Aufwand an Apparaten, der durch den Übergang von der Schaltung nach
Abb. 10 zu der Schaltung nach Abb. 11 bedingt ist, hat sich als so unbedeutend herausgestellt, daß man in Zukunft die zuletzt genannte
Schaltung anwenden sollte. Für die Inbetriebsetzung eines Maschinensatzes ist in der Fernsteuerstelle nur ein einziger Anlaß-Druckknopf
zu betätigen. Im Anschluß hieran wickeln sich alle zum Anlauf des
Maschinensatzes gehörenden Vorgänge einschließlich der Hilfsbetriebe vollselbsttätig ab.

Die Gründe, warum man in vielen Fällen aus betriebstechnischen
Gründen von der Schaltungsanordnung nach Abb. 11 zu der Schaltung
nach Abb. 12 übergeht, wurden bereits im vorigen Abschnitt ausführlich erläutert.

Soll eine Schaltanlage zeitweise selbsttätig und zeitweise ferngesteuert arbeiten, dann wird eine Schaltung ähnlich Abb. 13 am Platze
sein.

3. Ferngesteuerte selbsttätige Anlagen ohne eigentliche Fernsteuermittel.

Eine besondere Gruppe ferngesteuerter Anlagen arbeitet ohne
eigentliche Fernsteuermittel (Abb. 15). Die Wasserkraftanlage W wird
dadurch in Betrieb gesetzt, daß in der Fernsteuerstelle F, die gleich-

zeitig Empfangsstelle der in der Wasserkraftanlage erzeugten Energie ist, der Hochspannungsschalter *1* eingeschaltet wird. Hierdurch kommt von der Steuerstelle aus die Hochspannungsleitung *2* unter Spannung; dies wird mit Hilfe eines Spannungsrelais *3*, das über Spannungswandler an die Hochspannungsleitung angeschlossen ist, innerhalb der selbsttätigen Anlage festgestellt. Hierauf veranlaßt dieses Relais die Inbetriebsetzung der Wasserkraftanlage. Der Betrieb selbst spielt sich vollkommen selbsttätig ab. Die Außerbetriebnahme erfolgt durch Wiederöffnen des Ölschalters in der Fernsteuerstelle (siehe auch Abschnitt XII).

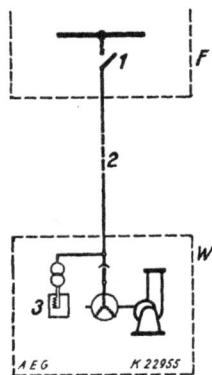

1 = Ölschalter in der Fernsteuerstelle,
2 = Übertragungsleitung,
3 = Spannungsrelais,
F = Fernsteuerstelle.
W = Wasserkraftwerk.

Abb. 15. Ferngesteuerte Wasserkraftanlage. Steuerung ohne Benutzung eigentlicher Fernsteuermittel.

IV. Die Entstehung und Anwendung des Schaltfolgenbildes.

1. Der Zweck des Schaltfolgenbildes.

Bei der Aufzeichnung selbsttätiger Steueranlagen ist es sehr wichtig, eine einfache und klare Darstellungsform anzuwenden. Die Einführung des sog. »Schaltfolgenbildes« hat sehr stark zur schnellen Einführung selbsttätiger Steuerungen beigetragen.

Ein gewöhnliches Schaltbild einer nur einigermaßen verwickelten Schaltung macht nicht nur auf den Laien, sondern auch auf den Fachmann einen undurchsichtigen Eindruck. Der Grund ist hauptsächlich der, daß man bei einem solchen Schaltbild nicht weiß, wo man mit dem Studium anfangen und wo man aufhören soll.

Der Sinn und die Aufgabe des Schaltfolgenbildes kann am besten an Hand der Abb. 16 erläutert werden, wobei allerdings darauf aufmerksam zu machen ist, daß es sich hier nur um ein stark vereinfachtes Schaltfolgenbild handelt. Das Bild stellt einen Maschinensatz dar, bestehend aus einer Turbine *T*, einem Generator *G*, einer Kupplung *C* und einer Pumpe *P*. Um einen solchen Maschinensatz in Betrieb zu setzen, beginnt man mit dem Anlauf der Turbine. Dann folgt die Parallelschaltung des Generators mit dem Netz, anschließend wird die Kupplung *C* geschlossen und zum Schluß wird die Pumpe *P* in Betrieb gesetzt. Vereinfachend sei hier einmal angenommen, daß für die Abwicklung aller dieser Vorgänge nur 10 Steuerstromkreise betätigt werden müßten. In Wirklichkeit sind zum Anlassen eines solchen Maschinensatzes etwa 50 bis 70 Schaltvorgänge nötig, aber es handelt sich bei der vorliegenden Abbildung voraussetzungsgemäß nur um eine stark vereinfachte Darstellung, an Hand deren die Aufgaben des Schaltfolgenbildes erläutert werden sollen.

Oberhalb der Maschinenwelle sind 10 Betätigungsstromkreise dargestellt, und das Wesen des Schaltfolgendiagrammes besteht darin, daß diese Steuerstromkreise so von links nach rechts nebeneinander

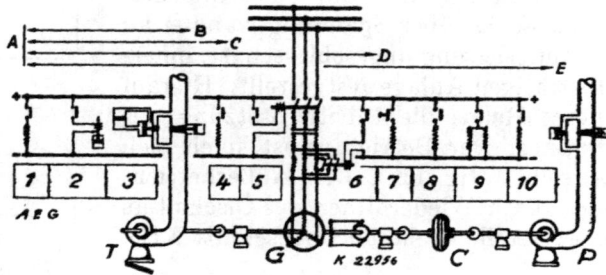

1 bis 10 = Betriebsvorgänge,
Vorgang A—B = Öffnen des Turbinenschiebers,
» B—C = Öffnen des Leitapparates,
» C—D = Selbstätige Parallelschaltung,
» D—E = Übergang in den Pumpbetrieb,
C = Kupplung,
G = Generator,
P = Pumpe.

Abb. 16. Vereinfachtes Schaltfolgenbild der Anlaufvorgänge des Maschinensatzes eines Pumpspeicher-Wasserkraftwerkes.

aufgezeichnet werden, wie ihre Betätigung zeitlich aufeinander folgt. Es wurde bereits erwähnt, daß der Maschinensatz von der Turbinenseite aus angelassen wird. Bei neuzeitlichen großen Wasserkraftanlagen werden zu diesem Zweck von der Warte aus einige elektrische Steuerstromkreise betätigt. Diese ersten Betätigungsstromkreise sind von links nach rechts nebeneinander aufgezeichnet und mit den Ziffern 1, 2, 3 versehen. Hieraus geht hervor, daß zum Anlassen der Turbine 3 Steuervorgänge nacheinander vorgenommen werden müssen, und zwar ist angedeutet, daß die beiden ersten Vorgänge elektrischer Natur sind, während der dritte Vorgang ein hydraulischer Steuervorgang ist, der darin besteht, daß mit Hilfe von Servomotoren die Einlaßschieber der Turbine geöffnet werden. Als Folge dieser Steuervorgänge läuft die Maschine an, und jetzt erfolgt ihre Parallelschaltung mit dem Netz. Hierfür sind die Steuerstromkreise 4, 5 und 6 vorgesehen. Anschließend spielen sich die Vorgänge 7 bis 10 ab, um die Pumpe in Betrieb zu nehmen.

Dieses Bild zeigt klar, welchen Vorteil die Aufzeichnung einer Steueranordnung als Schaltfolgenbild mit sich bringt. Während man bei einem gewöhnlichen Schaltbild nicht weiß, wie die Betätigung der vielen Steuerstromkreise zeitlich aufeinander folgt, sind hier die Steuerstromkreise so geordnet, daß man, wenn man einige Übung und eine zu den einzelnen Stromkreisen gehörende Erläuterung zur Hand hat, ohne weiteres den Anlauf des Maschinensatzes ablesen kann. Tatsächlich gelingt es bei Vorhandensein eines solchen Schaltfolgenbildes in kurzer

Zeit, auch sehr komplizierte Steueranordnungen zu erläutern und zu erfassen.

Aber dieses Schaltfolgenbild hat nicht etwa nur die Aufgabe, den Schaltwärter in die Steuervorgänge seiner selbsttätigen Anlage einzuweihen, sondern es spielt für den planenden Ingenieur ebenso wie für den Betriebsleiter eine wichtige Rolle. Wenn man vor der Aufgabe steht, die selbsttätige Steueranordnung für einen umfangreichen Maschinensatz zu entwickeln, dann muß man vor allem vorher wissen, welche Handgriffe nötig sind, um einen solchen Maschinensatz in Betrieb zu nehmen. Teilweise bekommt der Elektrotechniker diese Angaben von dem Turbinenbauer und teilweise handelt es sich um rein schaltungstechnische Maßnahmen, die dem Schaltanlagenbauer geläufig sind. Die Entwicklung einer selbsttätigen Steuerung geht dann so vor sich, daß man sich zuerst ein stark vereinfachtes Bild, ähnlich der Abb. 16 aufzeichnet um über die Gesamtvorgänge einen Überblick zu bekommen. Hierauf folgt die Ausarbeitung der einzelnen Schaltvorgänge und Verriegelungen, und so wird im Laufe der Bearbeitung aus dem vereinfachten Stromkreis *1* eine größere Zahl von Steuerstromkreisen, die so nebeneinander gezeichnet werden, wie ihre Betätigung zeitlich aufeinander folgt.

Man sieht also, welche wichtige Rolle ein derartiges Bild bei der Planung einer Anlage spielt. Ebenso wichtig ist aber das Schaltfolgenbild für den Betriebsleiter, wenn aus irgendeinem Grunde ein Steuervorgang versagt. An Hand des Schaltfolgenbildes kann er sehr schnell feststellen, welcher Stromkreis nicht ordnungsgemäß gearbeitet hat. Erfolgt beispielsweise bei der Schaltung nach Abb. 16 die Einschaltung des Hauptmaschinenschalters nicht rechtzeitig, dann braucht der Betriebsleiter nur den Stromkreis *5* des Schaltfolgenbildes zu betrachten, um zu erfahren, was der Anlaß zu dem Versagen des betreffenden Schaltvorganges sein kann. Das Auffinden des Fehlers wird durch diese klare und einfache Aufzeichnung sehr erleichtert.

Wenn das soeben besprochene Schaltfolgenbild der besseren Anschaulichkeit wegen nur vereinfacht dargestellt war, so soll damit nicht etwa gesagt sein, daß das Schaltfolgenbild nicht ein vollkommen exaktes Schaltbild ist, das sämtliche Verbindungsleitungen, Verbindungspunkte und Betätigungssicherungen

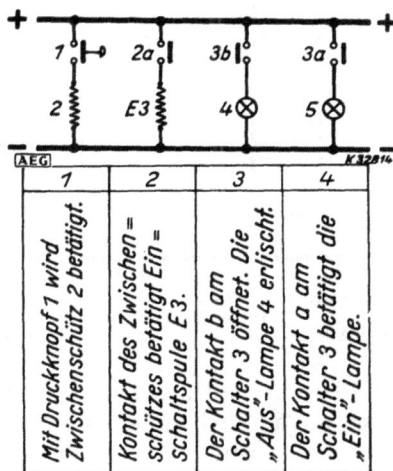

1	2	3	4
Mit Druckknopf 1 wird Zwischenschütz 2 betätigt.	Kontakt des Zwischenschützes betätigt Ein = schaltspule E3.	Der Kontakt b am Schalter 3 öffnet. Die „Aus"-Lampe 4 erlischt.	Der Kontakt a am Schalter 3 betätigt die „Ein"-Lampe.

Abb. 17. Schaltfolgenbild der Einschaltung eines Schalters 3 und dessen Stellungs-Rückmeldung.

enthält. Wie einfach es ist, ein Schaltfolgenbild zu lesen, soll jetzt an einem Ausführungsbeispiel gezeigt werden (Abb. 17).

Es handelt sich um die elektrische Einschaltung und Stellungsrückmeldung eines Ölschalters 3. Im Stromkreis 1 wird durch Betätigen des Druckknopfes 1 das Zwischenschütz 2 gesteuert. Der nächste Stromkreis zeigt die Schaltfolge des ersten Stromkreises, und zwar schließt das Zwischenschütz seinen Kontakt 2a, der die Einschaltspule E des Ölschalters 3 an Spannung legt. Der Ölschalter schaltet ein. Die Folge ist im Stromkreis 3 dargestellt. Der Ölschalter öffnet beim Einschalten seinen Kontakt 3b und die »Aus«-Lampe 4 erlischt. Durch einen Kontakt 3a des eingeschalteten Ölschalters wird die »Ein«-Lampe 5 an Spannung gelegt.

Einen etwas verwickelteren Vorgang stellen das Schaltbild Abb. 18 und das Schaltfolgenbild Abb. 19 dar. Es handelt sich um einen sog. automatischen Streckenabzweigschalter. Oben sind die beiden Gleichstrom-Sammelschienen eines Bahnunterwerkes aufgezeichnet. Von der positiven Schiene geht der Abzweig über einen Streckenautomaten 1, der mit einem Überstromrelais $\dot{U}$ ausgerüstet ist, zur Bahnstrecke. Die Arbeitsweise eines solchen selbsttätigen Streckenschalters besteht darin, daß bei auftretendem Kurzschluß der Automat 1 ausgeschaltet und im Anschluß daran eine selbsttätige Streckenkurzschlußprüfung vorgenommen wird. Zu diesem Zweck ist ein Prüfwiderstand R vorgesehen, über den im ausgeschalteten Zustand des Automaten 1 der Prüfstrom nach der Strecke fließt. Zeigt dieser Prüfstrom, daß auf der Strecke an der mit X bezeichneten Stelle ein Kurzschluß besteht, dann bleibt der Streckenautomat ausgeschaltet. Ist jedoch der über den Prüfwiderstand fließende Strom nur gering, dann erfolgt nach einigen Sekunden die Wiedereinschaltung des Automaten 1. Zur Messung des Prüfstromes liegt an den Klemmen des Prüfwiderstandes R das Relais 3. Für die verzögerte Einschaltung des Automaten 1 ist ein Zwischenschütz 4 mit Zeitverzögerung vorgesehen. Der Automat 1 ist mit einer Einschaltspule E und mit einer Nullspannungs-Auslösespule N versehen. Beim Versuch, aus diesem Schaltbild die einzelnen Schaltvorgänge herauszulesen, wird man sehr bald finden, daß dies recht schwierig ist.

In der Abb. 19 ist das Schaltfolgenbild des selbsttätigen Streckenschalters aufgezeichnet, und es wird sich zeigen, wie außergewöhnlich

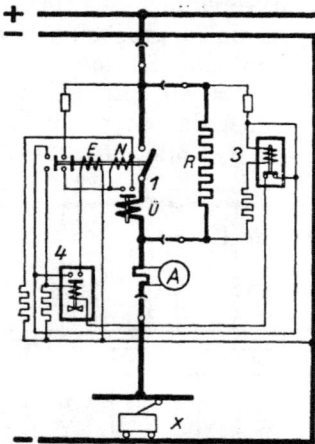

Abb. 18. Streckenschalter mit Prüfeinrichtung für Dauerschaltung.
(Für Allein- und Parallelbetrieb.)

schnell die Schaltvorgänge abgelesen werden können. Im linken Teil
sind die Hauptstromkreise dargestellt und die einzelnen Geräte mit
Ziffern versehen. Rechts davon sind von links nach recht die 5 Schaltvorgänge aufgezeichnet, die sich abspielen, wenn infolge eines Kurzschlusses der Automat 1 ausschaltet und wenn im Anschluß daran die
selbsttätige Wiedereinschaltung erfolgt. Der Vorteil eines solchen Schaltfolgenbildes liegt neben der klaren Aufzeichnung in der Möglichkeit,
unterhalb der einzelnen Stromkreise eine ausführliche Erläuterung der

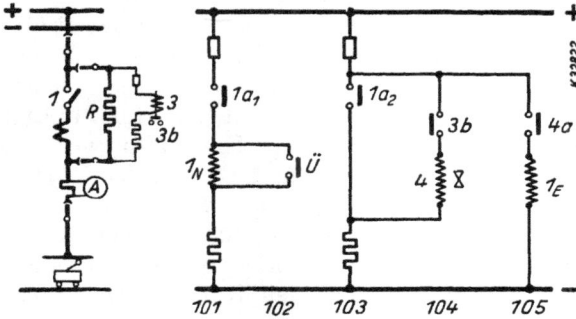

Abb. 19. Schaltfolgenbild des selbsttätigen Streckenschalters nach Abb. 18.

Vorgänge anbringen zu können. Macht man sich die Mühe, diese Erläuterung der einzelnen Stromkreise durchzulesen, und hat man einige
Übung im Verfolgen schaltungstechnischer Zusammenhänge, dann kann
man in ganz kurzer Zeit alle Einzelheiten der Schaltung erkennen.

Im Stromkreis 101 ist dargestellt, daß die Nullspannungsspule N
des Automaten 1 über eine Sicherung und einen Vorschaltwiderstand
an der Sammelschienenspannung des Unterwerkes liegt. Im vorliegenden Fall ist die Betätigungsspannung gleich der Sammelschienenspannung des Unterwerkes; bei anderen Steuerungen ist häufig für die Steuerung eine besondere Betätigungsstromquelle vorhanden. Der Stromkreis 102 zeigt, daß durch das Ansprechen des Überstromrelais $Ü$ die
Nullspannungsspule des Automaten 1 kurzgeschlossen wird. Dies hat

zur Folge, daß der Automat ausschaltet. Hierauf folgt der Stromkreis *103*: Beim Ausschalten des Automaten *1* öffnet dieser seinen Kontakt *1a*. Die Folgen hiervon gehen aus dem Stromkreis *104* hervor, der
zeigt, daß bei geschlossenem Kontakt *1a* der Stromkreis *104* kurzgeschlossen war. Durch das Öffnen des Kontaktes *1a* im Stromkreis *103*
fließt jetzt Strom durch den Stromkreis *104*. Solange der Kontakt *3b*
geschlossen ist, läuft das Zeitrelais *4*. Aus dem linken Teil des Schaltfolgenbildes geht hervor, daß der Kontakt *3b* zu dem Prüfrelais *3* gehört.
Bleibt nach erfolgter Ausschaltung des Automaten *1* der Kontakt *3b*
einige Sekunden lang geschlossen, d. h. ist der über den Prüfwiderstand *R*
fließende Strom so gering, daß das Prüfrelais *3* nicht anzieht und seinen
Kontakt *3b* öffnet, dann läuft das Zeitrelais *4* ab. Stromkreis *105*:
Das Zeitrelais *4* schließt seinen Kontakt *4a* und betätigt damit die
Einschaltspule *E* des Automaten *1*. Hierdurch wird der Automat
wieder eingeschaltet. Die soeben geschilderten Vorgänge spielen sich
ab, wenn die Strecke kurzschlußfrei ist, d. h. wenn das Prüfrelais *3*
nach erfolgter Ausschaltung des Automaten *1* seinen Kontakt *3b* nicht
öffnet. Ist jedoch der über den Prüfwiderstand fließende Strom so groß,
daß das Relais *3* anspricht und seinen Kontakt *3b* öffnet, dann kann
das Zeitrelais *4* nicht ablaufen und der Schaltvorgang, der in Stromkreis *105* dargestellt ist, kann nicht durchgeführt werden, d. h. der
Automat bleibt ausgeschaltet.

Weitere Anwendungsbeispiele des Schaltfolgenbildes befinden sich
in den Abschnitten XIII und XV.

2. Die Entstehung des Schaltfolgenbildes aus einem gewöhnlichen Schaltbild.

Die stark ausgezogenen Hauptstromkreise erscheinen im Schaltfolgenbild unverändert (links). Sie sind nur einphasig statt dreiphasig
gezeichnet. Die Betätigungsstromkreise dagegen, die immer von einem
Pol einer Betätigungsstromquelle über Relaisspulen, Relaiskontakte
und Hilfskontakte zum anderen Pol derselben Betätigungsstromquelle
führen, werden aus dem gewöhnlichen Schaltbild herausgenommen und
so zwischen den beiden Betätigungssammelschienen (+ und —) von
links nach rechts angeordnet, wie ihre elektrische Betätigung zeitlich aufeinanderfolgt.

Die Erläuterungen ermöglichen dem mit dem Schaltfolgenbild
Arbeitenden, sich in wenigen Augenblicken zurechtzufinden, wenn ihm
dieses Bild einer Anlage zum ersten Male vorgelegt wird, oder wenn er
längere Zeit nicht mehr mit dem Schaltbild der betreffenden Anlage
gearbeitet hat.

Sämtliche im Schaltfolgenbild auftauchenden Apparate sind fortlaufend numeriert. Die Zahlen treten jeweils neben dem betreffenden
Zeichen für Kontakt, Spule oder Antriebsmotor auf und kennzeichnen

die Zusammengehörigkeit. Die Bezeichnungen und Eigenschaften der im Schaltfolgenbild vorkommenden Kontakte gehen aus der Abb. 20 hervor.

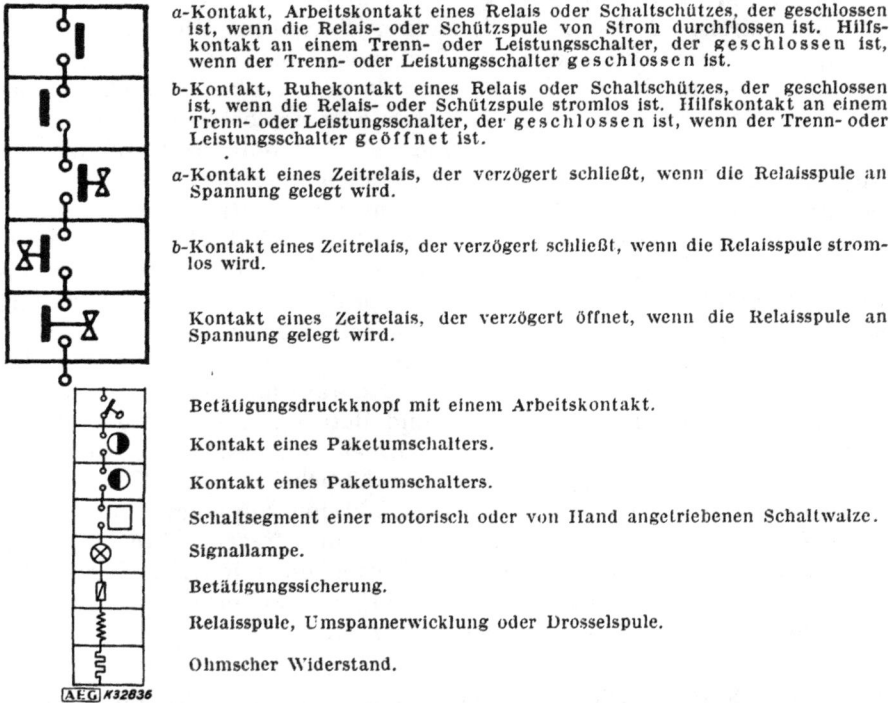

a-Kontakt, Arbeitskontakt eines Relais oder Schaltschützes, der geschlossen ist, wenn die Relais- oder Schützspule von Strom durchflossen ist. Hilfskontakt an einem Trenn- oder Leistungsschalter, der geschlossen ist, wenn der Trenn- oder Leistungsschalter geschlossen ist.

b-Kontakt, Ruhekontakt eines Relais oder Schaltschützes, der geschlossen ist, wenn die Relais- oder Schützspule stromlos ist. Hilfskontakt an einem Trenn- oder Leistungsschalter, der geschlossen ist, wenn der Trenn- oder Leistungsschalter geöffnet ist.

a-Kontakt eines Zeitrelais, der verzögert schließt, wenn die Relaisspule an Spannung gelegt wird.

b-Kontakt eines Zeitrelais, der verzögert schließt, wenn die Relaisspule stromlos wird.

Kontakt eines Zeitrelais, der verzögert öffnet, wenn die Relaisspule an Spannung gelegt wird.

Betätigungsdruckknopf mit einem Arbeitskontakt.

Kontakt eines Paketumschalters.

Kontakt eines Paketumschalters.

Schaltsegment einer motorisch oder von Hand angetriebenen Schaltwalze.

Signallampe.

Betätigungssicherung.

Relaisspule, Umspannerwicklung oder Drosselspule.

Ohmscher Widerstand.

Abb. 20. Bezeichnungsweise der in einem Schaltfolgenbild dargestellten Schalter, Relais, Kontakte usw.

Die bei den einzelnen Stromkreisen des Schaltfolgenbildes angefügten Erläuterungen können, da sie außerhalb des eigentlichen Schaltbildes angeordnet sind, in mehreren Sprachen niedergeschrieben werden. Die Inbetriebnahmearbeiten von umfangreichen Anlagen, die im Ausland zu erstellen sind, werden hierdurch stark erleichtert, denn eine schnelle Verständigung zwischen dem die Inbetriebnahme leitenden Ingenieur und den ausländischen Schalt- und Maschinenmeistern ist ohne Schwierigkeiten möglich. Hinzu kommt, daß der die Anlage übernehmende Schaltmeiser die Erläuterungen nach Belieben ergänzen kann. Beim normalen Schaltbild sind diese Möglichkeiten nicht vorhanden.

3. Das Inbetriebsetzen selbsttätiger Anlagen an Hand des Schaltfolgenbildes.

Um gelegentlich der Inbetriebsetzung einer Anlage nachzuprüfen, ob die Leitungsverlegung oder die Relaisschaltung in Ordnung ist, ist es zweckmäßig, in der folgenden Weise vorzugehen:

An Hand des Schaltfolgenbildes werden die Stromkreise einzeln geprüft. Beim Untersuchen des Stromkreises *1* z. B. verhindert man durch künstliche Unterbrechung im Stromkreis *2*, daß die Betätigung des Stromkreises *1* Folgen im Stromkreis *2* auslöst. Hierauf kann der Stromkreis *1* genau untersucht werden, indem man die Kontakte dieses Stromkreises einzeln öffnet oder schließt und beobachtet, ob die betreffende Relaisspule dieses Stromkreises oder der betreffende Antriebsmotor richtig betätigt werden. Nachdem der Stromkreis *1* vollkommen durchgeprüft ist, geht man an die Untersuchung des Stromkreises *2* des Schaltfolgenbildes, indem man alle in diesem Stromkreis liegenden Kontakte ausprobiert, während man im Stromkreis *3* künstliche Unterbrechungen vornimmt. Auf diese Weise werden die Stromkreise des Schaltfolgenbildes nacheinander durchgeprüft. Falls diese in Ordnung sind, wird ein selbsttätiges Schalten absatzweise vorgenommen, d. h. es wird z. B. bei einer Glasgleichrichteranlage als erster Vorgang das Einschalten des Ölschalters durch eine Kontaktuhr untersucht; hierbei werden die einzelnen Verriegelungs- und Betätigungskontakte in diesen Stromkreisen von Hand künstlich geöffnet und geschlossen, um festzustellen, ob alle Kontakte ordnungsgemäß arbeiten. Am Schlusse der Untersuchung läßt man sämtliche selbsttätigen Vorgänge vom Stromkreis *1* bis zum letzten Stromkreis aufeinander folgen. Man hat dabei in dem Schaltfolgenbild ein einfaches Mittel, um mit einem Blick festzustellen, welcher Kontakt eines Stromkreises zu öffnen ist, um den Vorgang an einer beliebigen Stelle aufzuhalten.

4. Das Durchprüfen selbsttätiger Anlagen an Hand des Schaltfolgenbildes.

Das sorgfältige Durchprüfen von selbsttätigen Anlagen ist eine Vorbedingung für ihr gutes Arbeiten. Wenn irgendeine Störung in der Steuereinrichtung vorliegt, ist es leicht, mit Hilfe des Schaltfolgenbildes den störenden Kontakt oder die nicht einwandfrei arbeitende Relaisspule aufzufinden. Ein selbsttätig anlaufender Umformer möge sich z. B. nach Vollendung seines Anlaufvorganges nicht auf das Gleichstromnetz schalten. Das Schaltfolgenbild zeigt, welche Kontakte in dem Stromkreis der Einschaltspule des gleichstromseitigen Maschinenschalters liegen und welcher Stromkreis untersucht werden muß, um den Fehler aufzufinden. Da die Bezeichnungen des Schaltfolgenbildes an sämtlichen Relais, Endkontakten, Motorantrieben usw. in entsprechender Weise angebracht sind, so ist der Kontakt, der das Nichteinschalten des Maschinenschalters zur Folge hatte, schnell gefunden. Sobald der betreffende Schaden behoben ist, muß die Steuerung in der vorher beschriebenen Weise durchgeprüft werden, um eindeutig festzustellen, daß der in Ordnung gebrachte Kontakt tatsächlich der einzige Grund für das Nichtarbeiten der Anlage war.

V. Die Entwicklung einer selbsttätigen, aus einer von Hand betätigten Steueranordnung.

Wenn man sich einmal die Betätigungsvorgänge aufzeichnet, wie sie bei einer ganz gewöhnlichen Handsteuerung einer Schaltanlage üblich sind, dann ergibt sich ein Schaltfolgenbild, wie dies die Abb. 21 zeigt. Im Stromkreis *1* wird mit Hilfe des Betätigungsschalters *H* irgendeine elektromagnetische Spule betätigt, z. B. die Einschaltspule des Hochspannungs-Ölschalters eines Einankerumformersatzes. Hierauf hat der Bedienende die Aufgabe, ein bestimmtes, vor seinen Augen ange-

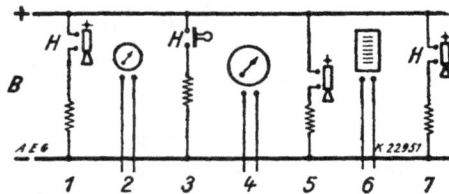

1, 3, 5, 7 = Betätigungsvorgänge, die auf Grund der Ablesung der Meßinstrumente in den Meßstromkreisen 2, 4 und 6 von Hand vorgenommen werden,
B = Betätigungspannung,
H = Handbetätigungschalter.

Abb. 21. Schaltfolgenbild einer von Hand vorgenommenen Schaltung.

ordnetes Meßinstrument zu beobachten, z. B. einen Strommesser, um den Anlaufstrom des Maschinensatzes zu kontrollieren. Wenn dieser Vorgang ordnungsgemäß abgeschlossen ist, dann wird, wie der Stromkreis *3* des Schaltfolgenbildes zeigt, ein Druckknopf betätigt, um einen weiteren elektrischen Schaltvorgang auszuführen. Nachdem auch der Erfolg dieser Schalthandlung an einem Meßinstrument festgestellt ist, wird der nächste Steuervorgang durch Handbetätigung eingeleitet und so fort.

1. Das Schaltfolgenbild der von Hand betätigten und der selbsttätigen Steuerung.

Bei einem verwickelten Schaltvorgang kann es sich um 20 oder mehr derartige einzelne Schaltvorgänge handeln. Zwischen einem Vorgang und dem nächsten liegt jeweils die Beobachtung von Meß-instrumenten oder von Signallampen, die anzeigen, ob der vorhergehende Schaltvorgang abgeschlossen ist. Wenn man sich nun überlegt, um was es sich handelt, wenn die soeben beschriebenen Vorgänge selbsttätig abgewickelt werden sollen, dann kann man sich, wie das die Abb. 22 zeigt, in erster Annäherung folgendes Schaltfolgenbild aufzeichnen.

Im Stromkreis *1* tritt an die Stelle des Betätigungsschalters *H* der handbetätigten Schaltanlage ein Schaltorgan *K*, z. B. eine Kontaktuhr, die zu einer ganz bestimmten Zeit den Hochspannungs-Ölschalter des anzulassenden Umformers einschaltet. Der Umformer läuft an und an Stelle des Meßinstrumentes im Stromkreis *2* der handbedienten Anlage tritt nun ein Relais, z. B. ein Stromüberwachungsrelais, das feststellt, wann der Umformer so weit angelaufen ist, daß der Anlaufstrom einen gewissen Minimalwert unterschreitet. Dann schließt dieses Relais seinen Kontakt und dieser steuert nun den Betätigungsstromkreis *3*, genau

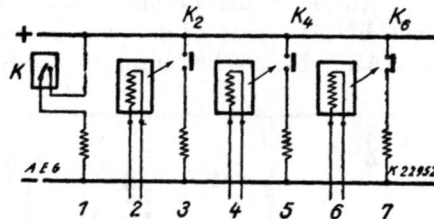

1, 3, 5. 7 = Automatische Betätigungen. Die Relaiskontakte *K* treten an die Stelle
von *H* des Bildes *21*,
2, 4, 6 = Relais an Stelle der Meßinstrumente des Bildes *21*,
K = Kontakt eines Relais,
K₂, K₄, K₆ = Kontakte der Relais der Stromkreise *2, 4* und *6*.

Abb. 22. Schaltfolgenbild der selbsttätigen Schaltvorgänge.

wie bei der handbetätigten Anlage dieser Stromkreis mit dem Betätigungsdruckknopf *H* gesteuert wurde. Der Erfolg dieser Schaltung wird durch ein weiteres Relais kontrolliert, dann spielt sich der nächste Vorgang ab und so fort.

In Wirklichkeit sind die Vorgänge noch einfacher, denn es kommt häufig vor, daß der Bedienende den nächsten Schaltvorgang vornehmen darf, sobald der vorhergehende Schaltvorgang erledigt ist, was er mit Hilfe von Signallampen feststellen kann. Es ist also keineswegs immer notwendig, jeden einzelnen Schaltvorgang mit Hilfe von Meßinstrumenten zu beobachten, sondern in vielen Fällen folgt ein Schaltvorgang auf den vorhergehenden einfach auf Grund der Beobachtung von Signallampen oder Stellungsanzeigern.

Die Übertragung eines solchen einfachen Vorganges in einen selbsttätigen Schaltvorgang ist noch einfacher, als in Abb. 22 dargestellt ist, denn dieser Vorgang spielt sich einfach so ab, daß der Hilfskontakt, der bei der handbedienten Anlage die Signallampe zum Aufleuchten bringt, den nächsten Schaltvorgang einleitet. Jeder, der die Aufgabe hat, etwas verwickelte Schaltvorgänge durchzuarbeiten, sollte sich den Übergang von einer Handsteuerung in eine selbsttätige Steuerung an Hand der Abb. 21 und 22 klarmachen, denn die Kenntnis dieses einfachen Übertragungsvorganges ist notwendig, wenn man an die Aufgabe herantritt, Schaltvorgänge, die man bisher von Hand bewerkstelligt hat, entweder durch eine selbsttätige Schaltapparatur abwickeln zu lassen oder gegenseitig zu verriegeln. Auch das komplizierteste Schaltfolgenbild einer automatischen Anlage entsteht so, daß man sich erst einmal überlegt, wie sich die Schaltvorgänge nacheinander abspielen müßten, wenn man die betreffende Schaltung von Hand durchzuführen hätte.

2. Die gegen Fehlschaltungen verriegelte oder blockierte Schaltanlage.

Der Weg von einer handbedienten, durch umfangreiche Verriegelungen gegen Fehlschaltungen geschützten Steueranlage zu einer selbsttätigen Steueranlage soll mit Hilfe der Abb. 23, 24 und 25 erläutert werden.

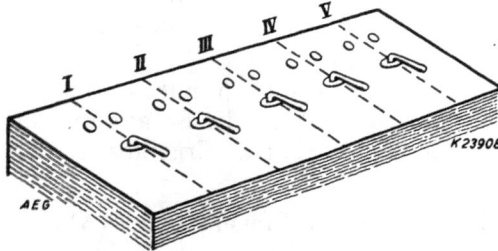

Abb. 23. Fünf Betätigungsschalter auf einem Schaltpult, die in bestimmter Reihenfolge betätigt werden müssen.

Auf einem Schaltpult mögen sich in einer Reihe die Betätigungsschalter *I* bis *V* befinden, die nacheinander zu betätigen sind, um eine bestimmte Steueranlage von Hand zu schalten. Das Schaltfolgenbild der betreffenden Anlage ist in einfacher Weise in Abb. 24 dargestellt. Wie der erste Stromkreis des Schaltfolgenbildes zeigt, ist eine Zahl von Verriegelungs-

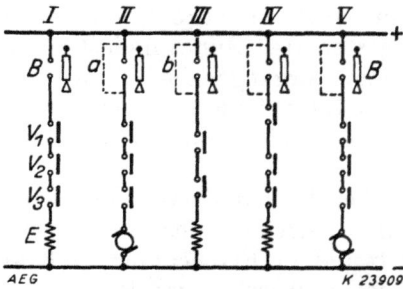

B = Betätigungschalter,
E = Elektrisch betätigte Fernschaltmagnete,
V_1, V_2 usw. = Verriegelungskontakte,
a, *b* usw. = Kurzschließstromkreise.

Abb. 24. Schaltfolgenbild der mit Hilfe der fünf Betätigungsschalter zu steuernden Stromkreise.

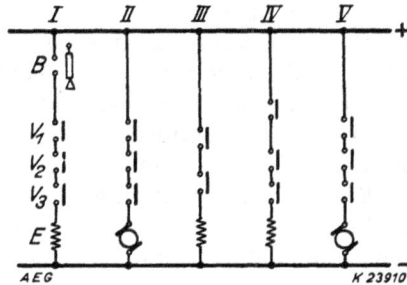

B = Betätigungschalter,
E = Elektrisch betätigte Fernschaltmagnete,
V_1, V_2 usw. = Verriegelungskontakte.

Abb. 25. Steuerstromkreise wie in Abb. 24, jedoch ohne die Betätigungsschalter B in den Stromkreisen *II*, *III*, *IV* und *V*.

kontakten V_1 bis V_3 vorgesehen, die alle geschlossen sein müssen, wenn durch Betätigen des Schalters B von Hand die Einschaltspule E gesteuert werden soll. Ist dieser Vorgang beendet, was mit Hilfe der auf

dem Pult oberhalb des Schalters *I* eingezeichneten Signallampe festgestellt werden kann, dann hat der Bedienende die Aufgabe, den zweiten
Betätigungsschalter von Hand zu schalten und so fort. Auch der Stromkreis *II* ist gegen Schaltfehler verriegelt, so daß die Betätigung von Hand
nur Erfolg hat, wenn alle Vorbedingungen erfüllt sind. Zu diesen Vorbedingungen gehört nun auch eine Meldung, d a ß d e r v o r h e r g e h e n d e
S c h a l t v o r g a n g b e e n d e t i s t. Eine solche, gegen Schaltfehler verriegelte Steueranlage zeichnet sich dadurch aus, daß der Betätigende
keinen Schaltfehler machen kann, weil durch Verriegelungskontakte die
Schaltung und die Schaltfolge sichergestellt ist. Es ist nun interessant,
festzustellen, wie aus einer solchen zuverlässig verriegelten Schaltanlage
eine selbsttätige Anlage wird.

Im Grunde handelt es sich doch nur darum, wie im Schaltbild
Abb. 24 gestrichelt eingezeichnet ist, die Betätigungsschalter der Stromkreise *II* bis *V* zu überbrücken. Das Ergebnis ist in der Abb. 25 dargestellt.

3. Die selbsttätige Steueranlage. (Abb. 25.)

Dieses Schaltbild zeigt bereits eine halbselbsttätige Schaltung,
deren erster Betätigungsstromkreis durch den Schalter *B* von Hand
gesteuert wird. Ist dieser Steuervorgang beendet, dann sind alle Vorbedingungen für die elektrische Steuerung des Vorganges *II* erfüllt.
Schaltungstechnisch sind diese Vorbedingungen durch die eingezeichneten Verriegelungskontakte dargestellt. Wenn der Schaltvorgang *I*
abgewickelt ist, dann spielt sich ohne weitere Eingriffe von Hand der
Vorgang *II* ab, dann der Vorgang *III* und so fort. Dieses Bild zeigt
auch auf ganz einfache Weise, daß eine s e l b s t t ä t i g e Steueranlage
einfacher sein kann als eine von Hand gesteuerte. Zum mindesten gilt
diese Feststellung für alle diejenigen Steuervorgänge, die bei der von
Hand gesteuerten Anlage einfach auf Grund des Aufleuchtens von Signallampen, ohne besondere Beobachtung von Meßinstrumenten, vorgenommen werden dürfen.

Bei den Einzelvorgängen, bei denen bei der handbedienten Anlage
das Ablesen von Meßinstrumenten nötig ist, tritt bei der selbsttätigen
Steuerung dadurch ein zusätzlicher Aufwand in Erscheinung, daß an
Stelle des Ablesens der Meßinstrumente das Ansprechen von Relais tritt,
wie dies oben geschildert wurde (Abb. 22).

Jedenfalls zeigen diese Überlegungen, daß es sich bei der Ausbildung selbsttätiger Steueranlagen keinesfalls um schwierige und un-
durchsichtige Vorgänge handelt, sondern daß es sehr leicht ist, das
Schaltfolgenbild einer selbsttätigen Steueranlage zu entwickeln, wenn
man nur genau weiß, welche Schaltungen von Hand vorgenommen
werden müssen. Insbesondere wurde gezeigt, daß der Schritt von einer
zuverlässig verriegelten, von Hand gesteuerten Schaltanlage zu einer

automatischen Anlage oft ganz unbedeutend ist. In der Tat gibt es verriegelte Steueranlagen, die durch Umwandlung der Anordnung nach Abb. 24 in die Schaltung nach Abb. 25 vereinfacht werden können.

4. Schaltanlagen mit Schutz gegen Fehlschaltungen.

Um Mißverständnisse zu verhüten, soll der Begriff der Verriegelungen von Schaltanlagen noch etwas genauer erläutert werden. Man unterscheidet zwischen einer passiven und einer aktiven Verriegelungsanordnung. Die Kontakte V_1 bis V_3 der Abb. 24 stellen zusammen eine passive Verriegelungsanordnung dar, womit gesagt sein soll, daß auch bei Betätigung des Schalters B von Hand die Schaltspule E keinen Strom bekommt, solange nicht die Verriegelungskontakte alle geschlossen sind. Man sieht, daß die Verriegelungskontakte V selbst keine Schaltungen vornehmen. Derartige passive Verriegelungen spielen in automatischen Anlagen eine große Rolle.

Wenn es sich dagegen darum handelt, eine handbediente Schaltanlage gegen Fehlschaltungen zu schützen, dann kommt man häufig nicht mit solchen passiven Verriegelungen aus. Diese Frage soll im folgenden an dem Beispiel der Verriegelung von Hochspannungs-Trennschaltern behandelt werden. Es wird sich zeigen, daß im Schaltanlagenbau häufig die Aufgabe vorliegt, nicht nur die elektrische Betätigung von Schaltern zu verriegeln oder zu blockieren, sondern Sperrorgane zu betätigen, die dazu dienen, die mechanische Betätigung von Schaltern zu verhindern (aktive Verriegelungsanordnungen).

5. Die Hochspannungs-Trennschalter und ihre Verriegelung gegen Schaltfehler.

In den meisten großen Hochspannungs-Schaltanlagen werden heute die Trennschalter von der Warte und außerdem von der Hochspannungs-Schaltwand aus gesteuert. Als Antriebseinrichtungen haben sich die Druckluftantriebe infolge ihrer Einfachheit sehr schnell eingeführt[1]). Die Betätigung von der Schaltwarte aus erfolgt auf elektrischem Wege, indem mit Hilfe von Steuerdruckknöpfen die elektrischen Steuerventile betätigt werden, die sich in der Nähe des Hochspannungs-Trennschalters auf der Hochspannungs-Schaltwand befinden.

Bei der Steuerung von der Hochspannungs-Schaltwand aus ist eine elektrische Betätigung nicht nötig, sondern dann erfolgt zweckmäßig die Steuerung der Ein- und Ausschaltventile mechanisch von Hand, die ihrerseits über einen Druckluftkolben die Ein- und Ausschaltung des Hochspannungs-Trennschalters besorgen.

Die verschiedenartige Betätigung der Steuerventile ist deshalb von besonderem Vorteil, weil die Handbetätigung von der Schaltwand aus

---

[1]) Siehe: J. Sihler, »Druckluftantriebe für elektrische Schaltgeräte«, E. u. M. Wien. 1934. S. 25.

auch dann betriebsfähig ist, wenn die elektrische Fernsteuerung von der Warte aus wegen irgendeiner Störung in den elektrischen Leitungen versagt. Bei solchen Hochspannungsanlagen wird häufig eine Verriegelung der Trennschalter gegen Fehlschaltungen verlangt. In der Vergangenheit wurden bereits große Hochspannungs-Schaltanlagen mit vollkommen verriegelten Trennschaltern gebaut, und sie haben sich gut bewährt. Trotzdem wurden in den darauffolgenden Jahren viele große Hochspannungs-Schaltanlagen ohne solche Verriegelungseinrichtungen dem Betriebe übergeben, und sie haben ebenfalls gut gearbeitet.

Bei der Überlegung, ob eine Schaltanlage mit einer Verriegelung der Trennschalter ausgeführt oder ob auf diese Einrichtungen verzichtet werden soll, ist zu bedenken, daß durch die zusätzlichen Verriegelungsanordnungen die Schaltanlage verwickelter und etwas unübersichtlicher wird.

Wenn mancher Betriebsleiter Trennschalterverriegelungen nicht angewendet hat, dann war wohl sehr oft der Wunsch nach Einfachheit seiner Anlage und der Gedanke maßgebend, daß auch bei einer einwandfrei verriegelten Anlage Fehlschaltungen vorkommen können, die den Betrieb gefährden, so daß unabhängig von der Frage, ob die Anlage verriegelt ist oder nicht, zuverlässiges Bedienungspersonal nötig ist.

Ein bekanntes Beispiel ist das folgende:

Infolge einer Verwechslung schaltet der Bedienende an Stelle einer 10 000-kW-Maschine A eine vollbelastete 30 000-kW-Maschine B oder eine vollbelastete Maschine C an Stelle einer leerlaufenden Maschine D ab.

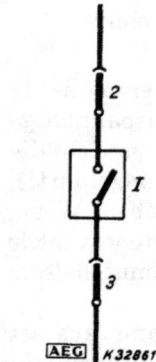

Abb. 26. Anordnung eines Leistungsschalters *I* mit zwei Trennschaltern *2* u. *3*.

Wenn trotzdem im vorliegenden Abschnitt die Aufgabe der Trennschalterverriegelung behandelt wird, dann geschieht dies mit Rücksicht darauf, daß ihre Lösung heute mit sehr einfachen und übersichtlichen Mitteln möglich geworden ist.

Die Abb. 26 zeigt eine Leitungsführung mit einem Leistungsschalter *I* und den beiden Trennschaltern *2* und *3*. Derartige Hochspannungs-Trennschalter sind nicht geeignet, unter Last geöffnet zu werden; vielmehr neigen sie in diesem Falle dazu, Lichtbögen zu erzeugen, die in der Hochspannungs-Schaltanlage großen Schaden anrichten können. Für die Aufgabe der Leistungsunterbrechung ist der Leistungsschalter angeordnet. Zwar werden die Hochspannungs-Schaltanlagen großer Leistung im allgemeinen lichtbogensicher, d. h. so ausgeführt, daß ein durch Öffnen eines Trennschalters unter Last entstehender Lichtbogen nicht große Teile der Schaltanlage in Mitleidenschaft zieht, aber trotzdem ist die Entstehung eines solchen Hochspannungs-Lichtbogens sehr unangenehm, denn in den meisten Fällen wird die vom Lichtbogen betroffene Hochspannungszelle zerstört und auf diese Weise außer Betrieb gesetzt. Es ist nötig, darauf hinzuweisen, daß auch eine Schaltanlage mit Verriegelung der Trennschalter gegen Schaltfehler lichtbogensicher ausgeführt werden sollte, aus dem einfachen Grunde, weil auch durch andere Ursachen Hochspannungs-Lichtbögen entstehen können, beispielsweise durch Zerstörung einer Verbindungsstelle, eines Strom- oder Spannungswandlers, durch das Versagen eines Leistungsschalters infolge Materialfehlers oder durch Vorgänge, durch die von außen die Störung in eine Schaltanlage hineingetragen wird. Für alle diese Fälle kann der lichtbogensichere Aufbau eines Tages von außerordentlich großem Nutzen sein. Die Trennschalterverriegelung ist also keineswegs ein Ersatz für den lichtbogensicheren Aufbau einer Schaltanlage.

a) Die Ausführung der Trennschalterverriegelung.

Um das Öffnen von Trennschaltern unter Last zu verhindern, werden Verriegelungsanordnungen vorgesehen, die so arbeiten, daß das Öffnen eines Trennschalters nur dann möglich ist, wenn sich der in Reihe liegende Leistungsschalter I in geöffnetem Schaltzustand befindet.

Auch das Schließen von Trennschaltern muß in vielen Fällen verhindert werden, und zwar immer dann, wenn hierdurch Stromwege geschaffen werden, die nicht beabsichtigt sind und den Betrieb stören können.

Die Verriegelungsbedingung für eine Leitungsanordnung nach Abb. 26 ist sehr einfach. Sie lautet so, daß eine Verriegelung der Trennschalter 2 und 3 immer dann vorgenommen werden muß, wenn der Leistungsschalter I geschlossen ist. Aber so einfach wie in diesem Falle liegen im allgemeinen die Verriegelungsbedingungen nicht; vielmehr ist es häufig notwendig, die Stellung mehrerer Schalter zu prüfen, um festzustellen, ob ein bestimmter Trennschalter geöffnet werden darf oder nicht.

Vor Untersuchung der allgemeinen Verriegelungsbedingungen soll noch die Frage behandelt werden, auf welchem Wege die Verriegelung eines solchen Hochspannungs-Trennschalters vorgenommen werden kann. Hierbei ist die folgende Überlegung von Wichtigkeit: Es wurde bereits anfangs erläutert, daß für die Steuerung des Hochspannungs-Trennschalters großer Schaltanlagen in den meisten Fällen zwei Möglichkeiten vorhanden sind, und zwar erstens die Möglichkeit der elektrischen Fernsteuerung von der Warte aus, und zweitens die der Betätigung von der Hochspannungs-Schaltwand aus. Bei beiden Steuerungsarten wird die Druckluft als Antriebsmittel verwendet. Im einen Falle, d. h. bei der Steuerung von der Warte aus, werden die Ein- und Ausschaltventile des Trennschalters elektromagnetisch betätigt, während bei der Steuerung des Trennschalters von der Hochspannungs-Schaltwand aus die beiden Steuerventile von Hand bewegt werden. Aber in beiden

Fällen erfolgt der Antrieb des Trennschalters *1* durch einen Druckluftkolben *2* (Abb. 27). Die an den Zugknöpfen der Steuerventile *3* und *4*
angebrachten Pfeile sollen andeuten, daß zum Zweck der Ein- oder Ausschaltung des Hochspannungs-Trennschalters die Ventilzugstangen in
Pfeilrichtung bewegt werden müssen, um den Druckluftbehälter *6* mit
dem Steuerkolben *2* des Hochspannungs-Trennschalters zu verbinden.

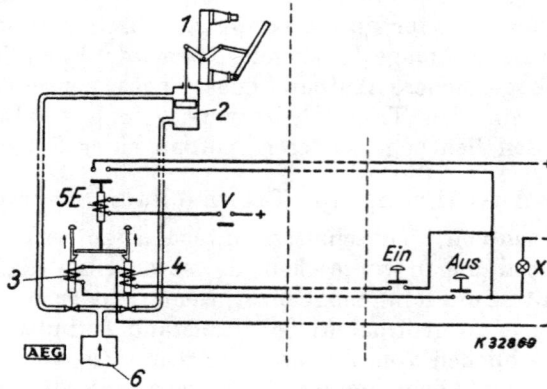

Abb. 27. Trennschalterverriegelung.

1 Trennschalter.   *5 E* Entriegelungsmagnet.
2 Steuerkolben.   *V* Verriegelungskontakte.
3, 4 Ein- und Ausschaltspulen.   *X* Lampe zur Anzeige der Entriegelung.
6 Druckluftbehälter.

Für die Verriegelung der Trennschalterbetätigung ist nun noch ein
Sperr- oder Verriegelungsorgan *5 E* vorgesehen, das die Ein- und Ausschaltung des Hochspannungs-Trennschalters in bestimmten Fällen
verhindert und in anderen Fällen freigibt. Die Anordnung ist so getroffen, daß die Betätigung immer dann verriegelt ist, wenn der Sperrmagnet *5 E* stromlos ist.

Bei einer solchen Trennschalter-Verriegelungsanordnung ist es
wichtig, daß die Verriegelung des Hochspannungs-Trennschalters in
einwandfreier Weise erfolgt, gleichgültig, ob der Bedienende die Steuerung elektrisch von der Schaltwarte aus oder mechanisch von der Hochspannungs-Schaltwand aus vornehmen will. Sieht man nur für e i n e der
beiden Bedienungsarten eine Verriegelung vor, beispielsweise für die
e l e k t r i s c h e Betätigung, dann kann sehr leicht der Fall vorkommen, daß
der Bedienende, der sich an den Gedanken gewöhnt hat, daß er infolge
der Verriegelungsanordnung keinen Fehler machen kann, einen Schaltfehler begeht, wenn er einmal ausnahmsweise den Trennschalter, statt
ihn von der Schaltwarte aus elektrisch zu bedienen, von der Hochspannungs-Schaltwand aus von Hand betätigt. Die Erfahrung hat gezeigt,
daß man hier nur dann mit einer sehr großen Betriebssicherheit rechnen
kann, wenn ein gemeinsames Sperrorgan vorgesehen ist, das die Ver-

riegelung der Trennschalterbetätigung vornimmt, unabhängig davon, auf welchem Wege die Trennschalterbetätigung im Augenblick bewerkstelligt werden soll. Diese Aufgabe wird durch die Einrichtung *5 E* erfüllt, denn wenn sie die Ventilstifte *3* und *4* gegen eine mechanische Betätigung von Hand sperrt, dann ist auch eine elektrische Betätigung der Ventilstifte unmöglich gemacht (Abb. 27).

Der Entriegelungsmagnet *5E* wird betätigt durch Hilfskontakte *V*, die zu denjenigen Leistungsschaltern und Trennschaltern gehören, deren Stellung für die Verriegelung des Trennschalters *1* ausschlaggebend sind. Handelt es sich beispielsweise um einen so einfachen schaltungstechnischen Fall, wie er in der Abb. 26 dargestellt ist, dann würde an der Stelle des Kontaktes *V* in der Abb. 27 ein Kontakt am ausgeschalteten Leistungsschalter *I* verwendet werden. Wenn dieser Leistungsschalter *I* ausgeschaltet ist, dann ist der Entriegelungsmagnet *5E* der beiden Hochspannungs-Trennschalter, die in Abb. 26 mit *2* und *3* bezeichnet sind, von Strom durchflossen, d. h. die Betätigung dieser Trennschalter ist freigegeben.

Aber in den meisten Fällen sind die Bedingungen, unter denen eine solche Entriegelung der Trennschalterbetätigung erfolgt, etwas verwickelter, und sie sollen im nächsten Abschnitt ausführlich untersucht werden.

b) Verriegelungsbedingungen.

In einer Hochspannungs-Schaltanlage spielen die Sammelschienen-Trennschalter eine wichtige Rolle (Abb. 28). Aber schon in diesem Falle liegen die Entriegelungsbedingungen nicht einfach; denn es ist ein Irr-

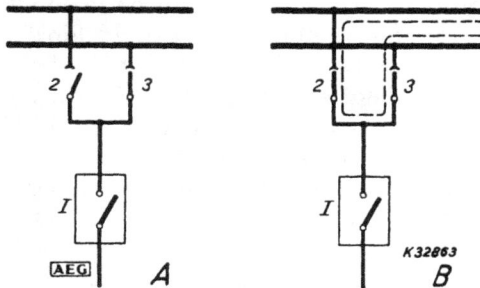

Abb. 28. Trennschalterbetätigung bei geöffnetem Leistungsschalter.

tum, zu glauben, daß die Trennschalter *2* und *3* beliebig geschaltet werden können, wenn der Leistungsschalter *I* geöffnet ist. Die Abb. 28 *A* zeigt, daß man zwar den einen der beiden Trennschalter, beispielsweise den Trennschalter *3*, bei ausgeschaltetem Leistungsschalter *I* ohne Gefahr öffnen und schließen kann, weil hierdurch kein elektrischer Stromkreis geschlossen wird. Die Abb. *B* soll aber veranschaulichen, daß, falls man bei ausgeschaltetem Leistungsschalter *I* die beiden Trennschalter *2* und *3* einschaltet, sehr wohl ein Stromkreis entstehen kann, indem ungewollt die beiden Sammelschienen miteinander gekuppelt werden. Wird nun im Anschluß an diese erfolgte Einschaltung der beiden Trennschalter *2* und *3* einer der beiden Trennschalter wieder geöffnet, dann wird unter Umständen durch den Trennschalter ein belasteter Stromkreis unterbrochen, wozu voraussetzungsgemäß der Hochspannungs-Trennschalter nicht geeignet ist.

Während bei einer Schaltung nach Abb. 26 die Verriegelungsbedingung einfach so lautete, daß man einen Trennschalter *2* nur dann schalten darf, wenn der Leistungsschalter *I* geöffnet ist, wird im vorliegenden Falle die Verriegelungsbedingung schon etwas verwickelter; man darf nämlich bei einer Anordnung nach Abb. 28, auch bei ausgeschaltetem Leistungsschalter, nur einen der beiden Trennschalter einschalten. Was die Entriegelungsbedingung anbetrifft, so handelt es sich im vorliegenden Falle darum, daß die Steuerung eines Hochspannungs-Trennschalters nur dann vorgenommen werden darf, wenn außer dem Leistungsschalter *I* auch noch der Trennschalter des anderen Sammelschienensystems ausgeschaltet ist.

Um eine Fehlschaltung zu verhindern, müssen also an Stelle des Kontaktes *V* (Abb. 27) ein Hilfskontakt am ausgeschalteten Leistungsschalter *I* und ein solcher am ausgeschalteten Trennschalter *3* geschlossen sein, wenn der Entriegelungsmagnet *5 E* des Hochspannungs-Trennschalters *2* von Strom durchflossen sein soll, d. h. wenn es möglich sein soll, eine Steuerung des Trennschalters *2* vorzunehmen.

Es ist nun noch der Fall zu untersuchen, daß sich der Leistungsschalter *I* im eingeschalteten Zustand befindet. Für die Verriegelungsanordnungen kommt nämlich erschwerend hinzu, daß die Betätigung der Sammelschienen-Trennschalter auch bei eingeschaltetem Leistungsschalter ermöglicht werden muß, und zwar dann, wenn es sich darum handelt, die Abzweige von einem Sammelschienensystem auf das andere Sammelschienensystem umzuschalten. Dies ist beispielsweise dann nötig, wenn ein Sammelschienensystem gereinigt werden soll, oder wenn sich an einem Stützisolator des einen Sammelschienensystems eine Störung bemerkbar macht.

Hier sind nun zwei Fälle zu unterscheiden, und zwar betrifft der erste Fall diejenigen Anlagen, in denen zum Zwecke der Überschaltung von einem Sammelschienensystem auf das andere ein besonderer Sammelschienen-Kuppelschalter vorhanden ist. Dies ist ein Leistungsschalter mit 2 dazugehörigen Hochspannungs-Trennschaltern, der zur vorübergehenden Verbindung der beiden Sammelschienensysteme dient. Der zweite Betriebsfall betrifft diejenigen Anlagen, bei denen ein solcher Sammelschienen-Kuppelschalter nicht vorhanden ist. In letzter Zeit werden in einzelnen Fällen große Schaltanlagen ohne solche Sammelschienen-Kuppelschalter gebaut, mit der Begründung, daß man auch ohne diese verhältnismäßig teuren Schalter auskommen kann.

Neben der Aufgabe, den Übergang von einem Sammelschienensystem auf das andere zu erleichtern, hat der Sammelschienen-Kuppelschalter noch den Zweck, als Ersatzschalter für alle in der Anlage vorhandenen Abzweigschalter verwendet werden zu können, wenn einer dieser Schalter aus irgendeinem Grunde nicht ausgeschaltet werden kann. Dann wird durch Trennschalter-Umschaltungen der Sammelschienen-Kuppelschalter in Reihe mit dem nicht arbeitsfähigen Abzweigschalter gelegt und dann der Abzweig mit Hilfe des Kuppelschalters unterbrochen.

c) Der Übergang von einem Sammelschienensystem auf das andere unter der Annahme, daß ein Sammelschienen-Kuppelschalter vorhanden ist.

In der Abb. 29 sind die Schaltzustände A bis D dargestellt, aus denen der Übergang von dem unteren auf das obere Sammelschienensystem in seinen einzelnen Phasen hervorgeht. Auf Grund dieser vier Schaltbilder kann man sehr leicht die Bedingungen feststellen, unter denen die Sammelschienen-Trennschalter ein- und ausgeschaltet werden dürfen.

Die Anordnung A zeigt, daß Leistungsschalter I und Trennschalter 3 eines Abzweiges eingeschaltet sind. Über diesen Stromkreis fließe ein

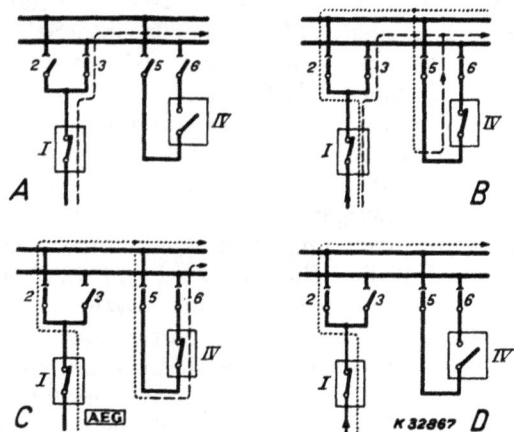

Abb. 29. Übergang vom unteren Sammelschienensystem auf das obere unter Verwendung eines Kuppelschalters IV.

Strom, der durch die gestrichelte Linie angedeutet ist. In der Anlage sind noch weitere Hochspannungsabzweige vorhanden, die aber der Einfachheit halber hier nicht gezeichnet sind. Der Sammelschienen-Kuppelschalter IV sei vorläufig noch geöffnet.

Es besteht nun die Aufgabe, den an die untere Sammelschiene angeschlossenen Hochspannungsabzweig auf die obere Sammelschiene umzulegen. Zu diesem Zweck werden nach Schaltung *B* zuerst der Kuppelschalter *IV* und seine beiden Trennschalter *5* und *6* eingeschaltet. Erst dann darf auch der Trennschalter *2* eingelegt werden. Nach erfolgter Einschaltung des Kuppelschalters *IV* sind die beiden Sammelschienensysteme miteinander verbunden. Durch die hierauf folgende Einschaltung des Trennschalters *2* wird grundsätzlich an dem Schaltzustand der Schaltanlage nichts geändert; vielmehr wird lediglich eine Parallelverbindung zu der Kuppelschalterverbindung hergestellt. Zu den gestrichelt gezeichneten Stromwegen der Abb. *A* treten die punktiert gezeichneten Wege des Schaltzustandes *B*.

Die Schaltung *C* stellt den nächsten Vorgang dar, der darin besteht, daß bei eingeschaltetem Kuppelschalter der Trennschalter *3* geöffnet wird. Dieses Öffnen des Trennschalters *3* erfolgt ohne Gefahr einer Lichtbogenbildung, denn der Kuppelschalter-Stromkreis stellt eine Parallelverbindung zu dem Trennschalter *3* dar. Beim Öffnen des Schalters *3* entsteht also keine Spannung an dessen Kontakten, so daß auch ein Lichtbogen nicht entstehen kann.

Der Strom nimmt nun den Weg nach der punktiert eingezeichneten Verbindung. Hiermit ist der Hochspannungsabzweig von der unteren Sammelschiene auf die obere Sammelschiene umgeschaltet, und es ist jetzt nur noch nötig, gemäß Schaltung *D* den Kuppelschalter und dann die Trennschalter *5* und *6* auszuschalten. Der Vergleich der Schaltung *A* mit der Schaltung *D* zeigt, daß die gewünschte Schaltungsänderung erzielt ist, d. h. daß der Hochspannungsabzweig vom unteren System auf das obere System umgeschaltet wurde.

Aus den Schaltbildern der Abb. 29 kann man also folgende Verriegelungsbedingungen ablesen: Wenn der Leistungsschalter *I* eines Abzweiges geschlossen ist, dann dürfen die Sammelschienen-Trennschalter *2* und *3* des Abzweiges ohne weiteres geöffnet und geschlossen werden unter der Voraussetzung, daß der Kuppelschalter-Stromkreis geschlossen ist, d. h. daß die Schalter *IV*, *5* und *6* eingeschaltet sind.

Wenn man nun noch untersucht, unter welchen Bedingungen die beiden Trennschalter *5* und *6* des Sammelschienen-Kuppelschalters geöffnet und geschlossen werden dürfen, dann findet man, daß ganz einfach die Trennschalterbetätigung ohne weiteres erfolgen darf, wenn der zugehörige Leistungsschalter, das ist im vorliegenden Falle der Kuppelschalter *IV*, geöffnet ist.

Die aus den Schaltskizzen *A* bis *D* der Abb. 29 gewonnenen Ergebnisse sind in der Abb. 30 übersichtlich zusammengestellt. Links in diesem Bilde befinden sich die Starkstromleitungen mit denselben Bezeichnungen wie im vorhergehenden Bilde. Rechts sind die Bedingungen schaltungstechnisch dargestellt, unter denen die Entriegelungsmagnete *E* der Schalter *2* und *3* betätigt werden, d. h. diejenigen Bedingungen, unter denen eine Ein- und Ausschaltung dieser Hochspannungs-Trennschalter ohne weiteres erfolgen darf.

Der erste Stromkreis der hier als Schaltfolgenbild gezeichneten Entriegelungsbedingungen zeigt, daß der Entriegelungsmagnet *E* des

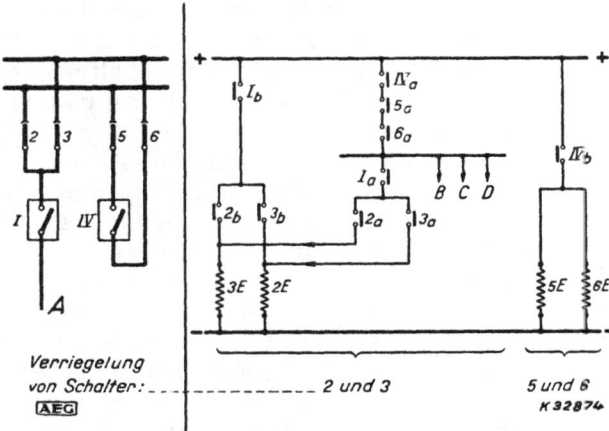

Abb. 30. Bedingungen für die Betätigung der Entriegelungsmagnete *E* unter der Annahme, daß ein Kuppelschalter *IV* vorhanden ist.

Trennschalters *3* dann von Strom durchflossen ist, wenn der Leistungsschalter *I* und außerdem der andere Hochspannungs-Trennschalter *2* ausgeschaltet ist.

Fast ebenso einfach sind die Bedingungen, unter denen die Entriegelungsmagnete der Schalter *2* und *3* von Strom durchflossen sind, wenn der dazugehörige Leistungsschalter *I* eingeschaltet ist. Das Schaltfolgenbild zeigt, daß bei eingeschaltetem Schalter *I* die Entriegelungsmagnete von Strom durchflossen sind, wenn der Kuppelschalter *IV* und dessen Trennschalter *5* und *6* eingeschaltet sind. Hierbei ist zu beachten, daß die in Reihe geschalteten Kontakte *IVa*, *5a* und *6a* nicht nur für die Entriegelung der Schalter *2* und *3*, d. h. der Hochspannungs-Trennschalter des Abzweiges *A*, verwendet werden, sondern daß diese Kontakte auch in den Entriegelung-Stromkreisen der übrigen Abzweige *B*, *C*, *D* usw. liegen. Dies ist wichtig, weil das Schaltbild zeigt, daß verhältnismäßig wenig Verriegelungs-Hilfskontakte gebraucht werden.

Im letzten Teil des Schaltfolgenbildes der Abb. 30 sind noch die einfachen Entriegelungsbedingungen dargestellt, die für die Hochspannungs-Trennschalter *5* und *6* des Sammelschienen-Kuppelschalters maßgebend sind. Diese Bedingungen lauten einfach so, daß die Trennschalter geschaltet werden dürfen, d. h. daß die Entriegelungsmagnete von Strom durchflossen sein müssen, wenn der dazugehörige Leistungsschalter *IV* ausgeschaltet ist.

VI. Störungen und Betriebsuntersuchungen in selbsttätigen Steueranlagen.

Die Elemente selbsttätiger Schaltanlagen sind, abgesehen von den gegenüber den handgesteuerten Anlagen zusätzlich erforderlichen Relais, Schützen, Endkontakten, Steuerventilen und Steuerwalzen, die gleichen, wie sie in handbedienten Anlagen gebraucht werden. Diese Elemente sind Ölschalter, Gleichstrom-Automaten mit Fernschaltmagneten, Motorantriebe und Kraftspeicher, Schutzrelais usw. Wenn man auch voraussetzt, daß diese Apparate einer besonders gründlichen Prüfung unterworfen sind, weil sie Teile einer selbsttätigen Anlage sind, von der unbedingte Betriebssicherheit verlangt wird, so können doch Versager an diesen Geräten eintreten. Bei einer von Hand von der elektrischen Warte aus gesteuerten Schaltanlage zeigt ein derartiger Versager durch Nichtarbeiten des betreffenden Gerätes den Fehler an. Hierauf wird dasselbe in Ordnung gebracht. Dieser Versager wird nicht als Fehler eines Verfahrens, sondern lediglich als der eines bestimmten Apparates bewertet. Tritt jedoch der gleiche Versager in einer selbsttätigen Anlage auf, so wird er als ein »Versager der Automatik« bezeichnet. Eine besonders gute Ausführung der Apparate, die in einer selbsttätigen Anlage eingebaut werden, vermindert diese Fehler so, daß mit einer außerordentlichen Betriebssicherheit gearbeitet werden kann.

Von diesen Versagern sind solche zu unterscheiden, die innerhalb der für die Automatisierung eingebauten zusätzlichen Einrichtungen vorkommen. Hierzu ist zu sagen, daß die in selbsttätigen Anlagen in Anwendung kommenden Geräte außerordentlich einfach gebaut sind und daher leicht so ausgeführt werden können, daß mit Versagern kaum zu rechnen ist.

Die hauptsächlichsten Schwierigkeiten beim Betrieb von selbsttätigen Anlagen stellen sich ein, wenn sie nach Vollendung dem Betrieb übergeben werden sollen, da alle die Apparate, die den Betriebsbedingungen entsprechend eingestellt werden müssen, noch nicht voll arbeitsfähig sind. Außerdem kommt es vor, daß Verriegelungen, die nach fertiggestellter und in Betrieb gesetzter Anlage die Betriebssicherheit erhöhen, noch falsch arbeiten und dadurch den Betrieb gefährden. Anschließend an eine sehr gründliche Inbetriebsetzung einer selbsttätigen Anlage ist es notwendig, sie in der ersten Betriebszeit zu beobachten, um eine einwandfreie Anpassung der einzelnen Strom- und Zeitwerte an den Betrieb vorzunehmen. Es ist in den meisten Fällen empfehlenswert, nach der Inbetriebsetzung einer selbsttätigen Station diese noch eine kurze Zeit lang mit Bedienung zu versehen, die besonders aufmerksam alle auftretenden Erscheinungen verfolgen muß. Von der einwandfreien Anpassung der Anlage an die Betriebseigenschaften hängt ihre Zuverlässigkeit im Betrieb ab.

1. Untersuchung kleiner Anlagen.

Was die Betriebsuntersuchung einer selbsttätigen Anlage anbetrifft, so sind zwei Arten zu unterscheiden: Anlagen kleiner und
mittlerer Leistungen können regelmäßig auf ordnungsmäßiges Arbeiten
der selbsttätigen Einrichtungen nachgeprüft werden, indem in bestimmten Zeitabständen, z. B. alle vierzehn Tage, die Schaltvorgänge hintereinander beobachtet werden, die sich während des Betriebes selbsttätig abwickeln. Diese Untersuchungen müssen so vorgenommen werden,
daß nach ihrer Beendigung Sicherheit darüber besteht, daß kein Kontakt
sich in unzulässiger Weise abnutzt, daß keine Spulen übermäßig heiß
werden, daß Endkontakte in der richtigen Weise arbeiten usw.

2. Untersuchungen großer Anlagen.

Bei Anlagen besonders großer Leistung, z. B. bei Wasserkraft-
speicherwerken, sind derartige regelmäßige Betriebsuntersuchungen nur
schwer möglich, denn das häufige Anlassen großer Maschinen verlangt
einen Energiebedarf, der nicht ohne weiteres für derartige Unter-
suchungszwecke zur Verfügung gestellt wird. Hier muß ein anderes
Untersuchungsverfahren in Anwendung gebracht werden. Handelt es sich
z. B. um eine Anlage mit 50 nacheinander folgenden, selbsttätigen Schaltvorgängen, dann werden diese durch einen von Hand einzustellenden
Wählerschalter in einige Abschnitte unterteilt. Wird im Augenblick
des selbsttätigen Anlassens der Maschine Wert auf den Vorteil der Automatisierung gelegt, der darin besteht, daß die Gesamtvorgänge sich
sehr schnell abspielen, dann ist es möglich, durch Einstellung des Wähler-
schalters in seine Endstellung zu erreichen, daß sich sämtliche Vorgänge ohne Zwischeneingriff in der denkbar kürzesten Zeit
abwickeln. Bei dieser Betriebsart ist es nicht möglich, die Einzelheiten
der selbsttätigen Vorgänge zu beobachten, da es sich erstens um eine
Fülle von Vorgängen handelt und da zweitens die zu beobachtenden
Stellen weit voneinander entfernt sind. Daher ist die Möglichkeit vorgesehen, den Wählerschalter von Hand stufenweise bis in die letzte
Stellung zu schalten. Hierdurch ist erzielt, daß sich immer nur einige
Vorgänge abspielen, bei denen die betätigten Organe nach Möglichkeit
so gruppiert werden, daß die zu einem einzelnen Abschnitt gehörigen
von einem Platz aus beobachtet werden können. Durch diese Unterteilung der Gesamtvorgänge in mehrere Teilvorgänge ist es möglich,
Betriebsuntersuchungen während des normalen Betriebes und nicht nur
dann vorzunehmen, wenn die gesamten Vorgänge zum Zweck der Untersuchungen eingeleitet werden. Das Verfahren ist praktisch so einfach,
daß irgendeine Schwierigkeit für den Betrieb nicht eintritt. Die richtige
Durchführung dieser Maßnahme bringt den Vorteil, daß die selbsttätigen Einrichtungen mit Sicherheit betriebsbereit sind, wenn es not-

wendig ist, daß sich die Vorgänge schnell und unbeobachtet abwickeln. In einem Speicherkraftwerk spielen sich diese Vorgänge in der folgenden Weise ab (Abb. 31):

Der Bedienungsmann in der Warte hat die Möglichkeit, den Wähler-schalter sofort aus seiner Anfangsstellung in seine Endstellung einzustellen. Stehen ihm jedoch im Augenblick des Anlassens für den Anlauf-vorgang der Maschine nicht nur wenige Sekunden, sondern einige Minuten zur Verfügung, dann kann er nach Verständigung mit dem Maschinen-wärter das Abwickeln der selbsttätigen Vorgänge abschnittweise vor-

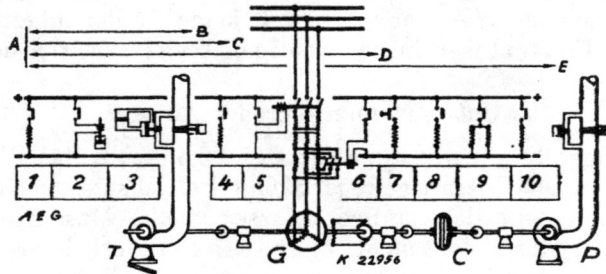

1 bis 10 = Betriebsvorgänge.
Vorgang A—B = Öffnen des Turbinenschiebers,
«   B—C = Öffnen des Leitapparates,
«   C—D = Selbsttätige Parallelschaltung,
«   D—E = Übergang in den Pumpbetrieb,
          C = Kupplung,
          G = Generator,
          P = Pumpe.

Abb. 31. Unterteilung der Betriebsvorgänge eines selbsttätigen Pumpspeichersatzes in die Nach-prüfabschnitte B, C, D, E.

nehmen, so daß der Maschinenwärter in der Lage ist, die einzelnen Vor-gänge und ihre Begleiterscheinungen sicher zu beobachten. Aus Abb. 31 geht die Unterteilung der Betriebsvorgänge in einzelne Teilvorgänge hervor. Wird der Wählerschalter in seine Stellung B gestellt, dann spielen sich die Vorgänge ab, die das Öffnen des Wasserschiebers der Turbine zur Folge haben. In dieser Stellung wartet die selbsttätige Schaltapparatur, bis der Wählerschalter von Hand in seine Stellung C weitergeschaltet wird; dies hat zur Folge, daß der Leitapparat der Tur-bine selbsttätig geöffnet wird und so fort. Es ist aber auch möglich, den Wählerschalter aus der Stellung A unmittelbar in die Stellung E zu bringen. Dann spielen sich alle Vorgänge ohne Unterbrechung vom Still-stand des Maschinensatzes bis in den Pumpbetrieb ab.

VII. Grundsätzliche Schaltungen selbsttätiger Steueranlagen.

1. Einleitung.

In diesem Abschnitt sollen die schaltungstechnischen Bau-steine, aus denen sich Steueranlagen zusammensetzen, erläutert werden.

Dabei wird sich zeigen, daß der Zweck vieler Schaltungen der ist, die Eigenschaften des einfachen und robusten elektromagnetischen Relais so gegenüber seinen natürlichen Eigenschaften abzuändern, daß dieses imstande ist, fast alle anderen Relaisarten zu verdrängen. Dieser Vorgang entspricht dem Wunsch nach möglichst einfacher und robuster Ausgestaltung der ohnehin in vielen Fällen etwas verwickelten Steueranordnungen. Die Bevorzugung des einfachen elektromagnetischen Relais durch den Betriebsmann hat den Relaisfachmann veranlaßt, Wege zu suchen, um durch Hinzufügung von Widerständen, Drosselspulen, Kondensatoren, Trockengleichrichtern usw. das elektromagnetische Relais außerordentlich vielseitig zu machen. Die neuesten Wege in dieser Richtung bestehen z. B. in der Anwendung sog. »nichtlinearer Stromkreise« und in der Verbindung elektromagnetischer Relais mit gittergesteuerten Hochvakuumröhren und gasgefüllten Entladungsröhren.

Nachdem man alle diese schaltungstechnischen Elemente kennengelernt hat, besteht die nächste Aufgabe darin, diese Elemente zweckmäßig zusammenzufügen.

2. Das Zwischenrelais.

Das einfache Zwischenrelais kann die Aufgabe haben, die Schaltleistung irgendeines Betätigungskontaktes a zu erhöhen (Abb. 32a). Dies ist häufig dann der Fall, wenn der Kontakt einer Schutzeinrichtung, beispielsweise der eines Thermometers, mit geringer Schaltleistung die Auslösespule A eines Leistungsschalters betätigen soll. In der folgenden Tabelle sind die Leistungsverhältnisse zusammengestellt, die mit den in

Art des Leistungsverstärkers	Verhältnis zwischen unverstärkter und verstärkter Leistung
Feinzwischenrelais für Starkstrom mit Hartmetallkontakt	etwa $\dfrac{1}{100}$
Kräftiges Zwischenrelais oder Zwischenschütz mit Hartmetallkontakt	etwa $\dfrac{1}{1000}$
Kräftiges Zwischenrelais mit Quecksilberschaltkontakt	etwa $\dfrac{1}{10000}$
Röhrenanordnung	etwa $\dfrac{1}{1000000} - \dfrac{1}{10000000}$ und mehr

der Schaltungstechnik üblichen Mitteln zu erzielen sind. Die Verhältniszahlen geben an, wie groß die Leistung in dem Stromkreis I der Abb. 32 im Verhältnis zu der Leistung im Stromkreis II ist. Es ist selbstverständlich, daß durch Hintereinanderschaltung zweier solcher »Leistungsverstärker« das erzielbare Verhältnis vervielfacht werden kann. Hiervon macht man jedoch nur selten Gebrauch. Die einfache Zwischenrelaisschaltung wird auch verwendet, um zwei Stromkreise verschiedener Art, z. B. einen Gleichstromkreis und einen Wechselstromkreis oder zwei Stromkreise verschiedener Spannung voneinander abhängig zu machen, ohne eine galvanische Verbindung beider Kreise herzustellen (Abb. 32b). Dieser Fall kommt z. B. in der Fernsteuertechnik häufig vor, wenn ein Starkstromkreis *II* von einem Schwachstromkreis *I* abhängig gemacht werden soll. Für den Spulenstromkreis des Zwischenrelais genügt eine Isolation, die der Spannung des Schwachstromkreises entspricht, der Kontakt dagegen muß für die Starkstromspannung isoliert werden. Im allgemeinen wird hier aber ein normales Starkstromrelais verwendet,

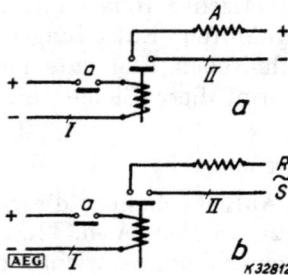

Abb. 32. Schaltung des einfachen Zwischenrelais oder Zwischenschützes.

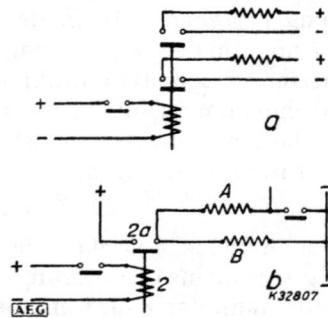

Abb. 33. Betätigung mehrerer elektrischer Stromkreise durch ein Relais.

d. h. beide Stromkreise werden für die Starkstromspannung isoliert. Die Schwachstrom-Betätigungsspannung im Kreis *I* beträgt maximal etwa 60 Volt, während der Starkstromkreis *II* eine Betätigungsspannung bis zu 600 Volt aufweisen kann.

Das einfache Zwischenrelais dient auch oft zur gleichzeitigen Betätigung mehrerer elektrisch voneinander getrennter Steuerstromkreise (Abb. 33a). Diese Schaltung spielt bei verwickelten selbsttätigen Steueranordnungen eine sehr wichtige Rolle, und es lohnt sich, trotz der Einfachheit der Zusammenhänge, die Anordnung einmal genauer zu untersuchen. Es handelt sich nämlich um die Vermeidung der vom Schaltungstechniker mit Recht gefürchteten sog. »Schleichstromkreise«, die häufig Anlaß zu Fehlschaltungen und Störungen geben. Solche Schleichstromkreise verdanken ihren Namen der Tatsache, daß irgendein Betätigungsorgan, z. B. ein Zwischenrelais, seinen Steuerstrom nicht auf dem normalen Stromweg, sondern unbeabsichtigt über einen Stromweg bezieht, der hierfür nicht vorgesehen ist. Diesen Weg nennt man dann den Schleichstromkreis, der leicht entsteht, wenn nach der Abb. 33 b durch den Kontakt *2a* gleichzeitig mehrere elektrische Stromkreise *A* und *B* betätigt werden, die noch mit weiteren Stromkreisen in Verbindung stehen.

Die Entstehung eines solchen Schleichstromkreises soll an Hand der Abb. 34 geschildert werden. Der Kontakt $a1$ betätigt das Relais 2, dessen Kontakt die beiden Stromkreise A und B steuert. Außerdem seien noch in irgendeinem Zusammenhang die Kontakte X und Y anderer Organe vorhanden. So lange der Kontakt $2a$ geschlossen ist, sind die Spannungsverhältnisse des Stromkreises eindeutig geklärt. Das Spannungspotential des Punktes Z ist festgelegt, denn der Kontakt $2a$ verbindet diesen Punkt mit dem positiven Pol der Betätigungsstromquelle. Öffnet nun aber der Kontakt $2a$, dann verliert

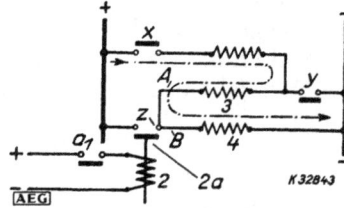

Abb. 34. Entstehung eines Schleichstromkreises in einer Betätigungsanordnung.

der Punkt Z sein eindeutiges Spannungspotential und es kann sich nun, wie in der Abb. 34 punktiert eingezeichnet, ein Schleichstromkreis ausbilden, der unter ungünstigen Umständen zur Folge hat, daß das Relais 3 oder das Relais 4 zum unbeabsichtigten Ansprechen kommt.

Bei einer Schaltung nach Abb. 33a kann sich dagegen ein derartiger Schleichstromkreis nicht ausbilden. Will man dessen Entstehung grundsätzlich vermeiden, dann hat man nur darauf zu achten, daß niemals mehrere elektrische Stromkreise durch einen gemeinsamen Kontakt betätigt werden. Dies ist zwar ein einfaches Verfahren, aber in verwickelten Anlagen ergibt die Befolgung dieser Richtlinie meist eine zu große Kontaktzahl. Man ist aus diesem Grunde häufig gezwungen, Schaltungen nach Abb. 33b zu verwenden. Dann ist es aber nötig, daß man nach Aufzeichnung des Schaltfolgenbildes der betreffenden Schaltanordnung eine genaue Prüfung vornimmt, um festzustellen, ob Schleichstromkreise vorhanden sind. An diesen Stellen muß dann die Schaltung abgeändert werden. Für den geübten Schaltungstechniker liegt hierin, abgesehen von dem für die Prüfung nötigen Zeitaufwand, keine Schwierigkeit, und er erreicht gegenüber der Schaltung nach Abb. 33a, daß die Zahl der verwendeten Kontakte nicht größer als unbedingt nötig ist.

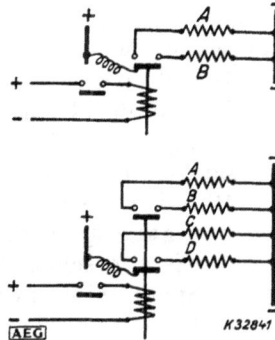

Abb. 35. Kontaktanordnung mit Stromzuführung am beweglichen Teil der Kontakte zur Ersparnis von Relaiskontakten.

Diese Frage wurde eingehend behandelt, weil sie im praktischen Betrieb von großer Bedeutung ist. Ihre Kenntnis kann vor unangenehmen Überraschungen schützen, denn Schleichstromkreise, die versehentlich in eine Schaltung hineingekommen sind, brauchen keineswegs bereits beim ersten Ausprobieren zum Vorschein zu kommen. Häufig kommt es vor, daß sie nur bei irgendeinem zufälligen Wert der Betätigungsspannung in Wirksamkeit treten oder nur dann, wenn bestimmte Remanenzverhältnisse der Relais *3* und *4* vorliegen. Sollen durch ein Relais viele Stromkreise betätigt werden, die auch bei geöffneten Relaiskontakten einwandfrei voneinander getrennt sein müssen, dann ergibt sich gegenüber der Schaltung nach Abb. 33 a eine Halbierung der Kontaktzahl, wenn man für die Stromzuführung den beweglichen Teil des Relaiskontaktes verwendet (Abb. 35).

3. Das Relais mit Selbsthaltung.

Durch einen Kontakt *E*, der ein Steuerdruckknopf sein kann (Abb. 36), wird die Spule des Relais *1* betätigt; das Relais spricht an und hält sich selbst, indem sein Kontakt *a 1* die Zuführung des Betätigungsstromes übernimmt. Auch nach Öffnen des Druckknopfes *E* bleibt das Relais angezogen. Es fällt erst wieder ab, wenn ein Kontakt *A*,

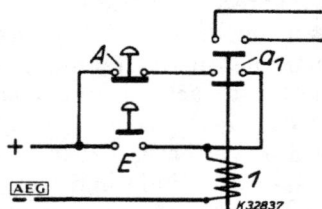

Abb. 36. Relais oder Schütz mit Selbsthaltung.

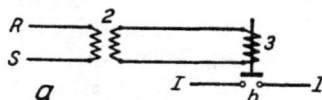

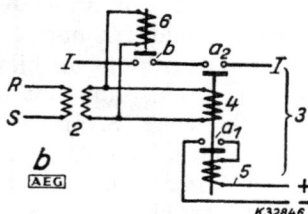

Abb. 37. Schaltung des »Erinnerungsrelais«.

der im Selbsthaltestromkreis des Relais liegt, geöffnet wird. Bei Schützensteuerungen wird diese Schaltung oft verwendet.

In automatischen Maschinenanlagen, z. B. bei rotierenden Phasenschiebern großer Leistung, spielt eine besondere Anwendungsform dieser Schaltung eine Rolle. Mit Rücksicht auf ihre grundsätzliche Bedeutung soll sie hier behandelt werden.

Man könnte das Relais in dieser besonderen Schaltung als »Erinnerungsrelais« bezeichnen (Abb. 37). Es soll ein Betätigungsstromkreis *I* geschlossen werden, wenn die Wechselstromspannung an einem Spannungswandler *2* ausbleibt. Von dieser Anordnung wird also mehr verlangt als die Feststellung, daß an dem Spannungswandler *2* keine Spannung vorhanden ist; denn es handelt sich darum, festzustellen, daß Spannung vorhanden war, daß aber diese Spannung aus irgendeinem Grunde verschwunden ist. Dazu genügt nicht die Schaltung nach Abb. 37a, die so arbeitet, daß das an den Spannungswandler *2* angeschlossene Relais *3* beim Ausbleiben der Spannung seinen Kontakt *b* schließt. Hier ist vielmehr eine Anordnung nach Schaltung 37b notwendig.

Am Spannungswandler *2* ist Spannung vorhanden. Das Relais *3* wird durch seine Wicklung *4* zum Ansprechen gebracht, schließt seinen Kontakt *a 1*, der einen Selbsthaltestromkreis *5* des Relais an eine vom Spannungswandler unabhängige Spannung legt. Das Relais *3* bleibt also angezogen, auch wenn die Spannung an dem Wandler *2* verschwindet. An diesen Wandler ist noch ein Relais *6* angeschlossen, das seinen Kontakt *b* schließt, wenn keine Spannung am Spannungswandler vorhanden ist. Der Stromkreis *1*, der so entstanden ist, ist also nur geschlossen, wenn Spannung am Wandler *2* vorhanden war, denn sonst könnte das Relais *3* nicht seinen Kontakt *a 2* geschlossen haben. Andererseits ist der Kontakt *b* des Relais *6* nur dann geschlossen, wenn keine Spannung vorhanden ist. Durch diese Schaltung wird also nicht nur ein augenblicklicher Spannungszustand festgestellt, sondern gleichzeitig wird festgelegt, daß vorher ein anderer Spannungszustand vorhanden war. Daran »erinnert« sich das Relais.

4. Das Relais mit Sparschaltung.

Relais in Sparschaltung werden aus verschiedenen Gründen verwendet (Abb. 38). Für den Ansprechwert des Relais ist maßgebend, daß bei abgefallenem Relaisanker der Vorschaltwiderstand *VW* kurzgeschlossen ist. Nach erfolgtem Ansprechen des Relais öffnet es seinen Ruhekontakt *b* und schaltet den erwähnten Vorwiderstand in seinen Spulenstromkreis. Die Bezeichnung dieser Anordnung rührt daher, daß bei Schützenschaltungen der Leistungsverbrauch der Schützenspulen durch den vorgeschalteten Widerstand im eingeschalteten Zustand des Schützes ver-

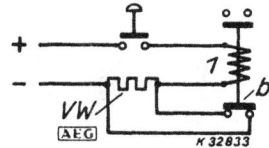

Abb. 38. Relais mit Sparschaltung.

mindert wird. Die Leistung, die ein solches Schütz beim Anziehen benötigt, ist viel größer, als zum »Halten« im eingeschalteten Zustand gebraucht wird. Man unterscheidet daher die »Anzugsleistung« eines Schützes von dessen »Halteleistung«.

Diese Schaltung wird aber auch bei elektromagnetischen Spannungsrelais verwendet, die bei einem sehr niedrigen Spannungswert bereits ansprechen sollen, deren Spule aber dagegen geschützt werden soll, daß sie bei Dauerbelastung mit hoher Spannung thermisch überlastet wird. Der *b*-Kontakt des Relais *1* darf bei dieser Anordnung nicht zu früh öffnen, sondern erst dann, wenn der Relaisanker bereits den größten Teil seines Ansprechweges zurückgelegt hat, sonst kann es vorkommen, daß das Relais »pumpt«, d. h. dauernd versucht anzuziehen und sofort wieder abfällt.

Die Schaltung wird auch verwendet, um das Halteverhältnis[1]) von elektromagnetischen Relais künstlich zu vermindern. Handelt es sich

---

[1]) Das Halteverhältnis ist das Verhältnis zwischen den Ampère-Windungen, bei denen ein Relais anzieht, und den Ampère-Windungen, bei denen das Relais abfällt.

z. B. um ein Spannungsrelais, das bei 100 Volt anzieht und das, wenn keine besonderen schaltungstechnischen Maßnahmen getroffen werden, erst bei Abnahme der Spannung auf 30 Volt wieder abfällt, dann kann man durch Verwendung der soeben beschriebenen Schaltung erreichen, daß nach erfolgtem Anziehen des Relais seine Halte-Ampere-Windungen durch Vorschalten des Widerstandes so vermindert werden, daß es bereits bei Abnahme der Spannung auf 60 Volt wieder abfällt. Hierdurch kann man robuste und billige elektromagnetische Relais, die meist ein unerwünscht großes Halteverhältnis haben, an Stellen verwenden, für die sonst empfindliche Relais mit kleinerem Halteverhältnis zur Anwendung kommen müßten.

Im allgemeinen wird die Schaltung wohl nur bei Gleichstromrelais verwendet, weil die strombegrenzende Wirkung, die durch die

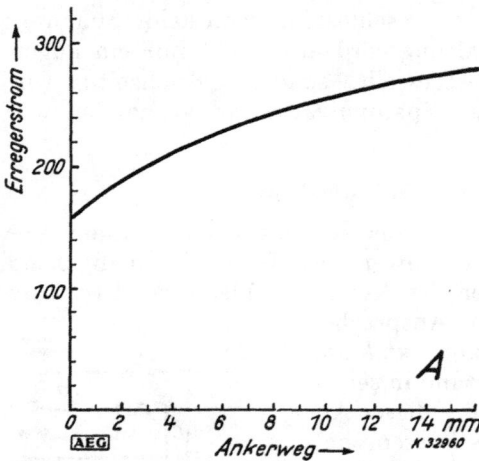

Abb. 38a. Stromaufnahme eines Wechsestromrelais (in mA) in Abhängigkeit vom Weg des Relaisankers.

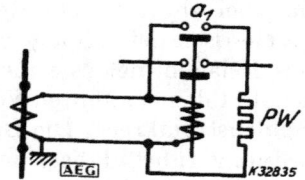

Abb. 39. Relais mit Parallelwiderstand für Stromwandleranschluß.

Vorschaltung des Widerstandes erreicht wird, beim Wechselstromrelais von Hause aus vorhanden ist. Die Abb. 38a zeigt die Stromaufnahme eines Wechselstromrelais in Abhängigkeit vom Weg des Relaisankers. Je mehr sich der Anker dem Magneteisen nähert, um so größer wird der induktive Widerstand der Relaisspule bzw. um so kleiner wird der vom Relais aufgenommene Strom.

Eine ähnliche Schaltung spielt aber auch bei Wechselstromrelais eine Rolle, und zwar immer dann, wenn diese Relais an Stromwandler angeschlossen sind und einerseits bei niedrigen Wandlerströmen bereits ansprechen sollen, andererseits aber geeignet sein müssen, hohen Wandlerstrom auf längere Zeit zu führen (Abb. 39). Die Strombegrenzung im Spulenstromkreis des Relais wird hier dadurch erreicht, daß im angezogenen Zustande des Relaisankers durch einen Kontakt $a1$ ein Widerstand PW parallel zur Relaisspule gelegt wird. Hierdurch wird ein Teil des Wandlerstromes an der Relaisspule vorbeigeleitet. Diese Schaltung wird häufig bei Minimalstromrelais verwendet.

Relaisform und Art der Betätigung	Natürliche Anzug- und Abfallverhältnisse der Relaisanordnung				Künstlich veränderte Anzug- und Abfallverhältnisse der Relaisanordnung				Art der Schaltung
	Dauerlast der Relaisspule	Anzug des Relaisankers	Abfall des Relaisankers	Halteverhältnis	Dauerlast der Relaisspule	Anzug des Relaisankers	Abfall des Relaisankers	Halteverhältnis	
Klappanker-Relais für Gleichstrombetätigung	100 % 100 V	70 % 70 V	20 % 20 V	3,5	100 % 100 V	70 % 70 V	58,3 % 58,3 V	1,2	Schaltung nach Abb. 38
Klappanker-Relais für Wechselstrombetätigung, Stromwandleranschluß	100 % 5 A	70 % 3,5 A	40 % 2 A	1,75	100 % 5 A	70 % 3,5 A	58,3 % 2,92 A	1,2	Schaltung nach Abb. 39
Klappanker-Relais für Wechselstrombetätigung, Anschluß über Sättigungswandler 5/2,5 A	100 % 5 A	70 % 3,5 A	40 % 2 A	1,75	100 % 5 A auf der Primärseite des Sättigungswandlers bei 2,5 A auf dessen Sekundärseite	70 % von 2,5 A 1,75 A	40 % von 2,5 A 1 A	1,75	Schaltung nach Abb. 41

Abb. 40. Abänderung der elektromagnetischen Verhältnisse von Relais durch Anordnungen nach Abb. 38, 39 und 41.

Bei allen diesen Anordnungen ist wichtig, daß der Relaiskontakt, der durch Einschalten eines Vor- oder Parallelwiderstandes eine Verminderung des Spulenstromes herbeiführt, einen geringen und einigermaßen gleichbleibenden Übergangswiderstand aufweist. Hierzu eignen sich am besten Bürstenkontakte.

Die geschilderten Anordnungen haben die Aufgabe, die natürlichen elektrischen Verhältnisse elektromagnetischer Relais durch Schaltmaßnahmen künstlich zu verändern. Eine sehr starke Änderung gegenüber den normalen Relaiseigenschaften ist aber nicht zu erzielen. Die Tabelle Abb. 40 gibt einige Werte an.

5. Anordnung von Sättigungsstromwandlern.

Wirkungsvoll ist die Zwischenschaltung von Sättigungsstromwandlern zwischen die gewöhnlichen Stromwandler der Anlage, an die noch andere Apparate und Meßinstrumente angeschlossen sein können und die Relaisspule (Abb. 41). Hier hat der Wandler 2 die Eigen-

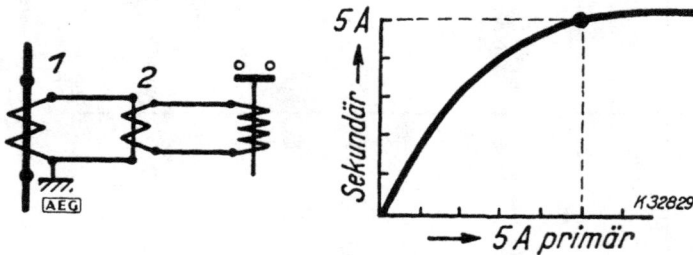

Abb. 41. Relaisanschluß über Sättigungswandler (links) und Verlauf des Sekundärstroms des Wandlers 2 in Abhängigkeit von dessen Primärstrom (rechts).

schaft, daß er auch bei starkem Anwachsen des Stromes auf der Sekundärseite des Stromwandlers 1, den Strom in der Spule des Relais nicht beträchtlich über ein bestimmtes Maß anwachsen läßt. Dies wird durch besondere Auslegung der Eisenverhältnisse des Wandlers 2 erreicht. Hierzu werden in erster Linie Eisen-Nickel-Wandler mit einer Übersetzungs-Kennlinie, die aus Abb. 41 zu ersehen ist, verwendet.

Ein weiterer Kunstgriff soll an Hand der Abb. 42 erläutert werden. Dort ist an den in dem Stromkreis des Transformators T liegenden Stromwandler 1 ein Stromrelais 2 angeschlossen, das während der Betriebszeit des Transformators bei sehr niedrigen Stromwerten, z. B. bei 1 Amp. Sekundärstrom des Wandlers 1, abfallen und den Tranformator T wegen geringer Belastung abschalten soll. Die Transformatorabschaltung hat den Zweck, Leerlaufverluste zu ersparen. Wenn das Relais ein so großes Halteverhältnis hat, daß es erst bei 5 Amp. Sekundärstrom anzieht, dann scheint hier insofern eine Schwierigkeit vorzuliegen, als es nicht möglich erscheint, den Transformator einzuschalten, wenn seine Belastung nach erfolgter Einschaltung geringer ist als 5 Amp.; denn in diesem Falle zieht das Relais überhaupt nicht an und schaltet den Transformator sofort wieder aus. Trotzdem arbeitet die Anordnung einwandfrei, und zwar wirkt sich hierbei die Tatsache günstig aus, daß ein Transformator bei seiner Einschaltung, auch bei geringer Belastung, einen verhältnismäßig hohen Magnetisierungsstromstoß aufnimmt. Dieser Stromstoß bringt das Relais 2 zum Anziehen, auch wenn die Belastung so niedrig ist, daß der Belastungsstrom das Relais nicht zum Anziehen bringen würde. Da der Einschaltstrom des Transformators nur wenige Wechselstrom-Halbwellen andauert, so arbeitet die Anordnung nur bei Verwendung von

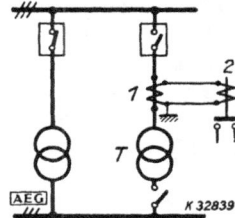

Abb. 42. Ausnutzung des Transformatoreinschalt-Stromstoßes zu schaltungstechnischen Zwecken.

Relais mit geringer Masse wunschgemäß, denn nur diese Relais ziehen ihre Anker bei einem so außerordentlich kurzen Stromstoß einwandfrei an.

6. Gegenseitige Verriegelung von Relais.

Im Zusammenhang mit Regelvorgängen ist es häufig notwendig, zwei Relais gegenseitig elektrisch zu verriegeln, wie dies die Abb. 43 zeigt. Hierdurch wird erreicht, daß immer nur eines der beiden Relais ansprechen kann, von denen beispielsweise das eine Relais einen Regulier-Antriebsmotor im Sinne der Höhersteuerung betätigt, während das andere Relais T denselben Antriebsmotor mit anderer Polarität an die Steuerspannung legt, so daß das Regelorgan im entgegengesetzten Sinne, d. h. in der Richtung der Tiefersteuerung, bewegt wird.

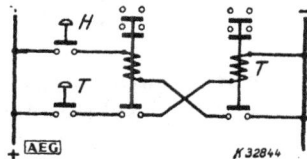

Abb. 43. Gegenseitige Verriegelung zweier Relais.

Werden bei dieser Schaltanordnung unbeabsichtigt beide Betätigungs-Druckknöpfe niedergedrückt, dann müßten theoretisch beide Relais gleichzeitig ansprechen und sofort gleichzeitig wieder abfallen, weil sie sich gegenseitig ihre Spulenstromkreise unterbrechen. In Wirklichkeit wird das eine oder das andere Relais zum Ansprechen kommen, weil erstens die beiden Druckknöpfe niemals gleichzeitig betätigt werden und weil außerdem die beiden Relais nie genau gleichmäßig arbeiten. Um zu verhindern, daß gefährliche Fehlregulierungen auftreten, wenn versehentlich beide Druckknöpfe gleichzeitig gedrückt werden, bildet man zweckmäßigerweise die beiden Relais etwas verschieden aus, und zwar wohl in den meisten Fällen so, daß das Tiefer-Regulierrelais T schneller anspricht als das Höher-Regulierrelais H.

7. Steuerung mit Strömen verschiedener Stromrichtung.

Soll bei Steuervorgängen die verschiedene Stromrichtung des Betätigungsstromes ausgenutzt werden, dann scheint es auf den ersten Blick notwendig zu sein, stromrichtungsempfindliche, polarisierte Relais zu verwenden. Dies ist aber nicht der Fall, wie die Abb. 44 a und 44 b zeigen. Diese Schaltungen stellen die sog. »Eindrahtsteuerung«[1]) dar, die ihren Namen der Tatsache verdankt, daß bei ihrer Anwendung für die Fernsteuerung eines Schalters nur ein Draht benötigt wird. Die

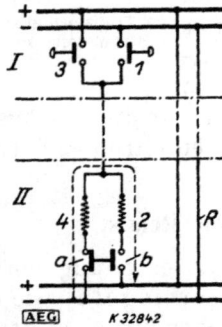

Abb. 44 a. Eindraht-
fernsteuerung.

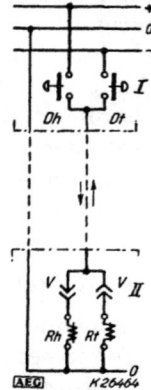

Abb. 44 b. Eindrahtfernsteuerung unter Verwendung
von Trockengleichrichtern V.

Dh, Dt = Druckknöpfe für Höher- bzw. Tieferreglung,
Rh, Rt = Relais für Höher- bzw. Tieferreglung.

Steuerung von n Schaltern erfolgt über n Drähte, zu denen noch zwei gemeinsame Rückleitungen R hinzukommen.

Diese Fernsteuerung wird oft verwendet, wenn es sich um die Aufgabe handelt, 5 bis 20 Fernschalter über Entfernungen von etwa 200 bis 2000 m über eine geringe Zahl von Fernsteuerleitungen zu betätigen (Abb. 44 a). Bei Betätigung des Druckknopfes 1 fließt ein Strom vom negativen Pol der Betätigungsstromquelle in der Fernsteuerstelle I nach dem positiven Pol in der ferngesteuerten Anlage II. Hierbei wird das Relais 2 von Strom durchflossen, das seinerseits nach seinem Ansprechen den gewünschten Schaltvorgang einleitet. Hierbei handelt es sich z. B. um die Ferneinschaltung eines Ölschalters. Wird dagegen der Druckknopf 3 betätigt, dann fließt ein Strom vom positiven Pol in der Fernsteuerstelle nach dem negativen Pol in der Anlage II. Jetzt spricht das Relais 4 an, das seinerseits die Ausschaltung des erwähnten Ölschalters zu bewerkstelligen hat.

Bei dieser Schaltung spielen die Kontakte a und b eine wichtige Rolle, und zwar sind dies Hilfskontakte, die auf der Welle des fern-

---

[1]) W. Venzke, »Fernschaltung nach dem Eindrahtverfahren«, AEG-Mitt. 1933, Heft 4 u. 5.

zusteuernden Ölschalters angebracht sind. Im ausgeschalteten Zustand des Schalters ist der Hilfskontakt *b*, im eingeschalteten Zustand der Hilfskontakt *a* geschlossen. Diese Hilfskontakte sind notwendig, weil ohne ihre Mitwirkung der in Abb. 44 a punktiert gezeichnete Stromkreis dauernd geschlossen wäre, so daß sich die beiden Relais *2* und *4* immer im angezogenen Zustande befinden würden. Die erläuterte Schaltung kann daher nur angewendet werden, wenn es sich um die Betätigung eines Organes handelt, das zwei ganz exakte Endstellungen aufweist, beispielsweise eine Einschaltstellung und eine Ausschaltstellung. Ist diese Bedingung nicht erfüllt, dann führt die Schaltung 44 b zum Ziel. Auch hier sind zwar keine polarisierten Relais verwendet, aber es sind die Ventile *V* vorgesehen, die den Strom nur in einer Richtung durch eine der beiden Relaisspulen fließen lassen. So können auf sehr einfache Weise durch Anwendung von kleinen Trockengleichrichtern mit einfachen elektromagnetischen Relais Schaltungen durchgeführt werden, für die man früher besondere polarisierte Relais verwendete.

8. Frequenzabhängigkeit elektromagnetischer Relais.

Daß auch eine sehr einfache Anordnung eines Relais Überraschungen bringen kann, soll mit Hilfe der Abb. 45 geschildert werden. An den Drehstromgenerator *G* sei das Überspannungsrelais *1* angeschlossen, das die Aufgabe hat, die Stillsetzung des Maschinensatzes einzuleiten, wenn die Maschine infolge einer unzulässigen Erhöhung ihrer Drehzahl eine unzulässig hohe Spannung erzeugt. Man sollte annehmen, daß das Relais *1* leicht so eingestellt werden kann, daß es bei Überschreitung einer bestimmten Spannungsgrenze seinen Kontakt *a* schließt, der seinerseits die Stillsetzung des Maschinensatzes einleitet. Diese Schaltung versagt aber in den meisten Fällen, denn beim Durchgehen der Maschine tritt neben der erwähnten Spannungserhöhung auch eine Drehzahl-, d. h. Frequenzerhöhung ein, die zur Folge hat, daß auch bei wachsender Spannung der Maschine der Strom im Spulenstromkreis

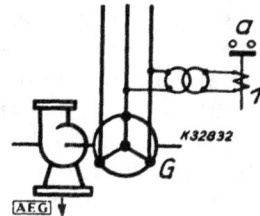

Abb. 45. Das frequenzabhängige elektromagnetische Relais als Spannungsrelais von Drehstrom-Generatoren.

des Relais nicht ansteigt. Gleichzeitig mit dem Anwachsen der Spannung steigt nämlich der induktive Widerstand des Spulenstromkreises infolge der erhöhten Frequenz. Dies ist zwar eine bekannte Tatsache, aber trotzdem trifft man die geschilderte falsche Anordnung häufig an. Es gibt aber ein sehr einfaches Mittel, um diese Schwierigkeit zu beseitigen, und zwar besteht dies darin, daß man der Relaisspule einen großen Ohmschen Widerstand vorschaltet, so daß nur ein sehr geringer Teil der vom Spannungswandler abgegebenen Spannung an der Relaisspule selbst liegt. Hierdurch wird der Einfluß der Frequenzveränderung auf den Gesamtstromkreis praktisch ausgeschaltet.

9. Schonung schwacher Relaiskontakte.

Soll ein Betätigungskontakt K (Abb. 46) geschont werden, entweder weil seine Kontaktleistung gering oder weil mit einer sehr großen Häufigkeit der Betätigung zu rechnen ist, dann wird dieser Kontakt mit einem Zwischenrelais S so zusammengeschaltet, daß er nur die Aufgabe hat, einen Steuerstromkreis zu schließen, niemals aber zu öffnen. Dann tritt an diesem Kontakt kein merklicher Abbrand auf und die Erfahrung hat gezeigt, daß ein Kontakt in der geschilderten Schaltung, besonders wenn er aus Silber hergestellt ist, auch bei dauerndem Schalten jahrelang betriebsfähig bleibt. Die Anordnung arbeitet in der folgenden Weise:

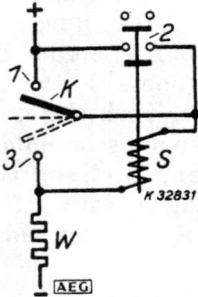

Abb. 46. Schaltung zur Schonung schwacher Relaiskontakte.

Verläßt die Kontaktzunge K ihre Mittelstellung (das den Kontakt K bewegende Meßelement ist nicht gezeichnet) und berührt den Gegenkontakt 1, dann fließt ein Betätigungsstrom vom Pluspol der Stromquelle über den Kontakt K, die Relaisspule S und den Widerstand W nach dem negativen Pol. Der entstehende Strom bringt das Relais S zum Ansprechen und dieses schließt außer anderen Schaltkontakten, die irgendwelche Regulier- oder Steuervorgänge einleiten, einen Selbsthaltekontakt 2, der so geschaltet ist, daß er die Kontaktzunge K überbrückt und dadurch stromlos macht. Bewegt sich gelegentlich die Kontaktzunge wieder in die Mittellage, dann wird der Kontakt stromlos geöffnet. Das Relais S bleibt aber angezogen, da es über seinen Selbsthaltestromkreis weiter gespeist wird. Erst wenn nach weiterer Änderung des durch die Anordnung überwachten Meßwertes, beispielsweise der Spannung, die Kontaktzunge K in die Stellung 3 kommt, fällt das Relais wieder ab, weil die Relaisspule S kurzgeschlossen wird. Die Unterbrechung des so entstandenen Stromkreises, der vom positiven Pol über den Selbsthaltekontakt 2, die Kontaktzunge K und den Widerstand W nach dem negativen Pol führt, besorgt jetzt beim Abfallen der kräftig ausgeführte Relaiskontakt 2. Man sieht, daß die Kontaktzunge K nur Stromkreise zu schließen hatte, nicht aber zu öffnen. Der Vorwiderstand W muß vorgesehen werden, um zu verhindern, daß beim Kurzschließen der Spule S die gesamte Stromquelle kurzgeschlossen wird.

Die Anordnung nach Abb. 46 ist noch keine Steuerung, die man für Regelzwecke verwenden kann, denn es wird ja nur ein Steuervorgang in einer Richtung eingeleitet, wenn das Relais S angezogen ist. Z. B. könnte man die Schaltung verwenden, um zu verhindern, daß die Temperatur eines Bades eine gewisse obere Grenze überschreitet. Man kann aber mit dieser Schaltung noch nicht zwischen zwei Grenzen regulieren.

In diesem Falle wird die Schaltung etwas komplizierter, und zwar dadurch, daß die Kontaktzunge K und das Zwischenrelais S zweimal vertreten sind. Die Schaltung zeigt die Abb. 47. Das Meßorgan, das die Kontaltzungen 2 trägt, ist mit 1 bezeichnet. Es kann sich beispielsweise um eine Spannungs- oder Leistungsregelung handeln. Die beiden Zwischenrelais, die den Motorfernantrieb 6 des zu steuernden Regelorganes im Höher- oder Tiefersinne betätigen, haben die Ziffern 3 und 4. Die Widerstände 5 sind zur Begrenzung des Kurzschlußstromes beim Kurzschließen der Spulen 3 und 4 vorgesehen. Diese Anordnung hat sich im jahrelangen Betrieb gut bewährt. Das Meßsystem des Regulierrelais ist in den meisten Fällen ein Drehspul-, Ferraris- oder Kreuzspulsystem, d. h. eine Anordnung, bei der man von einem Halteverhältnis nicht sprechen kann, weil bei ihr das Meßsystem auch auf kleine Änderungen des Meßwertes reagiert.

In den vorhergehenden Abschnitten wurden Schaltungen angegeben, die die Aufgabe haben, elektromagnetische Relais mit großem Halteverhältnis auch dort verwendbar zu machen, wo dieses große Halteverhältnis unangebracht ist. Durch Kunstschaltungen wurde dieses Halteverhältnis vermindert. Es ist bezeichnend, daß auch auf dem Regelgebiet derartige Schaltungen angewendet werden. Im folgenden soll ein typisches Beispiel besprochen werden.

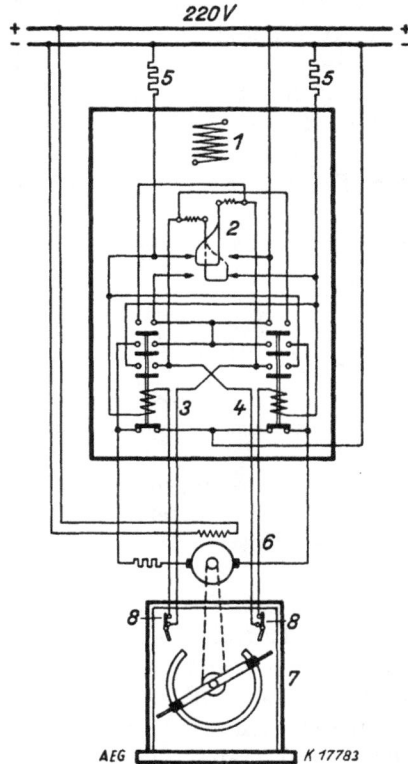

1 = Meßsystem,
2 = Doppelzungenkontakte in Ruhelage,
3 = Zwischenrelais für »Tiefer«-Reglung,
4 = Zwischenrelais für »Höher«-Reglung,
5 = Kurzschlußwiderstände zu 3 und 4.
6 = Motorantrieb von 7,
7 = Nebenschlußregler.
8 = Endkontakte am Nebenschlußregler.
Abb. 47. Schaltung nach Abb. 46, angewendet bei einem Regulierrelais.

10. Elektromagnetische Relais für Regelzwecke.

Würde man ein elektromagnetisches Relais (Abb. 48a) mit großem Halteverhältnis dazu benutzen wollen, bei seinem Anziehen einen Regel-

vorgang in einem bestimmten Sinne, und zwar beispielsweise im Tiefersinne, einzuleiten und bei seinem Abfallen eine Regelung im Höhersinne
vorzunehmen, dann würde diese Anordnung nicht ordnungsgemäß
arbeiten können, weil das Relais infolge seines großen Halteverhältnisses, wenn es einmal angezogen hat, die Tieferregulierung unzulässig
lange vornehmen würde. Ebenso verhält es sich mit dem Höherregeln
beim Abfallen der Relais.

Man hilft sich hier auf folgende Weise: An Stelle der Kontaktzunge 2 mit ihren 3 Stellungen, den beiden entgegengesetzten Regulier-
stellungen und der Mittelstellung (Abb. 47), werden 2 Relais verwendet,
von denen das eine die Aufgabe der Höherregulierung und das andere Relais die Aufgabe der Tieferregelung übernimmt. Da die beiden

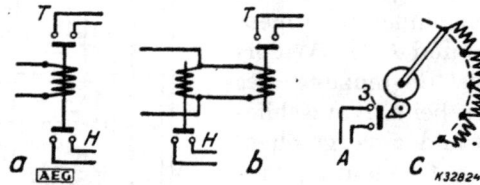

Abb. 48. Verwendung elektromagnetischer Relais für Regelzwecke.

Relais unabhängig voneinander bemessen werden können, so ist es möglich, den Ansprechwert, bei dem das Tieferrelais anzieht, und den Abfall-
wert, bei dem das Höherrelais abfällt, beliebig nahe zusammenzulegen
(Abb. 48b).

Trotz der Verwendung von elektromagnetischen Relais kann man
also eine Regulierung innerhalb enger Ansprechgrenzen erzielen; man
muß nur verhindern, daß das Relais T nach seinem Anziehen unzulässig
lange angezogen bleibt, indem man es künstlich zum Abfallen bringt.
In entsprechender Weise muß man dafür sorgen, daß das Relais H nicht
unerwünscht lange abgefallen bleibt, indem man es künstlich zum Ansprechen bringt (Abb. 48c).

Das künstliche Abwerfen und Anziehen wird durch einen Kontakt 3
bewerkstelligt, der von einer Nockenscheibe der gesteuerten Regeleinrichtung mechanisch geschlossen wird, nachdem das Regelorgan —
durch das Ansprechen des Relais T veranlaßt — sich von einem Regulierkontakt zum nächsten Regulierkontakt bewegt. Während dieser Regel-
bewegung wird das Tieferrelais T abgeworfen, damit es bei Ankunft
des Regelorganes in seiner nächsten Kontaktstellung erneut ansprechen
kann, falls der zu regelnde Meßwert noch zu hoch ist, d. h. falls noch ein
weiterer Reguliervorgang eingeleitet werden soll.

Hieraus geht hervor, daß man diese Anordnung nur in Verbindung
mit Regelorganen verwenden kann, die stufenweise weitergeschaltet
werden, denn nur dort hat man die Möglichkeit, während des Überganges

des Regelorganes von einer Kontaktstellung in die nächste das Regulierrelais künstlich abzuwerfen, damit es bei Erreichen der nächsten Kontaktstellung erneut arbeitsbereit ist.

Ein sehr häufig benutzter Regler (Abb. 49), der zur Steuerung
von Batteriezellenschaltern und von Reguliertransformatoren im Glas-
gleichrichterbau verwendet wird, arbeitet nach dem geschilderten Ver-

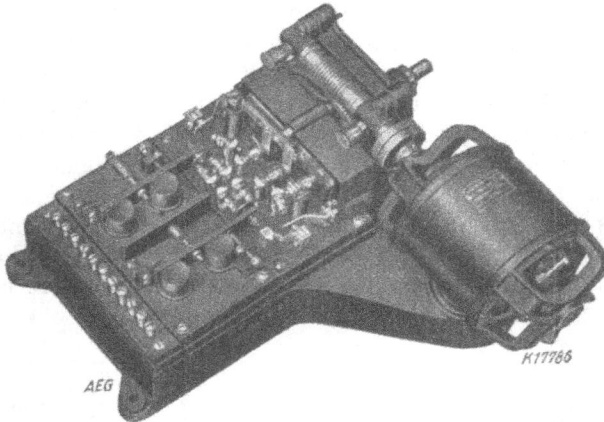

Abb. 49. Regulierantrieb, ausgeführt nach Schaltung Abb. 48 und 50. (Thieme-Regler.)

fahren. Die »Kontaktzungen« dieses Reglers bestehen aus kräftigen
Eisenschienen mit einem Gewicht von etwa ½ kg und der ganze Regler ist
außerordentlich einfach und robust.

11. Künstliches Abwerfen von Relais.

Das Abwerfen eines elektromagnetischen Relais kann auf rein
elektrischem Wege erfolgen, und zwar ist dieses Verfahren auch bei dem
soeben beschriebenen Regler ange-
wendet (Abb. 50). Es besteht darin,
daß den Amperewindungen, die das
Relais T zum Anziehen bringen, die
Gegen-Amperewindungen einer Abwerfwicklung A entgegenwirken. So
einfach dies zu sein scheint, so muß
man doch auch hier auf Überraschungen gefaßt sein. Das geschilderte Ver-

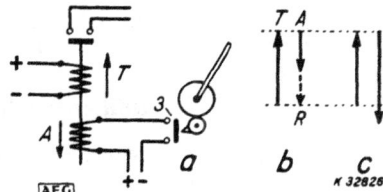

Abb. 50. Anordnung zum künstlichen Abwerfen von elektromagnetischen Relais.

fahren wirkt nämlich nur in bestimmten Anordnungen richtig.

Es handelt sich um folgendes: Die Spule T ist die eigentliche Arbeits-
spule des Relais, d. h. diejenige Spule, die bei Überschreiten eines bestimmten Spannungswertes das Relais zum Ansprechen bringt. Durch
den Kontakt 3 wird die Abwerfwicklung A betätigt. Die Ampere-

windungen der Spule *A* müssen denen der Spule *T* entgegengerichtet sein. Wie die beiden Vektoren in Abb. 50b zeigen, wird ein kleiner Restfluß *R* übrigbleiben, wenn die Meßspannung, an der die Spule *T* liegt, nicht genau mit der Spannung der Spule *A* übereinstimmt. Hier liegt nun die Schwierigkeit. Wenn nämlich aus irgendeinem Grunde die Spannung, an die die Abwerfspule angelegt wird, besonders groß ist, dann wird zwar durch den Fluß *A* der Fluß *T* ausgelöscht, aber es entsteht anschließend ein Überschuß in der Richtung des Flusses *A*, der leicht so groß sein kann, daß er nun seinerseits das Relais in seiner Anzugsstellung hält (Abb. 50c). Durch diese Erscheinung wird also das künstliche Abwerfen unmöglich gemacht. Die Schaltung arbeitet also nur einwandfrei, wenn die Spulen *T* und *A* an derselben Gleichstromspannung liegen, was bei einem Regulierzellenschalter-Antrieb nach Abb. 49 der Fall ist.

Hieraus geht hervor, daß man das geschilderte einfache Verfahren bei Stromregeleinrichtungen kaum verwenden kann, während es bei Spannungsregeleinrichtungen für Gleichstrom anwendbar ist.

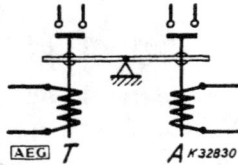

Abb. 51. Elektrisch-mechanisches Abwerfen eines elektromagnetischen Relais.

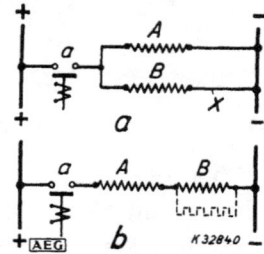

Abb. 52. Parallel- und Reihenschaltung von Relaisspulen.

Es gibt allerdings noch eine Möglichkeit, das Abwerfen des Relais *T* auf elektrisch-mechanischem Wege vorzunehmen, indem die Abwerfwicklung *A* elektrisch getrennt von der Wicklung *T* angeordnet wird (Abb. 51). Auch diese Anordnung wird verwendet.

12. Reihenschaltung von Relaisspulen.

Oft liegt die Aufgabe vor, zwei oder mehrere Relaisspulen hintereinander zu schalten. Durch eine solche Reihenschaltung kann in vielen Fällen die Betriebssicherheit einer Steueranlage gegenüber der üblichen Parallelschaltung vergrößert werden. In der Abb. 52 a ist dargestellt, daß ein Relaiskontakt *a* die zwei Spulenstromkreise *A* und *B* betätigt. Wenn es wichtig ist, daß tatsächlich beide Stromkreise betätigt werden, weil eine Fehlschaltung eintritt, wenn beispielsweise zwar der Stromkreis *A*, aber nicht der Stromkreis *B* vom Strom durchflossen wird, dann weist die Parallelschaltung den Nachteil auf, daß bei irgendeiner unerwünschten Unterbrechung an der Stelle x die Spule B nicht betätigt wird. Welche unangenehmen Folgen hierbei auftreten können, ist leicht einzusehen, wenn man sich folgenden einfachen Betriebsfall vorstellt:

Der Hochspannungsschalter eines Umspanners soll eine selbsttätige Wiedereinschaltanordnung erhalten, die den Schalter automatisch einige Male wiedereinschaltet, wenn er wegen äußerer Netzstörungen ausschaltete. Liegt der Anlaß zur Ausschaltung aber innerhalb des Transformators, d. h. spricht z. B. der Transformator-Differentialschutz an, dann muß die mehrmalige Wiedereinschaltung des Hochspannungsschalters unbedingt verhindert werden. Dies kann man dadurch erreichen, daß nach Schaltbild 52 a der Kontakt a des Differentialrelais die Auslösespule A des Hochspannungsschalters und gleichzeitig die Spule eines Relais B betätigt, das hierdurch ausgeschaltet wird und das durch einen besonderen Kontakt den Steuerstromkreis für die selbsttätige Wiedereinschaltung des Hochspannungsschalters so lange öffnet, bis es von Hand wieder in seine Betriebsstellung zurückgebracht wird.[1]

Würde in diesem Betriebsfall infolge einer Unterbrechung an der Stelle x das Relais B nicht ausgeschaltet werden, dann würde das Differentialrelais zwar den Hochspannungsschalter ausschalten, aber nicht das Relais B betätigen können. Die Wiedereinschaltung würde also trotz des Fehlers im Transformator mehrmals vorgenommen werden und eine Beschädigung des Transformators bzw. der ganzen Anlage könnte die Folge sein.

Man sieht, wie wichtig es ist, in solchen Fällen die Schaltung nach Abb. 52a durch eine Reihenschaltung zu ersetzen (52b)[2]. Die beiden in Reihe liegenden Spulen werden natürlich bei dieser Schaltung von demselben Steuerstrom durchflossen und mit Rücksicht hierauf ist eine besondere Auslegung der Relaisspulen nötig. Wenn man annimmt, daß die Spule A einen Leistungsbedarf von 180 Watt und die Spule B nur einen solchen von 20 Watt aufweist, dann ergibt sich bei einer Betätigungsspannung von 100 Volt Gleichstrom ein Steuerstrom von $\dfrac{200\,\text{W}}{100\,\text{V}}$ = 2 A und ein Widerstand von 50 Ohm. Dieser Widerstand verteilt sich auf die beiden Spulen A und B im Verhältnis ihrer Leistungen, d. h. der Widerstand der Relaisspule A beträgt 45 Ohm und der Widerstand der Spule B nur 5 Ohm. Die Spannung von 100 Volt verteilt sich so, daß an der Spule A 90 Volt und an dem Relais B die Restspannung von 10 Volt auftritt. Da die Teilspannung an dem Relais B verhältnismäßig niedrig, der Spulenstrom aber hoch ist, so sagt man: »Das Relais B ist mit einer Stromwicklung für 2 Amp. auszurüsten«.

Bei Inbetriebsetzung einer solchen Schaltung kommt es leicht vor, daß man eine Relaisspule in Reihe mit einer Steuerspule großer Leistung

---

[1] Siehe auch Abb. 54.
[2] Die nachfolgenden Betrachtungen gelten für Gleichstromsteuerungen.

legen will, daß aber das Relais mit einer normalen Spannungswicklung ausgerüstet, d. h. für die vorliegende Reihenschaltung nicht geeignet ist. In diesem Falle kann man sich schnell dadurch helfen, daß man einen geeigneten Widerstand parallel zur Relaisspule B schaltet (Abb. 52b).

In diesem Zusammenhang ist noch auf eine Anordnung hinzuweisen, die man sehr häufig antrifft, die aber in vielen Fällen nicht einwandfrei arbeitet, weil bei der Auslegung der in Reihe geschalteten Spulen die schaltungstechnischen Verhältnisse nicht genau genug beachtet wurden (Abb. 53). Die Kontakte $a1$, $a2$, $a3$ mehrerer Schutzrelais liegen in dem Betätigungsstromkreis der Auslösespule A irgendeines wichtigen Maschinenschalters. Um nach der erfolgten Auslösung des Schalters feststellen zu können, welches Relais die Ausschaltung des Schalters vorgenommen hat, sind in die 3 Kontaktstromkreise die Spulen FK sog. »Signalfallklappenrelais« gelegt. Der Auslösebetätigungsstrom, der beim Ansprechen des Relaiskontaktes $a1$ durch die Auslösespule A fließt, bringt die Fallklappe in dem betreffenden Stromkreis zum Ansprechen.

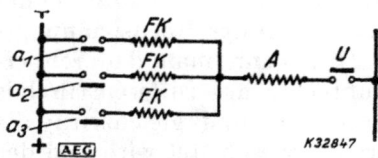

Abb. 53. Schaltung von Fallklappen-anzeigerelais.

Bei dieser Anordnung muß man nun zwei Möglichkeiten einer falschen Auslegung der Spulen FK beachten:

Erstens liegt in den meisten Fällen in Reihe mit der Auslösespule A ein Unterbrecherkontakt U, der auf der Schalterwelle des Maschinenschalters angeordnet ist, und der den Auslösespulenstromkreis unmittelbar nach der erfolgten Auslösung des Schalters zu unterbrechen hat. Dies hat zur Folge, daß der in dem Stromkreis des Fallklappenrelais fließende Strom nur sehr kurze Zeit andauert, was bei der Auslegung der Relaisspulen beachtet werden muß.

Der zweite Punkt, der zu beachten ist, ist der, daß es leicht vorkommen kann, daß nicht nur ein Schutzrelais anspricht und den Schalter A betätigt, sondern daß gleichzeitig zwei Relais zum Ansprechen kommen. Dann teilt sich der Auslösestrom über die beiden Fallklappenrelais, die in den Stromkreisen der beiden betreffenden Schutzrelais liegen. Um sicherzustellen, daß auch in diesem Falle die Fallklappen ansprechen, ist es nötig, ihre Spulen so auszulegen, daß sie kurzzeitig stark überlastet werden, wenn nur ein einziges Schutzrelais anspricht.

13. Begrenzung der Häufigkeit von Schaltvorgängen.

In den letzten Jahren werden selbsttätige Wiedereinschaltvorrichtungen von Hochspannungsschaltern, insbesondere Abzweigschaltern häufig eingebaut. Bei diesen Anordnungen spielt die Aufgabe eine Rolle, die H ä u f i g k e i t der selbsttätigen Wiedereinschaltung auf ein gewünschtes Maß zu beschränken.

Im folgenden sollen drei grundsätzliche Anordnungen geschildert werden, die dies ermöglichen:

Das sog. »Wiedereinschaltrelais« arbeitet in der folgenden Weise (Abb. 54a): Sobald der betreffende, mehrere Male wiedereinzuschaltende Schalter ausschaltet, wird die Spule *1* betätigt, was zur Folge hat, daß der Relaisanker und damit auch die Klinke *2* nach oben gezogen werden. Der Kontakt *3* schaltet über einen Fernschaltmagneten oder Motorantrieb den Schalter wieder ein. Bei diesem Vorgang hat sich das gezahnte Rad *4* um eine Zahnteilung in Pfeilrichtung bewegt und die Sperr-

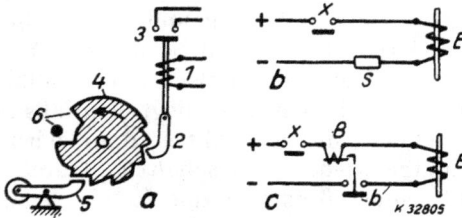

Abb. 54. Schaltanordnungen zur Begrenzung der Häufigkeit von Schaltvorgängen.

klinke *5* hält es in der neuen Lage fest. Fällt nun nach erfolgter Einschaltung des Ölschalters die Klinke *2* wieder herunter, dann greift sie beim nächsten Ansprechen des Relais in den nächsten Zahn des Rades *4* ein und so fort. Auf diese Weise wird im Verlauf der drei Wiedereinschaltvorgänge, für die das Wiedereinschaltrelais ausgelegt ist, das Rad *4* aus seiner Anfangsstellung bis in eine Stellung bewegt, bei der es an den Endanschlag *6* anstößt. Auf diese Weise kann also der betreffende Ölschalter nur dreimal wiedereingeschaltet werden. Durch Entklinkung des Wiedereinschaltrelais, d. h. durch kurzzeitiges Hochheben der Klinke *5* kann das Wiedereinschaltrelais wieder in seine Ruhelage zurückgebracht werden. Diese Entklinkung kann mechanisch von Hand oder selbsttätig auf elektrischem Wege vorgenommen werden und hierdurch können sinnvolle schaltungstechnische Wirkungen erzielt werden.

Eine etwas primitivere Anordnung ist in Abb. 54b aufgezeichnet. Beim Ausschalten des selbsttätig wiedereinzuschaltenden Ölschalters wird ein Kontakt *x* geschlossen. Dieser schließt den Strom der Einschaltspule *E* des erwähnten Ölschalters. In Reihe mit dieser Spule liegt nun eine besonders ausgelegte Sicherung *S*, die erst durchbrennt, wenn eine mehrmalige Betätigung des Einschaltspulenstromkreises *E* erfolgt ist. Z. B. kann man die Sicherung so einstellen, daß sie erst nach dreimaligem, kurz hintereinander erfolgtem Wiedereinschalten des Ölschalters durchbrennt.

Für Wiedereinschaltvorrichtungen, die nur sehr selten Gelegenheit haben, eine Wiedereinschaltung des betreffenden Schalters vorzunehmen, wäre diese Anordnung ausreichend, wenn nicht die Auslegung der

Sicherung *S* Schwierigkeiten bereiten würde. Bekanntlich schwankt die Spannung der Betätigungsstromquelle solcher Einrichtungen sehr stark und damit auch die Stromaufnahme des Elektromagneten *E*. Das hat zur Folge, daß bei hoher Betätigungsspannung eine knapp ausgelegte Sicherung *S* unter Umständen schon nach dem ersten Wiedereinschaltvorgang durchbrennt, während dieselbe Sicherung bei einer niedrigen Spannung der Betätigungsstromquelle erst nach einer unzulässig häufigen Wiedereinschaltung des Schalters abschmilzt. Der Anwendungsbereich dieser Anordnung ist aus diesem Grunde begrenzt.

Soll ein Schalter nur ein einzigesmal wiedereingeschaltet werden, nachdem er aus irgendeinem Störungsgrunde ausgeschaltet wurde, dann genügt eine einfache Anordnung gemäß Schaltung 54c, bei der in Reihe mit der Einschaltspule *E* die Relaisspule *B* eines Fallklappenrelais liegt. Der Kontakt *b'* dieses Fallklappenrelais liegt ebenfalls in dem Einschaltspulenstromkreis. Schließt der Kontakt *x*, dann wird die Spule *E* betätigt und der Schalter wieder eingeschaltet. Durch den hierbei auftretenden Einschaltstromstoß spricht das Relais *B* an und öffnet den Kontakt *b'*, der den Einschaltstromkreis unterbricht. Diese Schaltung wird häufiger verwendet.

14. Das Erden der Betätigungsstromquelle.

Eine Fehlerquelle bei der Planung selbsttätiger Steueranordnungen liegt immer dann vor, wenn ein Pol der Betätigungsstromquelle geerdet wird. Am Anfang der Entwicklung selbsttätiger Schaltanlagen benutzte man für die elektrische Steuerung sehr häufig Hilfstransformatoren, die eine verkettete Spannung von 380 Volt aufwiesen und deren Nullpunkt geerdet war (Abb. 55). Diese Anordnung hat häufig zu Fehlschaltungen geführt, die zur Folge hatten, daß man es in der darauffolgenden Zeit grundsätzlich vermied, den Nullpunkt derartiger Steuertransformatoren zu erden. Seit vielen Jahren werden daher die Hilfstransformatoren automatischer Schaltanlagen für eine verkettete Spannung von 220 Volt ausgelegt und der Sternpunkt dieser Transformatoren wird

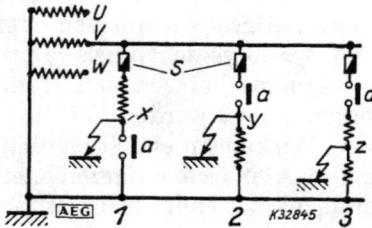

Abb. 55. Fehlermöglichkeiten infolge der Erdung des Nullpunktes des Betätigungs-Hilfstransformators.

nicht geerdet. (Bekanntlich muß der Sternpunkt von Hilfstransformatoren mit einer verketteten Spannung von 380 Volt geerdet werden, damit gegen Erde keine höhere Spannung als 220 Volt auftreten kann.)

Die Stromkreise *1*, *2* und *3* des Schaltfolgenbildes 55 zeigen drei Störungsmöglichkeiten, die vorhanden sind, wenn der Sternpunkt des Steuertransformators geerdet ist. Im Stromkreis *1* liegt der Betätigungskontakt auf der geerdeten Seite, und ein Erdschluß an der Stelle X hat zur Folge, daß die in dem Stromkreis eingezeichnete Relaisspule betätigt wird, auch wenn der Betätigungskontakt a geöffnet ist. Eine derartige Anordnung muß daher unbedingt vermieden werden, denn sie kann zu sehr unangenehmen Störungen Anlaß geben.

Weniger gefährlich ist eine Anordnung gemäß Stromkreis *2*, bei der die zu betätigende Spule auf die geerdete Seite gelegt ist. Ein Erdschluß an der Stelle Y führt in diesem Falle im Augenblick des Ansprechens des Kontaktes a zu einem Kurzschluß und zu einem Durchbrennen der Sicherung S. Hier muß also nicht unbedingt eine Fehlschaltung eintreten, aber in jedem Falle wird die Betätigung des im Stromkreis *2* zu steuernden Relais verhindert und die selbsttätige Steueranordnung ist gestört. Man könnte zwar sagen, daß das Durchbrennen der Sicherung S sehr schnell auf die Fehlerstelle aufmerksam macht. Dies braucht aber nicht immer der Fall zu sein, wie der Stromkreis *3* veranschaulicht. Dort liegt nämlich der Erdschluß an der Stelle Z, d. h. zwischen 2 zu betätigenden Steuerspulen. Der beim Ansprechen des Kontaktes a auftretende Kurzschlußstrom kann hier so stark begrenzt sein, daß die Sicherung dieses Stromkreises nicht durchbrennt. Solche Fehler können selbsttätige Steueranordnungen in sehr unangenehmer Weise stören, denn der Erdschluß an der Stelle Z ist nur sehr schwer zu finden.

15. Die Betätigungssicherung innerhalb einer selbsttätigen Steueranlage.

Im allgemeinen werden die Betätigungsstromkreise von Steueranlagen durch Sicherungen geschützt. Diese Sicherungen haben nicht die Aufgabe, die in den einzelnen Stromkreisen liegenden Betätigungsspulen thermisch gegen Überlastungen zu schützen — ähnlich, wie das von einer Sicherung verlangt wird, die in den Stromkreis eines Antriebsmotors eingebaut ist —, sondern sie haben in erster Linie den Zweck, bei einem Kurzschluß innerhalb der Betätigungsleitungen den betroffenen Steuerstromkreis aufzutrennen. Aus diesem Grunde sind die Sicherungen, die in Betätigungsstromkreisen liegen, im Verhältnis zu den in den Steuerstromkreisen fließenden Strömen praktisch immer stark überbemessen. Dies ist bezüglich der Beurteilung ihrer Betriebssicherheit sehr wichtig.

Es fragt sich nun, wie es sich mit der Verwendung solcher Sicherungen in Steuerstromkreisen von automatischen Anlagen verhält. Grundsätzlich müßte man eigentlich feststellen, daß die Verwendung jeder Sicherung dem Wesen einer selbsttätigen Anlage vollkommen widerspricht, denn wenn eine derartige Sicherung durchbrennt, dann ist die selbsttätige Schaltung gestört. Da im allgemeinen in einer selbsttätigen Anlage kein Schaltwärter anwesend ist, so bedeutet das Durchbrennen einer Sicherung eine Störung der gesamten Steueranlage.

Die Nichtabwicklung der Schaltvorgänge infolge der durchgebrannten Sicherung kann auch Schaden verursachen. Als Beispiel sei der Fall angeführt, daß in den Steuerstromkreisen des Anlassers eines selbsttätig anzufahrenden großen Motors während des Anlaßvorganges eine Sicherung durchbrennt. Dies hat zur Folge, daß der Anlasser auf irgendeiner Anlaßstufe stehen bleibt, daß der Motor nicht hochläuft und daß infolge der langen Belastung der betreffenden Anlaßstufe der Anlasser zerstört wird.

Dieses Beispiel zeigt, daß es naheliegend ist, entweder die Steuerstromkreise überhaupt nicht abzusichern (was leicht zu einem Schalttafelbrand führen kann) oder an Stelle der Sicherungen kleine Automaten zu verwenden, die in ihren Abmessungen nicht größer als Betätigungssicherungen sind, die sich aber von den Sicherungen dadurch unterscheiden, daß sie beim Ansprechen einen Hilfskontakt schließen, der entweder einen Schaltwärter herbeirufen oder den gesamten Maschinensatz selbsttätig abschalten

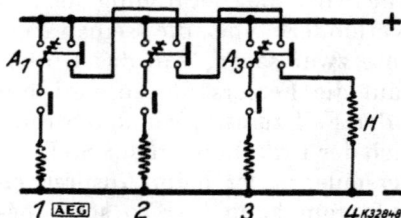

Abb. 56. Kleinautomaten an Stelle der Betätigungssicherungen einer selbsttätigen Steueranlage.

kann. Derartige Anordnungen sind auch im Betrieb und sie sollen an Hand der Abb. 56 erläutert werden.

Dort sind durch die Stromkreise *1, 2* und *3* Steuervorgänge irgendwelcher Art dargestellt. Einer dieser Stromkreise sei beispielsweise der oben erläuterte Steuerstromkreis für die selbsttätige Steuerung eines Motoranlassers. Die Hilfskontakte der drei kleinen Automaten $A1$ bis $A3$ sind in Reihe geschaltet und in den Stromkreis eines Hilfsrelais H gelegt. Schaltet nun einer der Automaten aus, dann wird das Hilfsrelais H stromlos und durch das Abfallen dieses Relais kann entweder ein Signalstromkreis oder der erwähnte Stromkreis für das Stillsetzen des ganzen Maschinensatzes betätigt werden. Diese Anordnung ist verhältnismäßig einfach, denn es handelt sich ja nur darum, die Kontakte sämtlicher in der Anlage vorhandener Kleinautomaten in Reihe zu schalten und auf ein gemeinsames Relais H arbeiten zu lassen.

Trotz der Einfachheit dieser Anordnung findet man ihre Anwendung in der Praxis sehr selten, und zwar aus dem einfachen Grunde, weil es sich gezeigt hat, daß auch die Verwendung gewöhnlicher Sicherungen ausreichend ist. In den meisten Fällen überwiegt der Wunsch nach äußerster Einfachheit der Steueranordnung gegenüber der erzielbaren Erhöhung der Betriebssicherheit.

Ferner ist folgendes zu bedenken: Der Überwachungsstromkreis der kleinen Automaten ist wiederum ein Stromkreis, der eine Störung aufweisen kann, und wenn nun dieser Überwachungsstromkreis gestört ist, dann versagt die Schaltung auch. Man könnte zwar einwenden, daß man auch diesen Überwachungsstromkreis wiederum überwachen kann, aber bei solchen Überlegungen kommt man leicht zu dem Ergebnis, daß die zusätzlichen Überwachungseinrichtungen, die ursprünglich die Aufgabe hatten, die Steueranlage betriebssicher zu machen, infolge ihrer Komplizierung der Anlage das Gegenteil bewirken. Die Frage nach der Notwendigkeit derartiger Überwachungseinrichtungen für die Betätigungssicherungen wird wohl am besten dadurch im verneinenden Sinne beantwortet, daß man feststellt, daß viele hundert Anlagen ohne diese Einrichtungen jahrelang betriebssicher arbeiten. Allerdings muß der Anordnung der Betätigungssicherungen in einer selbsttätigen Anlage besondere Aufmerksamkeit geschenkt werden. Der oben geschilderte Fall, daß das Durchbrennen einer Betätigungssicherung die Zerstörung eines Anlassers oder einer Maschine zur Folge hat, muß unbedingt vermieden werden. Hierfür gibt es ein einfaches Verfahren, das in der Anordnung sog. »Anlauf-Überwachungs-Zeitrelais« besteht.

16. Das Anlauf-Überwachungs-Zeitrelais.

Dieses arbeitet in der folgenden Weise: Gleichzeitig mit dem Anlaufimpuls · für die selbsttätige Inbetriebsetzung eines Maschinensatzes beginnt das Zeitwerk eines Langzeitrelais zu laufen, das nach einer bestimmten, die normale Anlaufzeit des Maschinensatzes um ein gewisses Maß überschreitenden Zeit den gesamten Maschinensatz endgültig stillsetzt, wenn der Betätigungsstromkreis des Zeitrelais nicht vor Ablauf dieser Zeit unterbrochen wird. Die Unterbrechung der Steuerspule des Zeitrelais erfolgt durch denjenigen Schaltvorgang, der gelegentlich des Anlaufvorganges des Maschinensatzes an letzter Stelle steht. Befinden sich sämtliche Einrichtungen und Betätigungssicherungen der Steueranlage in Ordnung, dann hat das Anlauf-Überwachungs-Zeitrelais nicht Gelegenheit, den Maschinensatz wieder stillzusetzen, weil seine Betätigungsspule vor Ablauf der eingestellten Zeitverzögerung unterbrochen wird. Liegt dagegen in der Steueranlage irgendeine Störung vor, die zur Folge hat, daß der Maschinensatz nicht in der vorgeschriebenen Zeit anläuft bzw. daß der letzte Schaltvorgang nicht innerhalb einer bestimmten Zeit abgeschlossen ist, dann hat das Zeitrelais Gelegenheit, abzulaufen und seinen Kontakt für die Außerbetriebnahme des Maschinensatzes zu schließen.

Der wesentliche Vorteil einer solchen Anordnung besteht darin, daß durch das Zeitrelais nicht nur alle Betätigungssicherungen, sondern daß gleichzeitig sämtliche Vorgänge, die bei der Inbetriebsetzung des Maschinensatzes eine Rolle spielen, überwacht werden.

Wenn oben gesagt wurde, daß das Durchbrennen einer Betätigungssicherung eine Beschädigung des Anlassers zur Folge haben kann, dann ist zu bedenken, daß dieser Schaden auch durch das Lockerwerden einer

Verbindungsklemme entstehen kann. Setzt man dies aber voraus, dann nützt die Schutzschaltung nach Abb. 56 nichts, während das Anlauf-Zeit-Überwachungsrelais auch in diesem Falle eingreifen wird. Dabei ist festzustellen, daß im praktischen Betriebe dieses Relais sehr selten in Tätigkeit tritt, weil Störungen in sorgfältig verlegten Schaltanlagen selten sind.

Bei der Anordnung von Betätigungssicherungen ist noch auf einen Punkt zu achten (Abb. 57). Es sind 3 Steuerstromkreise *I* bis *III* auf-gezeichnet, die sich nacheinander ab-spielen sollen. In solchen Fällen können Störungen auftreten, wenn die Betätigungssicherung im zweiten Stromkreis durchbrennt und die Sicherung im ersten Stromkreis in Ordnung bleibt.

Ein sehr einfacher Weg, dies zu verhindern, ist rechts in der Abb. 57 dargestellt.

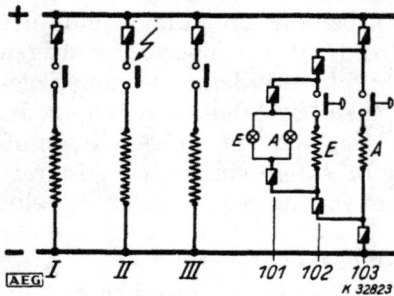

Abb. 57. Anordnung von Betätigungs-sicherungen.

Ein Beispiel für einen solchen Betriebsfall ist die Anordnung der Betätigungssicherungen im Ein- und Ausschaltspulenstromkreis des Hauptmaschinenschalters eines größeren Maschinensatzes.

In den Stromkreisen *101* bis *103* sind je ein Betätigungsdruckknopf für die Einschaltung *E* und für die Ausschaltung *A* des Maschinen-schalters und je eine Signallampe für die beiden Stellungsmeldungen dargestellt. Bei dieser Steuerung ist von Wichtigkeit, daß der Auslöse-Betätigungsstromkreis in Ordnung ist, wenn der Schalter eingeschaltet wird. Das Schaltfolgenbild zeigt, daß sämtliche 3 Betätigungssicherungen in Ordnung sein müssen, wenn die Signallampen brennen. Aus diesem Grunde ist die Sicherung der Signallampen hinter die beiden übrigen Sicherungen geschaltet. Außerdem ist die Betätigungssicherung für die Einschaltung des Ölschalters über die Sicherung des Ausschaltspulen-stromkreises an die Stromquelle angeschlossen. Bei dieser Anordnung ist also eine Einschaltung des Schalters nur möglich, wenn auch die Sicherung im Ausschalt-Betätigungsstromkreis in Ordnung ist.

17. Umschaltung von Handbetätigung auf automatische Steuerung.

Für die Ausführung einer selbsttätigen Anlage ist es sehr wichtig, ob neben der automatischen Steueranordnung die Möglichkeit vorge-sehen werden soll, alle Schaltvorgänge auch durch Handbetätigung vor-nehmen zu können. Hierzu ist grundsätzlich zu sagen, daß im Laufe der Zeit das Vertrauen zu automatischen Steueranordnungen so gewachsen ist, daß man nicht wie früher verlangt, daß auch alle einzelnen Schaltvorgänge von Hand betätigt werden können. Es soll zwar weiter unten eine sehr einfache Anordnung erläutert werden, die es ermöglicht, eine im normalen Betrieb automatisch arbeitende Schaltanlage willkürlich auf Handbetätigung umschalten zu können; aber trotzdem ist natürlich eine solche Anlage bedeutend verwickelter, als wenn man darauf verzichtet, alle einzelnen Schaltungen auch von Hand steuern zu können. Es dürfte in allen Fällen ausreichend sein, neben der automatischen Steuerung der gesamten Schaltvorgänge (beispielsweise der 50 Schaltvorgänge einer automatischen Wasserkraftanlage) die Möglichkeit vorzusehen, nur einige wenige wichtige Vorgänge von Hand steuern zu können. Alle Teilvorgänge, die sich an die genannten wenigen Schalt-

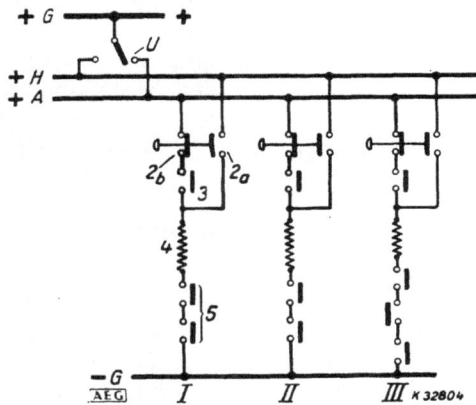

Abb. 58. Anordnung für die Umschaltung von »Automatischer Steuerung« auf »Handbetätigung«.

vorgänge anschließen, können dann nur selbsttätig abgewickelt werden. Hierdurch erzielt man automatische Steueranlagen, die betriebssicherer sind als Anlagen, bei denen man, um die Betriebssicherheit zu erhöhen, neben der automatischen Steuerung noch eine Handsteuerung aller einzelnen Vorgänge vorsieht.

Eine einfache Anordnung für die Umschaltung von »Automatischer Steuerung« auf »Handsteuerung« ist in der Abb. 58 dargestellt. An die gemeinsame Betätigungsschiene G ist ein Umschalter U angeschlossen, dessen eine Stellung bei »Handsteuerung« und dessen andere Stellung bei »Automatischer Steuerung« verwendet wird, und der im einen Falle eine Betätigungs-Sammelschiene H für alle diejenigen Stromkreise an Spannung legt, die bei Handsteuerungen gebraucht werden. In seiner anderen Stellung wird über den Umschalter U die Steuersammelschiene A an die Betätigungsstromquelle gelegt. Der Stromkreis 1 des Schaltfolgenbildes stelle einen selbsttätigen Steuerstromkreis dar. Der Ruhekontakt $2b$ des Betätigungsdruckknopfes 2 ist normalerweise geschlossen.

6*

Die selbsttätige Steuerung des Stromkreises *I* erfolge durch den Kontakt *3*, der irgendeinen Elektromagneten *4* betätige. In dem Betätigungsstromkreis liegen Verriegelungskontakte *5*. Ganz ähnlich sind die Betätigungsstromkreise *II* und *III* des Schaltfolgenbildes aufgebaut.

Soll nun der Steuerstromkreis *I* nicht automatisch, sondern von Hand gesteuert werden, dann wird der Umschalter *U* in die entgegengesetzte Stellung gebracht und jetzt ist die Betätigungssammelschiene *A* spannungslos, während die Sammelschiene *H* an Spannung liegt. Wird jetzt der Betätigungsdruckknopf *2* von Hand niedergedrückt, dann schließt sein Kontakt *2a* und hierdurch wird die Spule *4* betätigt. Das Schaltbild zeigt, daß durch den Stromkreis des Kontaktes *2a* auch der Kontakt *3* des selbsttätigen Steuerstromkreises überbrückt wird. Die gezeichnete Anordnung ist denkbar einfach, weil der größte Teil der einzelnen Betätigungsstromkreise, und zwar die Verriegelungskontakte *5*, für beide Steuerarten, für die Handbetätigung und für die automatische Betätigung, ausgenutzt wird. Trotz der Einfachheit dieser Schaltung begnügt man sich im allgemeinen damit, nur für einige wenige Schaltvorgänge einer automatischen Anlage die Möglichkeit der Handbetätigung vorzusehen.

18. Verwendung »nicht linearer« Stromkreise zur Veränderung von Relaiseigenschaften.

Ein in den letzten Jahren entwickeltes Verfahren zur Veränderung der Ansprech- und Halteverhältnisse von elektromagnetischen Wechselstromrelais besteht darin, daß nach Abb. 59 in den Spulenstromkreis eines Relais eine Induktivität *L* in Reihe mit einer Kapazität *C* gelegt wird. Hierdurch werden die Strom-Spannungsverhältnisse im Spulenstromkreis des Relais in eigentümlicher Weise verändert. Es besteht nicht mehr die lineare Abhängigkeit zwischen dem im Spulenstromkreis fließenden Strom und der an den Stromkreis gelegten Wechselspannung, sondern der Strom verändert seinen Wert sprunghaft.

Dies soll an Hand der Abb. 60 erläutert werden: Wenn man den Strom, der in eine Kapazität *C* fließt, in Abhängigkeit von der Spannung aufzeichnet, die an diese Kapazität gelegt wird, dann ergibt sich theoretisch eine Abhängigkeit gemäß der Kurve *1* (Abb. 60a). Der in einer eisenhaltigen Induktivität fließende Strom in Abhängigkeit von der Spannung verläuft nach Kurve *2*. Schaltet man nun die Induktivität und die Kapazität in Reihe und untersucht jetzt den in dieser Reihenschaltung fließenden Strom in Abhängigkeit von der Spannung, dann kommt man auf die stark ausgezogene Kurve der Abb. 60b. Einige wichtige Punkte dieser Kurve kann man leicht aus dem Vergleich mit Abb. 60a ermitteln, so z. B. den Punkt *X*. Er ergibt sich an derjenigen Stelle, an der die Differenz zwischen der Spannung an der Induktivität und der Spannung an der Kapazität einen Höchstwert darstellt. Dies ist der Fall für die Spannung $E1$ bzw. den Strom $J1$. Die dem Punkt $J2$ entsprechende Spannung hat den Wert Null, weil an dieser Stelle die Spannung an der Drossel gleich und entgegengesetzt der Spannung an der Kapazität ist. Legt man eine Spannung an den erläuterten Stromkreis und steigert diese Spannung langsam, dann springt bei dem Wert $J1$ der in dem Stromkreis fließende Strom plötzlich von dem Punkt X auf den Punkt Y, d. h. der in der Reihenschaltung fließende Strom folgt der gestrichelt gezeichneten Kurve. Hierdurch erreicht man folgendes:

Soll ein Spannungsrelais bei Überschreiten einer bestimmten Spannung $E1$ anziehen und soll bei diesem Wert der Relaisanker kräftig von seinem Magneten angezogen werden, dann kann man dies durch die

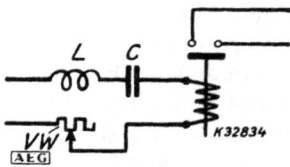

Abb. 59. Anordnung einer Induktivität L und einer Kapazität C im Spulenstromkreis eines elektromagnetischen Relais.

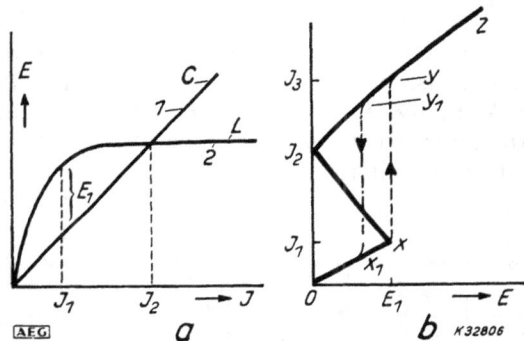

Abb. 60. Strom-Spannungsverhältnisse einer Relaisanordnung nach Abb. 59.

geschilderte Anordnung leicht erreichen. Der im Relais fließende Strom springt bei dem Punkt $E1$ plötzlich von dem Strom $J1$ auf den Strom $J3$. Nimmt die Spannung wieder ab, dann fällt plötzlich der in der Relaisspule fließende Strom vom Wert $J3$ auf den Wert $J1$.

Man sieht also, daß man mit einem ganz gewöhnlichen elektromagnetischen Relais weitgehend unabhängig von seinem eigenen Halteverhältnis erreichen kann, daß es bei Überschreitung eines bestimmten Spannungswertes plötzlich kräftig anspricht und bei Unterschreiten desselben Spannungswertes ebenso plötzlich wieder abfällt.

Hierzu kommt noch eine Eigentümlichkeit, die für die Einstellbarkeit des Relais von größter Bedeutung ist. Bei Veränderung des im Spulenstromkreis liegenden Vorwiderstandes VW (Abb. 59) wird erreicht, daß beim Ansteigen der Spannung der im Spulenstromkreis fließende Strom der Kurve $O—X—Y—Z$ folgt, während bei Abnahme der Spannung der Strom nach der Kurve $Z—Y1—X1—O$ verläuft.

Hieraus geht hervor, daß man durch Verändern des Vorwiderstandes nicht den Ansprechwert beim Anziehen des Relais, wohl aber den Wert beim Abfallen desselben und damit das H a l t e v e r h ä l t n i s weitgehend verändern kann.

Neben der geschilderten Reihenschaltung von Induktivität und Kapazität wird auch noch die Parallelschaltung dieser beiden verwendet, um Stromrelais in ähnlicher Weise zu verändern. Es wurde hier auf die geschilderte Anordnung hingewiesen, erstens, weil es sich um eine zweckmäßige und interessante Anordnung handelt, aber in der Hauptsache, um zu zeigen, welche Maßnahmen der Schaltungstechniker im Laufe der Zeit ausgearbeitet hat, um das einfache elektromagnetische Relais, trotz seiner verhältnismäßig schlechten natürlichen elektrischen Eigenschaften überall verwenden zu können.[1])

19. Die motorische Steuerwalze.

Handelt es sich um verwickeltere Vorgänge, dann kann es von Vorteil sein, eine motorisch angetriebene Steuerwalze anzuwenden. Da verhältnismäßig viele, z. B. in einer selbsttätigen Wasserkraftanlage 50 Vorgänge vorhanden sein können, so macht die gesamte selbsttätige Anlage einen unübersichtlichen und verwickelten Eindruck. Es werden nun in die einzelnen Schaltstromkreise die Segmente S der Schaltwalze gelegt (ähnlich Abb. 61), die sämtliche Vorgänge gegeneinander mechanisch verriegelt. Dadurch wird erreicht, daß aus den 50 selbsttätigen Schaltvorgängen mehrere, z. B. 10 Gruppen gebildet werden, von denen jede eine Automatisierung einfacher Form darstellt. Während sich die selbsttätigen Vorgänge abspielen, läuft die Steuerwalze von ihrer Anfangsstellung A in ihre Endstellung E. In der Stellung A schließt sie mehrere Segmente S_1 und gibt damit mehreren Stromkreisen Gelegenheit, Steuervorgänge einzuleiten. Sämtliche Stromkreise, deren Walzensegmente nicht in der Stellung A geschlossen sind, sind nicht betriebsbereit und können somit auch keine Störungen hervorrufen. Sie sind elektrisch durch die Segmente S_2, S_3 .. der Steuerwalze so aufgetrennt, daß sie nicht in Wirkung treten können und damit im Augenblick nicht beachtet zu werden brauchen. Nachdem die in der Stellung A von der Steuerwalze zugelassenen Vorgänge ordnungsgemäß erledigt sind, läuft die Steuerwalze von ihrer Stellung A in ihre Stellung B, indem sie die in A geschlossen gewesenen Segmente öffnet und in Stellung B eine Anzahl neuer Segmente S_2 schließt. Hierdurch wird einer bestimmten Anzahl

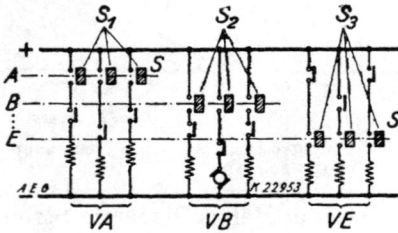

Abb. 61. Segmente einer motorischen Schaltwalze in den Stromkreisen einer selbsttätigen Schaltanordnung.

VA, VB, VE = Schaltvorgänge, die sich in den entsprechenden Stellungen A—E der Walze selbsttätig abspielen.

---

[1]) Siehe: Suits, „Non Linear circuits, applied to Relays", El. Engg. 1933, S. 244.

weiterer elektrischer Stromkreise die Möglichkeit gegeben, Schaltungen vorzunehmen, nach deren Erledigung die Steuerwalze in die nächste Stellung läuft usw.

An dem Weiterlaufen der Walze ist zu erkennen, in welchem Zustand die gesamte Schaltanlage sich befindet und welche Vorgänge sich ordnungsgemäß abgespielt haben. Neben dieser ersten Aufgabe, die verwickelten Steuervorgänge in mehrere einzelne Steuerungen einfachster Form zu zerlegen und damit dem Betriebs- und Überwachungspersonal einen einfachen Überblick über die gesamte Anlage zu ermög-

Abb. 62. Motorische Steuerwalze einer großen Maschinenanlage.

lichen, hat die Steuerwalze die Aufgabe, die elektrischen Stromkreise nicht nur durch Relaiskontakte, sondern durch die mechanisch voneinander getrennten und in einer bestimmten Weise angeordneten Segmente der Walze gegeneinander zu verriegeln. Gegenüber einer selbsttätigen Anlage, bei der die einzelnen Vorgänge immer gegenseitig voneinander abhängig sind, bietet das geschilderte Verfahren eine erhöhte Sicherheit und Übersichtlichkeit.

Die Steuerwalze erleichtert bei Störungen in der Steueranlage das Auffinden von Fehlern, indem aus der Stellung, in der sich die Steuerwalze im Augenblick der Überprüfung befindet, hervorgeht, welche Vorgänge nicht erledigt worden sind. Außerdem ersetzt die Walze zum Teil die Zwischenschütze und Zeitrelais der Schaltanlage. Die erstgenannten, weil die Walzenkontakte mechanisch so kräftig sind, daß sie eine größere Schaltleistung als die der Relais, die zu ihrer Weitersteuerung benutzt

werden, aufweisen. Zeitrelais werden dadurch ersetzt, daß zwei zeitlich
nacheinander erfolgende Schaltvorgänge durch zwei Segmente der Steuerwalze betätigt werden, die mechanisch so weit voneinander entfernt sind,
daß der von der Steuerwalze zwischen der ersten und der zweiten Betätigung zurückgelegte Weg der verlangten Verzögerung entspricht. Was
ihren mechanischen Aufbau anbetrifft, so ist die Steuerwalze ein einfaches
und zuverlässiges Organ. Sie besteht aus einem Motorantrieb und einer
Welle mit den einzelnen auf ihr befestigten Kontaktsegmenten. Die
Abb. 62 zeigt die Steuerwalze einer größeren Maschinenanlage.

20. Der motorischen Steuerwalze verwandte Lösungen.

Die Anwendung der Mehrstufenzeitrelais.

Im Laufe der Entwicklung wurden die selbsttätigen Steueranlagen
sehr stark vereinfacht. Anlagen, die so verwickelt sind, daß man durch
Anwendung einer motorischen Steuerwalze in die vielen Betätigungsstromkreise Übersicht bringen muß, sind nur selten. Trotzdem wurden
die Aufgaben und das Wesen der motorischen Steuerwalze eingehend
geschildert, weil diese Schildung grundsätzlich lehrreich ist und weil in
der Zwischenzeit einfachere Anordnungen durchgebildet wurden, die
die Eigenschaften einer motorischen Steuerwalze aufweisen, deren Auf-
gabenbereich aber gegenüber dem einer motorischen Steuerwalze stark
vereinfacht ist.

Hierher gehört die Verwendung von Mehrstufenzeitrelais
für die Abwicklung von Steuervorgängen. Dabei handelt es sich um
ein Zeitrelais, das mit mehreren, beispielsweise drei Kontakten ausgerüstet ist, die aber nicht gleichzeitig, sondern in bestimmten Zeitabständen nacheinander geschlossen werden. Die Schaltfolge spielt sich
dann so ab, daß (Stromkreis 1 des Schaltfolgenbildes 63) durch ein
Betätigungsorgan 1 die Spule eines Dreistufenzeitrelais 2 betätigt wird.
Hierauf beginnt das Zeitrelais zu laufen, und zwar handelt es sich jetzt
um die erste Zeitstufe, die 10 s dauern möge. Nach Ablauf dieser ersten
Zeitverzögerung schließt im Stromkreis 2 des Schaltfolgenbildes ein
Kontakt $a1$ des Relais 2 den Stromkreis irgendeines Schaltorganes 3.
Hiermit hat das Dreistufenzeitrelais die erste seiner Aufgaben erledigt.
Durch einen Kontakt $3b$ im Stromkreis 1 wird das Dreistufenzeitrelais 2
nach Ablauf seiner ersten Verzögerungszeit wieder stillgesetzt. Im Anschluß an die Betätigung des Organes 3 spielen sich jetzt irgendwelche
Vorgänge ab, es wird z. B. das Einlaßorgan einer Turbine geöffnet. Ist
dieser Vorgang beendet, dann wird durch einen Kontakt X an dem geöffneten Einlaßorgan der Spulenstromkreis des Dreistufenzeitrelais 2
erneut geschlossen, d. h. dieses Zeitrelais beginnt erneut zu laufen, und
zwar läuft jetzt die zweite Verzögerungszeit ab, die beispielsweise 5 s
dauern möge. Nachdem das Dreistufenzeitrelais in seiner zweiten Stufe

angekommen ist, schließt es seinen Kontakt $a2$ im Stromkreis 4 und dieser betätigt ein Steuerorgan 4. Hierauf spielt sich irgendein Schaltvorgang ab und wenn dieser beendet ist, schließt der Kontakt y, der, wie Stromkreis 5 zeigt, das Zeitrelais 2 wiederum an Spannung legt. Es läuft nun die dritte Zeitstufe ab und das Dreistufenzeitrelais 2 schließt seinen Kontakt $a3$.

Man sieht also, daß hier durch ein Relais mit drei Zeitstufen drei zuverlässig gegeneinander verriegelte Steuervorgänge eingeleitet werden

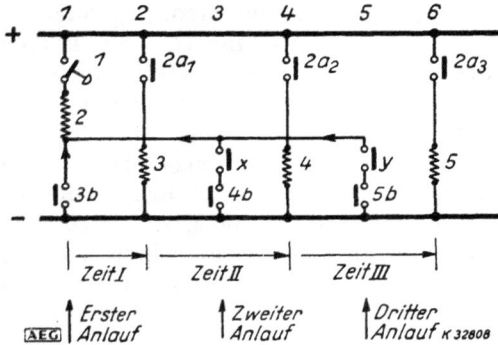

Abb. 63. Steueranordnung unter Verwendung eines Dreistufen-Zeitrelais.

können. Die Verriegelung ist deshalb einwandfrei weil niemals die Kontakte $a1$, $a2$ und $a3$ des Dreistufenzeitrelais 2 gleichzeitig geschlossen sein können. Vielmehr können sie nur nacheinander und in bestimmten Zeitabständen geschlossen werden.

Als Beispiel für die Anwendung dieser Schaltung, die weitgehend die Eigenschaften einer Steueranordnung mit motorischer Steuerwalze aufweist, sei folgender Fall geschildert:

Ein Maschinensatz, bestehend aus Turbine, Generator und Pumpe, soll in drei verschiedenen Betriebsarten laufen: Erstens als Turbinengeneratorsatz, zweitens als Phasenschiebersatz und drittens als Motorpumpensatz, wobei der Generator als Motor verwendet wird. Handelt es sich nun darum, von einer Betriebsart, beispielsweise vom Turbinengeneratorbetrieb in den Motorpumpenbetrieb überzugehen, dann müssen etwa drei Steuervorgänge nacheinander eingeleitet werden. Erstens muß die Turbine geschlossen werden. Zweitens müssen die Hilfseinrichtungen der Pumpe in Betrieb genommen und drittens müssen die Abschlußorgane der Pumpe geöffnet werden. Diese drei Steuervorgänge können in der oben geschilderten Weise zuverlässig durch ein Dreistufenzeitrelais gesteuert werden.

Ähnlich verhält es sich, wenn von Pumpenbetrieb auf Turbinenbetrieb übergegangen werden soll. Dann müssen die Hilfsorgane der

Pumpe stillgesetzt, die Einlaßorgane der Pumpe geschlossen und die Einlaßorgane der Turbine geöffnet werden. Zur Erledigung dieser drei Aufgaben kann ein zweites Dreistufenzeitrelais in Wirkung treten.

Eine solche Schaltung weist im Vergleich mit einer gewöhnlichen selbsttätigen Relaisschaltung, d. h. einer Steuerung ohne Verwendung eines schaltwalzenartigen Überwachungsorganes, die betriebstechnisch wertvollen Eigenschaften auf, die man bei Anwendung der motorischen Steuerwalze erzielt. Beispielsweise erkennt man aus der Lage der beiden erwähnten Dreistufenzeitrelais, an welcher Stelle die Steuervorgänge nicht mehr weiter fortgeschritten sind, wenn irgendein Schaltfehler den richtigen selbsttätigen Ablauf verhindert. So können komplizierte Maschinensätze, die in verschiedenen Betriebsarten arbeiten müssen (hierher gehören z. B. in erster Linie Perioden-Umformersätze und Wasserkraft-Pumpspeicherwerke) in ganz ähnlicher Weise gesteuert werden, als ob eine motorische Steuerwalze vorhanden wäre. Im Vergleich mit der motorischen Steuerwalze bringt die Anwendung von Mehrstufenzeitrelais den Vorteil mit sich, daß sich diese Relais leicht und übersichtlich auf einer Schalttafel anordnen lassen, so daß die Leitungsverlegung für die Steuerleitungen einfacher wird als bei Anwendung einer motorischen Steuerwalze.

a) Die Verwendung des Schaltwalzenanlassers großer Maschinensätze für die Aufgaben der motorischen Steuerwalze.

In einigen Fällen ergibt die Vereinigung des für das Anlassen eines großen Maschinensatzes notwendigen Schaltwalzenanlassers mit einer Steuerwalze für die Betätigung der übrigen Teile der Schaltanlage eine ganz besondere Einfachheit und Betriebssicherheit der Gesamtanlage. Als Beispiel sei der rotierende Frequenzumformer erwähnt, der häufig aus einem Asynchronmaschinensatz auf der einen Netzseite und aus einem Synchronmaschinensatz auf der anderen Netzseite besteht. Im allgemeinen wird ein solcher Frequenzumformer von der Asynchronseite aus hochgefahren und zu diesem Zweck wird ein, im Rotorstromkreis des Maschinensatzes liegender Schaltwalzenanlasser S verwendet (Abb. 64). Es ist nun leicht möglich, den Anlasser außer zu seiner Aufgabe der Kurzschließung der Anlaßwiderstände auch für die Steuerung derjenigen Schaltvorgänge zu verwenden, die mit dem Maschinenanlauf im Zusammenhang stehen. So müssen z. B. in der Schaltung nach Abb. 64 die Schalter *1* bis *6* vor, während oder nach dem Laufen der Anlasserschaltwalze S in ganz bestimmter Weise und Reihenfolge ein- oder ausgeschaltet werden. Dabei sind verschiedene Anordnungen möglich. Bekanntlich arbeitet ein solcher Schaltwalzenanlasser so, daß der Motorantrieb zwischen einer Stufe und der jeweiligen nächsten Stufe längere Zeit läuft und daß dann plötzlich ruckweise die Kontaktwalze auf die nächste Stufe übergeschaltet wird. Die schaltungstechnischen Steuervorgänge, von denen oben die Rede war, können nun beispielsweise in der Zeit abgewickelt werden, die zwischen dem Fortschalten des Anlassers von einer Stufe auf die nächste Stufe verstreicht. Es ist aber auch möglich, vor Beginn des Anlaufens der Anlasserschaltwalze den Motorantrieb für die Steuerung von Schaltvorgängen zu benutzen und ebenso im Anschluß an die erfolgte Steuerung des Anlassers in seine Endstellung. Man erzielt hierdurch eine zuverlässige Verriegelung aller Schaltvorgänge gegeneinander und trotzdem eine einfache Gesamtanlage.

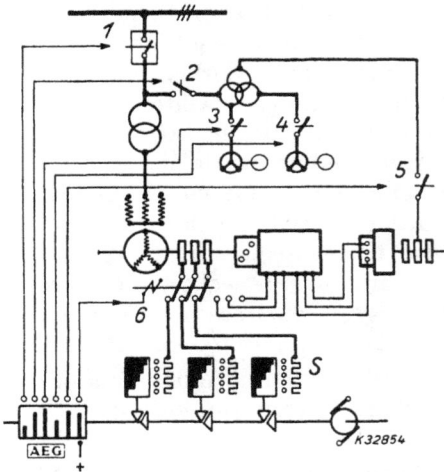

Abb. 64. Vereinigung der Steuersegmente einer selbsttätigen Anlage mit dem Maschinenanlasser.

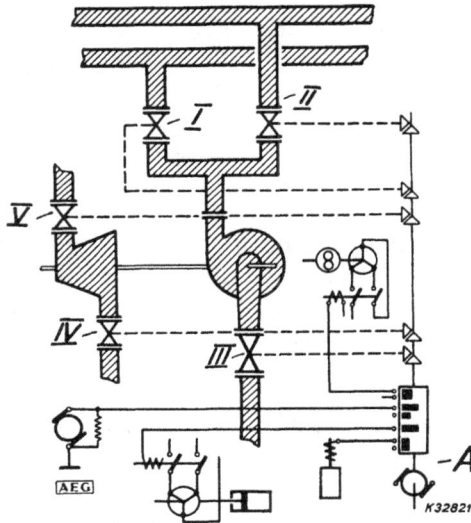

Abb. 65. Schaltwalze für die gleichzeitige Betätigung von elektrischen Schaltvorgängen und Ventilsteuerungen.

b) Die Verwendung einer Steuerwalze zur gleichzeitigen und zwangsläufigen Betätigung elektrischer Schaltvorgänge und mechanischer Ventil- oder Schiebersteuerungen.

Im Zusammenhang mit der zwangsläufigen Steuerung größerer Maschinenanlagen, insbesondere Dampfanlagen, kann die Verwendung einer Steuerung notwendig werden, die nach Abb. 65 arbeitet[1]). Die Schieber *I* bis *V* einer Pumpe und der dazugehörigen Antriebsturbine werden mechanisch in bestimmter Abhängigkeit voneinander geschlossen oder geöffnet und gleichzeitig werden durch den elektrischen Teil der Antriebseinrichtung *A* schaltungstechnische Steuervorgänge betätigt, die im Zusammenhang mit dem Gesamtanlaß- oder -abstellvorgang in bestimmter Reihenfolge und in einer bestimmten Abhängigkeit von den

---

[1]) Nach einem Vorschlag von E. Riecke.

einzelnen Schieberstellungen aufeinanderfolgen müssen. Der Sinn derartiger Anordnungen liegt in der absoluten Zwangsläufigkeit der Vorgänge.

21. Röhrenschaltungen.

Das Gebiet der Steuerrelais wird in letzter Zeit durch die Schaffung betriebstüchtiger Steuerröhren beträchtlich erweitert. Unter Steuerröhren sollen im folgenden »Hochvakuumröhren«, wie sie aus der Radiotechnik bekannt sind, und sog. »dampfgefüllte Entladungsröhren« verstanden werden. Durch ihre Einführung können neuartige steuerungstechnische Wirkungen erzielt werden.

In drei Punkten ist die Steuerröhre dem mechanischen Schaltrelais überlegen: Erstens können mit Steuerröhren außerordentlich kurzzeitige Vorgänge schaltungstechnisch sicher erfaßt werden, und zwar handelt es sich um Zeiten von Tausendstel-Sekunden, zweitens ist das Verhältnis der Steuerleistung zu der gesteuerten Leistung um einige Größenordnungen größer als beim mechanischen Relais. Ströme von $10^{-6}\,A$ können ohne Schwierigkeiten in Steuerströme von $0,1\,A$ verstärkt werden. Wesentlich ist auch der dritte Vorteil, der darin besteht, daß auch sehr kleine Ströme, wie sie beispielsweise in der photoelektrischen Zelle erzeugt werden, für technische Steuervorgänge ausgenutzt werden können. Wenn ein neuartiges Gerät so viele Vorzüge aufzuweisen hat, dann wird es sich ohne Zweifel durchsetzen können.

Damit soll aber nicht etwa gesagt sein, daß schon in naher Zukunft das mechanische Relais durch die Steuerröhre ersetzt werden wird. Es wurde im Abschnitt VII ausführlich geschildert, daß die mechanische Relaistechnik zu sehr einfachen Anordnungen entwickelt werden konnte und daß es gelungen ist, das einfache und robuste elektromagnetische Relais durch eine große Zahl schaltungstechnischer Kunstgriffe zu einem einfachen und sehr vielfältigen Steuermittel zu machen. Man sollte also nicht anstreben, an allen nur möglichen Stellen Röhren anzuwenden, sondern man sollte sie dort einsetzen, wo sie dem mechanischen Relais überlegen sind.

Dem folgenden, auf Betriebserfahrungen beruhenden Einwand gegen die unnötig häufige Verwendung von Röhren zu Schaltzwecken sollte man vorläufig Rechnung tragen: Die Verwendung von Quecksilberschaltkontakten (das sind Kontakte von mechanischen Relais, die aus einem teilweise mit Quecksilber gefüllten Glasröhrchen mit zwei eingeschmolzenen Anschlüssen bestehen) an Stelle der üblichen Kupferoder Silberkontakte hat zwar ergeben, daß diese Quecksilberkontakte sehr zuverlässig sind, daß man aber, falls doch einmal ein Versager vorkommt, immer wieder vor der Frage steht: Wie kann man durch Verbesserung der Betriebskontrolle einen solchen Fall verhüten?

Wird nämlich der Kontaktdruck, die Strombelastung und das Aussehen eines gewöhnlichen Kupferkontaktes in gewissenhafter Weise in bestimmten Zeitabschnitten nachgeprüft, dann ist ein Versagen desselben praktisch ausgeschlossen. Der Betriebsmann kann sich also durch gute Instandhaltung seiner Relaiskontakte ein Gefühl der Sicherheit verschaffen.

Anders liegen die Verhältnisse, wenn Quecksilber-Schaltkontakte vorhanden sind. Man kann sich hier nicht in gleicher Weise davon überzeugen, daß ein Kontakt in Ordnung ist und in Ordnung bleiben wird, denn ein Glasschaden oder eine Verschlechterung des Vakuums im Quecksilber-Schaltrohr kann ganz plötzlich und — was die Hauptsache ist — ohne Verschulden des Betriebsmannes auftreten. Man kann nichts weiter tun, als die beschädigte Schaltröhre durch eine neue ersetzen. Aber die Frage des Betriebsmannes: Was soll ich tun, um eine solche Störung in Zukunft unbedingt zu vermeiden? kann man nicht so klar und einfach beantworten, wie in dem Falle, in dem mechanische Kontakte versagt haben. Dort liegt entweder ein Bemessungsfehler oder eine schlechte Instandhaltung oder falsches Kontaktmaterial für die betreffende Stromstärke und Spannung als Anlaß für die Störung vor. Man kann also mit gutem Gewissen eine Kontaktverbesserung vorschlagen oder eine bessere Instandhaltung verlangen. Der Betriebsmann kann sich davon überzeugen, daß der Änderungsvorschlag richtig war, d. h. nach der Beseitigung bestimmter und klar erkennbarer Mängel ist die Angelegenheit in Ordnung gebracht.

Anders ist es, wenn ein Versagen eines Quecksilberkontaktes auftritt. Der Verfasser hat einige Male Gelegenheit gehabt, bei Versagen von mechanischen Kontakten und bei Störungen an Quecksilberkontakten die Frage nach der endgültigen Abstellung der Mängel beantworten zu müssen. Wenn es sich um einen mechanischen Kontakt gehandelt hat, war es immer leichter, die Bedenken des durch die Störung unsicher gewordenen Betriebsmannes zu zerstreuen, als wenn ein Quecksilberkontakt Anlaß zur Unzufriedenheit gab.

Obwohl der Quecksilberkontakt billiger ist bzw. eine billigere Herstellung des ganzen Relais ermöglicht als der Hartmetallkontakt, werden in selbsttätigen Anlagen fast nur Kupfer- oder Silberkontakte verwendet. Diese Erfahrungen können wohl mit Recht auch auf die Verwendung von Steuerröhren an Stelle von mechanischen Relais übertragen werden. Dieser Hinweis soll aber nur verhindern, daß Röhrensteuerungen für Zwecke verwendet werden, für die sich das mechanische Relais als völlig ausreichend und zweckmäßig erwiesen hat.

Das Anwendungsgebiet der Steuerröhren ist trotzdem sehr groß und wird mehr und mehr wachsen, wenn ihre Vorzüge richtig ausgewertet werden. Der Unterschied zwischen einer Hochvakuumröhre und einem dampfgefüllten Entladungsgefäß ist, um im Rahmen dieser Arbeit zu bleiben, ganz ähnlich wie der zwischen einem Drehspul-Regulierrelais, dessen Kontaktzunge auf alle kleinen Änderungen des Meßwertes reagiert, und einem elektromagnetischen Relais mit sehr großem Halteverhältnis, das bei Überschreiten eines bestimmten Meßwertes anspricht, das jetzt aber angezogen bleibt, bis es künstlich wieder abgeworfen wird. Aus Raummangel soll dieser Vergleich nicht im einzelnen durchgeführt werden. Seine Durchführung wäre aber leicht und überzeugend. Tatsächlich wird wohl auch die Entwicklung die sein, daß die H o c h v a k u u m r ö h r e in erster Linie für R e g e l z w e c k e verwendet wird, während das g a s g e f ü l l t e E n t l a d u n g s g e f ä ß als L e i s t u n g s v e r s t ä r k e r und als Zwischenrelais dienen wird.

22. Einige Eigenschaften der Hochvakuumröhren.[1])

Bei der Erläuterung der schaltungstechnischen Eigenschaften der Steuerröhren geht man wohl am besten von der Hochvakuumröhre aus, weil diese aus ihrer Verwendung in der Radiotechnik bekannt ist. In der vorliegenden Arbeit sollen nur diejenigen Gesichtspunkte besprochen werden, die für die Verwendung der Röhren für Schaltzwecke von besonderer Bedeutung sind.

Bei den elektromagnetischen Relais unterscheiden wir den Spulenstromkreis, der einen verhältnismäßig geringen Leistungsbedarf aufweist, von dem Kontaktstromkreis des Relais, der ein Vielfaches dieser Leistung zu schalten imstande ist.

Grob gesprochen wird bei der Steuerröhre die Aufgabe des Spulenstromkreises des Zwischenrelais von dem Gitterstromkreis übernommen, während der Anodenstromkreis der Röhre dem Kontaktstromkreis des Zwischenrelais entspricht (Abb. 66).

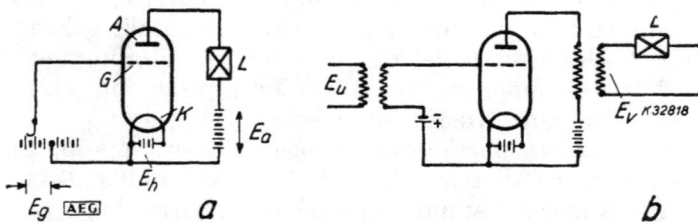

Abb. 66. Schaltung einer Hochvakuumröhre für Gleichstrom- und Wechselstrom-Verstärkung.

Die wichtigste Fähigkeit der Hochvakuumröhre besteht nun darin, daß durch Veränderung der Gitterspannung Eg der im Anodenstromkreis fließende Strom nach oben und nach unten fortlaufend geregelt werden kann, und zwar gleichgültig, ob an Gitter und Anode eine Gleichspannung oder eine Wechselspannung angeschlossen ist (Abb. 66 b).

---

[1]) Siehe: H. B a r k h a u s e n, »Elektronenröhren«, Verlag von S. Hirzel in Leipzig, vierte Auflage.

Die Abhängigkeit des im Anodenstromkreis fließenden Stromes von der Gitterspannung wird durch die bekannte Röhrenkennlinie festgelegt.

Um mit kleinen Gitterleistungen auszukommen, wird als Gittervorspannung Eg eine negative Spannung von wenigen Volt verwendet. Wenn man eine solche Steuerröhre als Regelrelais verwenden will, dann ist es im Grunde nur erforderlich, die Differenz zwischen dem Sollwert der konstant zu haltenden Spannung und dem augenblicklichen Wert derselben an das Gitter zu legen, dann fließt im Anodenstromkreis ein Strom, der der Abweichung der augenblicklichen Spannung von ihrem Sollwert entspricht. Dieser verstärkte Strom kann

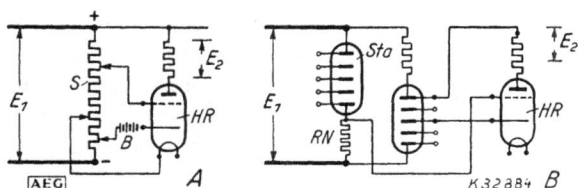

Abb. 67. Anordnungen zum Anschluß von Hochvakuumröhren für Regelzwecke.

dann in irgendeiner bekannten Weise dazu verwendet werden, ein Regelgerät im Sinne der Verminderung dieser Abweichung zu steuern.

Es kommt also darauf an, mit Hilfe einer besonderen Schaltanordnung die Differenz zwischen Sollwert und Istwert zu bilden, damit dieser Wert in Form einer Spannung dem Gitter der Hochvakuumsteuerröhre zugeleitet werden kann.

In der Abb. 67 sind einige Anordnungen aufgezeichnet, die die geschilderte Aufgabe erfüllen.[1])

Die Spannung E_1 sei eine selbsttätig konstant zu regulierende Gleichstrom- oder eine gleichgerichtete Wechselstromspannung. In der Schaltung A ist an diese Spannung ein Spannungsteiler S angeschlossen. Kathode und Gitter der Hochvakuumröhre HR sind so an eine Batterie B und einen Teil des Spannungsteilers S gelegt, daß sich beide Spannungen nahezu aufheben. Weicht die Spannung E_1 von ihrem Sollwert ab, dann entsteht eine kleine Spannungsdifferenz, die das Gitter der Röhre steuert. In den Anodenstromkreis der Röhre ist ein Widerstand gelegt, an dem eine der Spannungsdifferenz entsprechende, vielfach verstärkte Spannung E_2 auftritt. Die so entstandene Spannung kann nun, beispielsweise auf dem Umweg über die Gittersteuerung weiterer Röhren, für Regelzwecke ausgenutzt werden.

Eine ähnliche Schaltung zeigt die Abb. 67 B. Dort ist an die Spannung E_1 eine Brückenschaltung, bestehend aus Glimmteilern Sta und

---

[1]) »Schaltung zur genauen Gleichhaltung von Wechselströmen«, E. u. M. Wien 1932, Heft 8, S. 137. R. Reese, »Stromversorgung von Zählereichanlagen durch röhrengesteuerte Synchrongeneratoren«, ETZ. 1935, S. 1095 (Abb. 4).

normalen Widerständen RN angeschlossen. Diese Glimmteiler, die die Eigenschaft haben, daß der Spannungsabfall an ihren Entladungsstrecken konstant und praktisch unabhängig ist von dem sie durchfließenden Strom, übernehmen die Rolle der Batterie B in der Schaltung A[1]).

23. Einige Eigenschaften der dampfgefüllten Entladungsröhre.[2])

Im Vergleich mit den Eigenschaften einer solchen Hochvakuumsteuerröhre erscheint die dampfgefüllte Entladungsröhre auf den ersten Blick als ein sehr unvollkommenes Gerät. Man kann nämlich nicht, wie das bei der ersteren der Fall war, gleichgültig, ob ein Gleichstrom- oder ein Wechselstromkreis zu verstärken ist, den Anodenstrom willkürlich auf- und abwärtsregeln, sondern man kann durch richtige Betätigung des Gitterstromkreises der Röhre nur erreichen, daß die Röhre »zündet«, d. h. daß Anodenstrom zu fließen beginnt. Der Wert dieses Anodenstromes hängt nur von den Spannungs- und Widerstandsverhältnissen des Anodenstromkreises, nicht aber von der Gitterspannung ab. Relaistechnisch gesprochen kann man also mit einem dampfgefüllten Entladungsgefäß nichts weiter machen, als durch Betätigung des Spulenstromkreises eines Zwischen-Relais den Kontakt desselben zum Schließen zu bringen. Wenn der Anodenstrom einmal fließt, dann kann er durch Veränderungen der Gitterspannung nicht verändert oder gar zum Erlöschen gebracht werden. Man ist also gezwungen, wenn man den Anodenstrom zum Erlöschen bringen will, den Anodenstromkreis zu öffnen oder die Steuerröhre kurzzuschließen. Durch Veränderung der Gitterspannung kann man jetzt nur noch erreichen, daß die Röhre nicht von neuem zündet, wenn die Unterbrechung im Anodenstromkreis wieder beseitigt oder die Kurzschließung des Rohres wieder aufgehoben wird. Auf das elektromagnetische Relais übertragen heißt dies, daß das Zwischenrelais, nachdem es künstlich abgeworfen wurde, nicht wieder erneut anspricht.

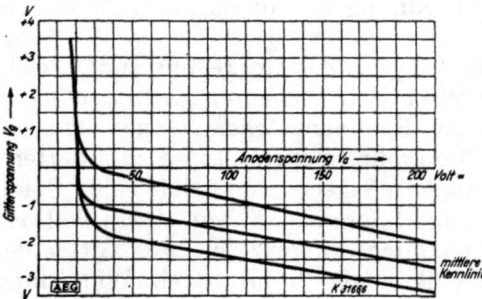

Abb. 68. Zündkennlinie von gittergesteuerten Entladungsröhren.

An die Stelle der Röhrenkennlinie der Hochvakuumröhre tritt gewissermaßen die Zündkennlinie des dampfgefüllten Entladungsgefäßes, die den Zusammenhang zwischen der Anodenspannung und der-

---

[1]) R. Seidelbach, »Das Glimmteile-Stromversorgungssystem«, E.T.Z. 1935, Heft 10, S. 299.

[2]) W. Kluge und H. Biebrecher, »Über die Schaltungen von Photozelle und gittergesteuerter Entladungsröhre«, ETZ. 1935, Heft 26, S. 731.

jenigen kritischen Gitterspannung angibt, bei der das Zünden der Röhren erfolgt. Die Zündkennlinie zerfällt in einen positiven und einen negativen Teil. Die mittlere Kurve zeigt beispielsweise (Abb. 68), daß bei einer Anodenspannung von 150 Volt die negative Gitterspannung mehr als 2 Volt sein muß, wenn ein Zünden des Rohres nicht erfolgen soll. Wird die negative Gitterspannung geringer als 2 Volt, dann zündet das Rohr. Ist die Anodenspannung eine Wechselspannung, d. h. verändert sich der an der Anode liegende Spannungswert nach einer Sinuslinie, dann gehört zu jedem Augenblickswert dieser Wechselspannung ein ganz bestimmter Augenblickswert der Gitterspannung, wenn die Zündung des Rohres verhindert werden soll. Dieser Zusammenhang geht für eine ähnliche Röhrentype aus der Abb. 69 hervor.

Wenn oben gesagt wurde, daß durch Anlegen einer bestimmten negativen Spannung die Röhre dadurch zum Erlöschen gebracht werden

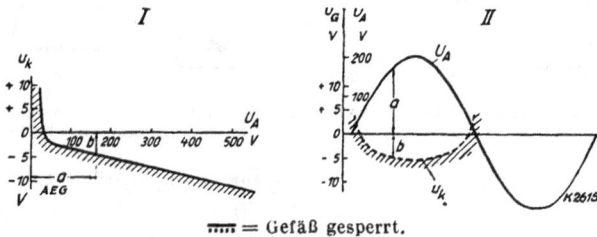

〜〜〜 = Gefäß gesperrt.

Abb. 69. Kritische Gitterspannung U_k beim Dampfentladungsgefäß, wenn eine Wechselspannung U_A an den Anodenkreis gelegt wird.

kann, daß der Anodenstromkreis vorübergehend geöffnet wird, so geht daraus hervor, daß, wenn im Anodenstromkreis ein Wechselstrom fließt, der ja von Natur aus in jeder Halbperiode einmal durch Null hindurchgeht, sehr wohl eine Steuerung auch mit dem dampfgefüllten Entladungsgefäß erzielt werden kann, indem durch die Höhe der negativen Gitterspannung derjenige Punkt bestimmt wird, in dem bei j e d e r H a l b p e r i o d e d i e R ö h r e z u m Z ü n d e n k o m m t. Von dieser Eigenschaft wird aber bei Verwendung der Röhren als Steuerrelais weniger Gebrauch gemacht; vielmehr wird diese Steuermöglichkeit in erster Linie verwendet, wenn es sich um die Regulierung von Gleichrichteranlagen handelt. Bekanntlich sind auch Quecksilberdampf-Gleichrichter dampfgefüllte Entladungsgefäße (siehe Abschnitt XI).

24. Relaisschaltungen mit Röhren.

Im folgenden sollen nun einige Schaltungen angedeutet werden, aus denen die Verwendung des dampfgefüllten Entladungsgefäßes (im folgenden kurz »D.E.« genannt) als Überstromrelais, Unterspannungsrelais und als Zwischenrelais im Sinne eines Leistungsverstärkers hervorgeht[1]).

Die Überstrom-Relaisschaltung ist sehr einfach (Abb. 70). Die negative Gitterspannung Eg wird so gewählt, daß die Röhre nicht zündet, d. h. in dem Stromkreis einer Schalterauslösespule A kein Strom fließt. In den Stromkreis der negativen Gitterspannung ist nun noch die von einem Stromwandler St erzeugte Spannung E eingefügt. So lange diese Spannung E so niedrig ist, daß die Reihenschaltung dieser Spannung mit der negativen Gitterspannung Eg noch hinreichend negativ ist, zündet das D.E. nicht. Im Augenblick einer bestimmten Überschreitung des im Stromwandler fließenden Stromes wird die Spannung E einen

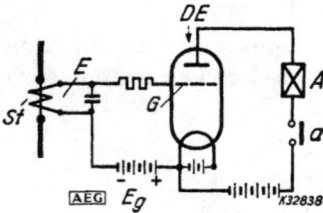

Abb. 70. Dampfgefüllte Entladungsröhre als Überstromrelais geschaltet.

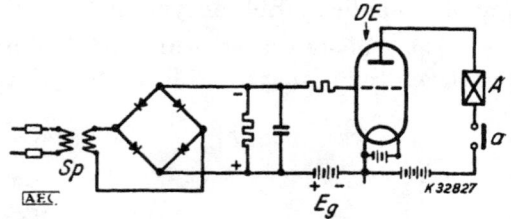

Abb. 71. Dampfgefüllte Entladungsröhre als Unterspannungsrelais geschaltet.

so großen Wert annehmen, daß das Gitter G gegenüber seiner Kathode eine Spannung erhält, die oberhalb der kritischen Zündspannung liegt. Hierauf zündet die Röhre. Es fließt jetzt ein Strom über die Auslösespule A mit dem Erfolg, daß der Ölschalter ausgeschaltet wird. Hierauf öffnet ein im Anodenstromkreise liegender Kontakt a, der die Aufgabe hat, die Röhre wieder zum Erlöschen zu bringen.

Wenn es sich um die Aufgabe handelt, das D.E. als Unterspannungsrelais zu verwenden, dann kann dies gemäß Abb. 71 einfach dadurch geschehen, daß die von einer Batterie gelieferte Gittervorspannung Eg im Gegensatz zu der soeben erläuterten Schaltung positiv gewählt wird. Wenn nur diese Gitterspannung vorhanden wäre, dann würde also die Röhre sofort zünden. Dieser positiven Gittervorspannung ist nun aber eine Spannung entgegengeschaltet, die um einen solchen Wert größer ist als die erwähnte positive Spannung, daß im normalen Betriebe die Röhre nicht zündet. Nimmt nun die dem Spannungswandler Sp entnommene, gleichgerichtete und der positiven Gitterspannung entgegen geschaltete Spannung ab, dann kommt die positive Gitterspannung zur Wirkung, die kritische Zündspannung wird überschritten und die Röhre schickt ihren Anodenstrom durch die Auslösespule A. Die Auslösung des Schalters erfolgt. Die Unterbrechung des Anodenstromkreises wird wieder wie oben durch den Kontakt a bewerkstelligt.

---

[1]) Siehe: R. Wideroe, »Thyratron-Tubes in Relay Practice«, El. Engg. Vol. 53, 1934, S. 1347.

25. Photozellensteuerungen.

Als Beispiel für die Verwendung des D.E. als Zwischenrelais soll die Schaltung Abb. 72[1]) erläutert werden, die den Zusammenhang zwischen einer Photozelle P_z, der dampfgefüllten Entladungsröhre T und einem im Anodenstromkreis liegenden, elektrisch zu steuernden Organ L darstellt.

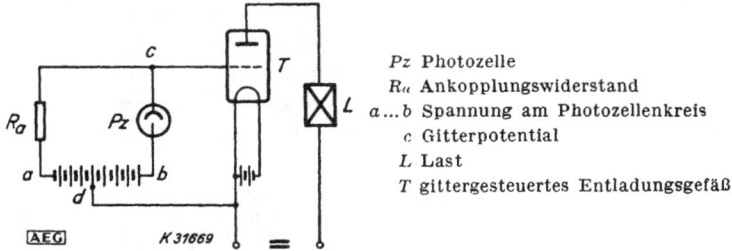

Pz Photozelle
R_a Ankopplungswiderstand
$a...b$ Spannung am Photozellenkreis
c Gitterpotential
L Last
T gittergesteuertes Entladungsgefäß

Abb. 72. Einfache Photozellensteueranordnung.

Die photoelektrische Zelle ist eine mit Edelgas von geringem Druck gefüllte Röhre, in der das auf die Kathode auffallende Licht Ströme erzeugt, die zur Betätigung des Gitters des D.E. ausreichend sind, obwohl sie nur $10^{-6}...10^{-8}$ A betragen. Die Vorgänge in der Schaltung nach Abb. 72 spielen sich in der folgenden Weise ab:

So lange die Photozelle nicht genügend stark beleuchtet ist, ist die Gitterspannung, die der Batterie d bis a entnommen wird, so stark negativ, daß die Röhre nicht zündet. Wird die Photozelle P_z beleuchtet, dann erzeugt sie einen photoelektrischen Strom, der den Punkt c und damit das Gitter der Röhre T so stark positiv macht, daß die Röhre zündet.

Bei dem geschilderten Beispiel handelt es sich um einen konstanten Lichtstrom, der die Photozelle steuert. In der Abb. 74 ist der Anwendungsfall für eine Schaltung dargestellt, bei der nur sehr kurz andauernde

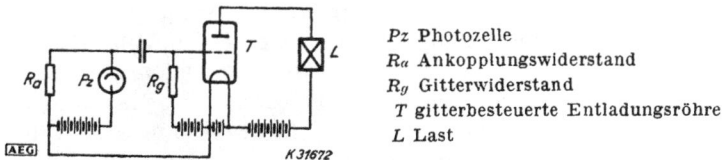

Pz Photozelle
R_a Ankopplungswiderstand
R_g Gitterwiderstand
T gitterbesteuerte Entladungsröhre
L Last

Abb. 73. Gleichstromschaltung zur Erfassung von kurzzeitigen Lichtimpulsen.

Lichtimpulse für die Betätigung der Photozelle zur Verfügung stehen. Sie werden durch einen kleinen Spiegel S, der auf der schnell umlaufenden Maschinenwelle befestigt ist, erzeugt und haben eine Dauer von nur einer Hundertstel Sekunde. Hier ist es nötig, daß die Entladung der

---

[1]) Von Kluge und Briebrecher. ETZ 1935, Heft 26, S. 731.

durch den kurzen Lichtimpuls gezündeten Entladungsröhre T weiter bestehen bleibt, bis durch eine Maßnahme von außen (Ansprechen eines mechanischen Relais R) der Anodenstromkreis wieder unterbrochen wird. Die Photozellensteuerung (Abb. 73) arbeitet in der folgenden Weise:

Über den Vorwiderstand Rg ist das Gitter des D.E. an eine negative Spannung von solchem Wert gelegt, daß eine Zündung desselben nicht einsetzen kann. Ein kurzer Lichtimpuls (es genügt eine Dauer von 0,001 bis 0,0001 s) veranlaßt die Photozelle P_z einen Spannungsstoß zu liefern, der durch den Ankopplungskondensator übertragen wird und sich der negativen Sperrspannung überlagert. Hierdurch zündet

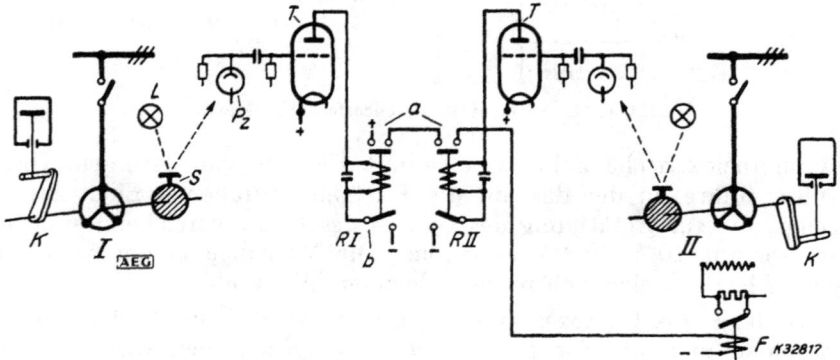

Abb. 74. Vereinfachtes Schaltbild der Fotozellensteuerung für die Einsteuerung von Synchronmotoren mittels Fotozelle.

die Entladungsröhre T, die erst nach Unterbrechen des Anodenstromkreises wieder erlischt. Die praktische Anwendung einer derartigen Schaltung soll jetzt geschildert werden (Abb. 74):

Zwei große Synchronantriebsmotore I und II für 2 Gaskompressoren sollen so in Betrieb genommen werden, daß zur Vermeidung unerwünschter Fundament- und Gebäudeschwingungen die Antriebskurbeln K der beiden Kompressoren in einem bestimmten Winkel zueinander stehen. Auf den beiden Maschinenwellen sind die Spiegel S befestigt, die von einer Lampe L angeleuchtet werden und in einer bestimmten Stellung einen kurzen Lichtstrahl auf die Photozelle P_z werfen. Hierdurch wird ein Spannungsstoß erzeugt, der, wie dies oben erläutert wurde, das Entladungsgefäß T zum Zünden bringt. Das dazugehörige Relais $R\,I$ oder $R\,II$ spricht an. Wenn die beiden Maschinenwellen bei ihrem Umlauf in die gewünschte gegenseitige Stellung gelangen, dann sprechen die beiden Relais R gleichzeitig an und ihre Kontakte a schließen den Einschaltbetätigungs-Stromkreis des Feldschützes F der anlaufenden Maschine II. Auf diese Weise wird diese Maschine in einem bestimmten Augenblick in Tritt gezogen und die beiden Maschinen laufen jetzt mit einer bestimmten gegenseitigen Winkellage ihrer Antriebskurbeln K. Das Erlöschen der beiden Entladungsgefäße T erfolgt durch Abschaltung der Anodenstromkreise, indem die Kontakte b der Relais R bei deren Ansprechen sich öffnen.

VIII. Die Aufbauelemente neuzeitlicher Steueranlagen.

1. Einleitung.

Im Laufe der Entwicklung der selbsttätigen Steueranlagen wurden viele Spezialgeräte entwickelt, die eine Vereinfachung des gesamten Aufwandes gegenüber den früheren Ausführungen möglich machten. Ursprünglich war man gezwungen, mit den normalen Relais zu arbeiten und es entstanden verhältnismäßig verwickelte Kombinationen normaler Geräte. Ein Beispiel ist das Wiedereinschaltrelais, das etwa 5 schaltungstechnische Aufgaben erledigt und an dessen Stelle vor seiner Entwicklung etwa 4 bis 5 Relais verwendet wurden.

Ein wichtiges Gerät ist der Hilfskontakt, der an Leistungsschaltern, Trennschaltern, hydraulischen Steuerorganen usw. angebracht wird, und der Verriegelungen vorzunehmen oder Steuerungen durchzuführen hat. Ursprünglich wurden hier die gewöhnlichen Signalkontakte verwendet, die entwickelt waren für die Stellungsrückmeldung von Ölschaltern und die ursprünglich nur die Aufgabe hatten, Signallampen-Stromkreise zu steuern. Es hat sich aber bald gezeigt, daß mit diesen verhältnismäßig schwach gebauten Einrichtungen keine Verriegelungs- und Steueranordnungen gebaut werden konnten, bei denen das Wohl und Wehe einer Steuerung von der Zuverlässigkeit dieser Kontakte abhängt.

Dem Schaltungstechniker, der heute eine selbsttätige Steueranordnung aufzubauen hat, steht eine große Zahl von Geräten zur Verfügung, die robust und kräftig ausgeführt sind und von denen man sagen kann, daß bei einigermaßen guter Wartung mit Versagern nicht gerechnet zu werden braucht.

Das wichtigste Organ ist das Relais.

2. Das Relais.

Hier kann man unterscheiden zwischen denjenigen Relais, die aus dem Meßinstrumentenbau übernommen worden sind und den gewöhnlichen Zwischenrelais, deren Formen im neuzeitlichen Meßinstrumentenbau nicht mehr verwendet werden.

a) Das nach Art der Meßgeräte aufgebaute Relais.

Man kann diese einteilen in die sog. »Kontaktvoltmeter« oder »Kontaktamperemeter« und in Relais, die zwar aus dem Meßinstrumentenbau stammen, deren Aufbau und deren Drehmoment aber mit Rücksicht auf die Verwendung des Gerätes verändert und verstärkt wurden. Die Abb. 75 zeigt ein Kontaktvoltmeter verhältnismäßig kräftiger Ausführung. Ursprünglich wurden zu diesem Zweck ganz gewöhnliche Meßgeräte verwendet, die mit einem Silberkontakt ausgerüstet wurden. Der Kontaktdruck dieser Geräte war verhältnismäßig gering und man kann wohl sagen, daß diese etwas schwachen Kontaktmeßgeräte heute ihre Bedeutung verloren haben. An ihre Stelle sind die weiter unten erläuterten Relais getreten, die einen außerordentlich großen Kontaktdruck aufweisen und die nicht so empfindlich sind gegen Erschütterungen. Man hat zwar mit einigen Kunstschaltungen versucht,

Abb. 75. Kontaktvoltmeter mit einem verhältnismäßig kräftigen Betätigungskontakt.

Abb. 76. Verstärktes, meßinstrumentenartig aufgebautes Relais.

den Kontaktdruck der Kontaktmeßgeräte zu verstärken, aber im Betriebe haben sie sich nicht besonders gut bewährt.

Im Gegensatz hierzu sind Relais, wie sie beispielsweise in der Abb. 76 wiedergegeben sind, sehr betriebssicher. Sie enthalten die Aufbauelemente von Meßgeräten, insbesondere die von registrierenden Meßeinrichtungen, und sind mit ganz besonderen Kontaktvorrichtungen ausgerüstet. Die meisten derartigen Relais sind entweder Drehspulrelais, d. h. solche, bei denen die vom Meßstrom durchflossene Drehspule in einem permanenten Magnetsystem spielt, oder Induktionsrelais, die aus einer Triebscheibe mit elektrischen Triebsystemen zusammengesetzt sind (Ferraris-Geräte). Diese werden als wattmetrische, blindwattmetrische oder als cos q-Relais verwendet.

In einer etwas anderen Schaltung können sie als Differenzrelais benutzt werden, indem die Drehmomente der beiden Triebsysteme gegeneinander geschaltet sind. Es gibt Differenzspannungsrelais und Differenzleistungsrelais, die nach diesem System gebaut sind.

Auch Frequenzregulierrelais können als Induktionsgeräte ausgeführt sein, und zwar im Anschluß an besondere Resonanzkreise.

Die oben geschilderten wenigen Ausführungsformen sind heute wohl fast die einzigen Relais, die aus dem Meßinstrumentenbau übernommen sind.[1]) Es wurde bereits erläutert, daß man für den Aufbau von selbsttätigen Steueranlagen nach Möglichkeit das robustere elektromagnetische Relais den oben erläuterten Geräten vorzieht.

b) Das elektromagnetische Relais.

Die Schaltungen, die verwendet werden, um das elektromagnetische Relais möglichst allgemein anwenden zu können, wurden im Abschnitt VII ausführlich geschildert. Hier sollen einige allgemeine Eigenschaften des elektromagnetischen Relais besprochen werden.

Die wichtigste Eigenschaft ist sein großer Kontaktdruck, der es ermöglicht, mit einem einzigen Relaisanker viele Kontakte großer Leistung zuverlässig zu steuern.

Eine Größe, die bezüglich der Anwendbarkeit des elektromagnetischen Relais eine ausschlaggebende Rolle spielt, ist das sog. »Halteverhältnis«.

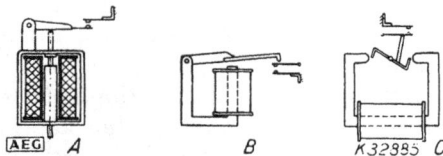

Abb. 77. Verschiedene Formen des elektromagnetischen Relais.
a) Das Tauchankerrelais.
b) Das Klappankerrelais.
c) Das Drehankerrelais.

Darunter ist das Verhältnis zu verstehen zwischen den Amperewindungen, bei denen ein solches Relais anzieht, und den Amperewindungen, bei denen es wieder abfällt. Dieser Faktor kann den Wert 10 annehmen, es gibt aber auch Relaisformen, bei denen dieser Faktor den Wert 1,01 aufweist. Man unterscheidet (Abb. 77) das Tauchankerrelais A, das Klappankerrelais B und das Drehankerrelais C. Die Ursache für das mehr oder weniger große Halteverhältnis eines solchen Relais besteht darin, daß der magnetische Fluß im angezogenen Zustande des Relaisankers viel größer ist als im abgefallenen Zustande, weil im einen Fall der magnetische Fluß keinen Luftspalt mehr zu überwinden hat, während im anderen Fall

---

[1]) Wenn man von Schutz-Relais absieht, von denen hier nicht die Rede sein soll.

der Luftspalt verhältnismäßig groß ist. Das Halteverhältnis ist dem Unterschied zwischen dem Fluß im angezogenen Zustand und dem Fluß im abgefallenen Zustand proportional.

Wenn man ein derartiges elektromagnetisches Relais untersucht, dann kann man schon an dem gesamten Aufbau erkennen, ob es ein großes oder ein kleines Halteverhältnis haben wird. Ein Relais, dessen Anker im abgefallenen Zustand im Gegensatz zum angezogenen Zustand einen verhältnismäßig großen Luftweg zwischen Anker und Kern aufweist, hat ein großes Halteverhältnis und ein Relais, dessen magnetische Verhältnisse durch das Anziehen oder Abfallen des Relaisankers nur wenig verändert werden, hat ein kleines Halteverhältnis.

Wenn man ein Relais mit einem großen Halteverhältnis in ein solches mit einem kleinen Halteverhältnis abändern will, dann kann man beispielsweise so vorgehen, daß man parallel zu der Luftstrecke, die der magnetische Fluß im abgefallenen Zustand des Relaisankers zu überwinden hat, einen Eisenweg (einen magnetischen Nebenschluß) schafft, der bei abgefallenem und bei angezogenem Relaisanker immer in der gleichen Weise vorhanden ist. Man erreicht dadurch, daß die Flußänderung durch das Anziehen des Relaisankers nur gering ist.

Die Tauchanker- und Klappankerrelais weisen in der Praxis meistens ein Halteverhältnis von 2 oder 1,5 auf, d. h. wenn ein solches Relais bei 200 Volt anzieht, dann fällt es erst wieder ab, wenn die Spannung auf 100 Volt abnimmt bzw. wenn das Relais bei einem Strom von 150 Amp. anzieht, dann fällt es erst wieder ab, wenn dieser Strom auf den Wert 100 Amp. abnimmt.

Für sehr viele Betriebsfälle sind elektromagnetische Relais mit so großem Halteverhältnis nicht anwendbar. Man kann sich durch Kunstschaltungen helfen, die im Abschnitt VII 4, 5 ausführlich erläutert sind.

Ein sehr kleines Halteverhältnis weist das elektromagnetische Drehankerrelais auf, dessen beweglicher Anker so angeordnet ist, daß im angezogenen und abgefallenen Zustand des Relais praktisch dieselben elektromagnetischen Verhältnisse vorhanden sind. Man kann derartige Relais mit einem Halteverhältnis von 1,05 bauen. Es ist möglich, mit diesem elektromagnetischen Relais einfache Regulierungsaufgaben zu erfüllen, für die man früher Kontaktvoltmeter verwendet hat. [1]

c) Das Zeitrelais

Ein sehr wichtiges Gerät ist das Zeitrelais, das die Aufgabe haben kann, zwei aufeinanderfolgende Schaltvorgänge zeitlich gegeneinander zu verzögern oder Anlaßvorgänge von Maschinen zeitlich zu überwachen usw. Hier gibt es eine Fülle von Ausführungsmöglichkeiten und in den letzten Jahren wurden einige einfache Geräte gebaut. Grundsätzlich

---

[1] G. Meiners, »Ein Regulierverfahren für gittergesteuerte Glas- und Eisengleichrichteranlagen«, E. u. M. Wien 1932, Heft 38 u. 39.

unterscheidet man zwischen Zeitrelais, die eine Anzugs- und solchen, die eine Abfallverzögerung haben, d. h. zwischen Relais, deren zeitverzögerndes Element dann in Tätigkeit tritt, wenn die Relaisspule betätigt wird, oder dann, wenn die Relaisspule stromlos wird. Es gibt auch Relais, die eine Anzugsverzögerung und eine Abfallverzögerung aufweisen. Wenn es sich beispielsweise darum handelt, den nächsten Gleichrichtersatz einzuschalten, wenn der vorhergehende überlastet ist, dann pflegt man die Inbetriebsetzung des zweiten Gleichrichtersatzes auf dem Umweg über ein Zeitrelais vorzunehmen, damit diese Inbetriebsetzung nicht schon bei sehr kurzen Belastungsspitzen stattfindet. Bei einem solchen Zeitrelais ist es nun wichtig, ob es bei Ausbleiben des Betätigungsimpulses sofort wieder in seine Nullstellung zurückfällt und wieder von vorn anlaufen muß oder ob es nur langsam wieder zurückfällt. Diese letztere Anordnung ist den thermischen Verhältnissen des Gleichrichtersatzes besser angepaßt, denn jede Überlastungsspitze bringt eine gewisse Erwärmung des Gleichrichters mit sich, der ein Zeitrelais besser entspricht, das neben einer Anzugsverzögerung auch eine Abfallverzögerung hat.

Es gibt auch sog. »summierende Zeitrelais«, die jedesmal ein Stück weiterlaufen, wenn sie von außen betätigt werden, und die ihren Kontakt nicht nur schließen, wenn sie ununterbrochen so lange betätigt werden, wie dies ihrer Zeiteinstellung entspricht, sondern auch dann, wenn diese Betätigung mit Unterbrechungen erfolgt.

Was die Verzögerungseinrichtungen von Zeitrelais anbetrifft, so muß man unterscheiden zwischen Relais, bei denen es auf eine genaue Einhaltung der Zeit ankommt, und zwischen solchen, die nur für eine gewisse Verzögerung zwischen zwei Schaltvorgängen zu sorgen haben, ohne daß es dabei auf Genauigkeit ankommt. Als Verzögerungselemente werden Pendelhemmwerke, Windflügel oder Uhrwerke verwendet. Das Luftpumpenrelais, das so arbeitet, daß beim Ansprechen ein Kolben bewegt wird, der aus einem kleinen Luftbehälter langsam die Luft verdrängt, hat häufig zu Versagern Anlaß gegeben, beispielsweise dann, wenn die Luftaustrittöffnung verschmutzt war.

Eine einfache Lösung zur Erzielung einer Zeitverzögerung besteht auch darin, daß man mit Hilfe des Betätigungsstromes ein Heizelement erwärmt, ähnlich wie dies bei den thermischen Auslösern von Motorschutzschaltern der Fall ist, und daß dieses Zeitelement nach einer bestimmten Zeitdauer eine Verklinkung auslöst, die einen Kontakt schließt[1]. Dies sind die sog. »thermischen Zeitrelais«, die ganz besonders einfach und betriebssicher sind, die man aber nur dann verwenden sollte, wenn es nicht auf Genauigkeit ankommt, und wenn der Nachteil derartiger Zeitrelais keine Rolle spielt, daß nach erfolgtem Ansprechen das Relais erst wieder abkühlen muß, bevor es von neuem wieder ver-

---

[1] Siehe Abb. 92.

wendet werden kann. Es gibt sehr viele Schaltungen, bei denen dieser Nachteil keine Rolle spielt.

Eine verhältnismäßig einfache Lösung besteht auch darin, daß man als Zeitelement irgendein elektromagnetisches Zwischenrelais verwendet, in dessen Spulenstromkreis ein Widerstand mit negativem Temperaturkoeffizienten liegt. Beispielsweise wurden sog. »Urdox-Widerstände« entwickelt, das sind Widerstände aus Uran-Dioxyd, die im ersten Augenblick der Betätigung einen sehr großen Widerstand aufweisen, der aber nach einiger Zeit auf einen geringen Bruchteil abnimmt. Die Gesamtanordnung wird nun so bemessen, daß im kalten Zustand des im Spulenstromkreis liegenden Widerstandes die Zwischenrelaisspule nur einen so geringen Strom bekommt, daß das Relais nicht ansprechen kann. Nach einiger Zeit erwärmt sich dann der Vorwiderstand, was zur Folge hat, daß sein Widerstandswert auf einen geringen Bruchteil abnimmt. Hierdurch wächst der im Spulenstromkreis fließende Strom und das Zwischenrelais zieht an. Es gibt derartige Widerstände mit negativem Temperaturkoeffizienten, die beispielsweis im kalten Zustand einen Widerstand von 50 Ohm und in erwärmtem Zustand einen solchen von nur 5 Ohm aufweisen. Es ist ohne weiteres einzusehen, daß man diese Veränderung des Widerstandswertes mit der Zeit verwenden kann, um ein ganz gewöhnliches Zwischenrelais als Zeitrelais zu benutzen.

d) Über die Kontaktfrage.[1])

Die meisten Relaiskontakte werden aus Kupfer hergestellt, und dieser Werkstoff hat sich in jahrzehntelangem Betriebe gut bewährt. Besser noch als ein Kupferkontakt verhält sich ein Silberkontakt, weil das im Kontaktlichtbogen entstehende Kupferoxyd weniger gut leitend ist als das am Silberkontakt entstehende Silberoxyd. Es ist daher zweckmäßig, Kontakte, die häufig arbeiten müssen, zu versilbern. Das Silberoxyd hat fast dieselben Eigenschaften wie das Silber selbst, so daß ein solcher Kontakt viele Jahre lang im Betrieb sein kann, ohne daß es nötig ist, ihn zu reinigen. Bei Kupferkontakten ist diese Reinigung der Kontaktflächen wichtiger.

Bezüglich der Anordnung der Relaiskontakte ist von Wichtigkeit, daß beim Schließen des Kontaktes evtl. vorhandene Staubreste mechanisch beseitigt werden. Derartige Kontakte sind meist so ausgeführt, daß die beiden Kontaktflächen entweder aufeinander abgewälzt oder aufeinander geschoben werden, damit die Schmutzschicht beseitigt wird, bevor der Kontakt seine endgültige Lage einnimmt.

In einigen Fällen kommt es darauf an, daß ein Kontakt einen geringen Übergangswiderstand aufweist. Für diesen Zweck haben sich Bürstenkontakte bewährt, die aber für die Öffnung eines Lichtbogens

---

[1]) Siehe auch S. 92 unten!

nicht besonders geeignet sind, so daß zusammen mit den Bürsten-
kontakten in den meisten Fällen Lichtbogen-Abreißkontakte verwendet
werden.

3. Das Schaltschütz. (Abb. 78.)

Dieses Gerät wird in sehr vielen Ausführungsformen hergestellt,
und zwar richtet sich seine Ausbildung in erster Linie nach der Zahl
der vorhandenen Kontakte und da-
nach, ob eine große oder eine kleine
Abschaltleistung verlangt wird. Die
Schaltschütze größerer Abschaltleistung sind mit Blasspule ausgerüstet,
die für ein schnelles Abreißen des
Kontaktlichtbogens sorgen. Derartige
Schaltschütze sind unverklinkte
Schalteinrichtungen, d. h. sie werden im eingeschalteten Zustand nicht
durch ein Schloß oder durch eine
Klinke festgehalten, sondern die das
Schaltschütz einschaltende elektromagnetische Spule muß in der Einschaltstellung dauernd von Strom
durchflossen sein. Ein solches Schütz
hat also immer einen Nullspannungs-
charakter; denn sobald die Spannung
des Spulenstromkreises verschwindet,
schaltet das Schütz aus. Diese Eigenschaft verhindert in vielen Fällen die
Verwendung von Schaltschützen. An
ihrer Stelle müssen dann verklinkte
Schalter verwendet werden.

Die Spule eines solchen Schaltschützes nimmt beim Einschalten einen
sehr großen Stromstoß auf, während
für das Halten des Schützes ein sehr
kleiner Strom ausreichend ist. Hier

Abb. 78. Starkstrom-Schützensteuerung
mit Zeitwächtern.

handelt es sich wieder um die Er-
scheinung, die im Abschnitt 2 b unter dem Begriff des Halteverhältnisses
behandelt wurde. Die Schützspule wäre thermisch nicht imstande, den
zum Anziehen des Schaltschützes notwendigen hohen Strom dauernd
auszuhalten. Infolgedessen werden Gleichstromschütze mit einem Sparwiderstand ausgerüstet, der mit einem Hilfskontakt des Schützes so
zusammengeschaltet wird, daß im ausgeschalteten Zustand des Schaltschützes der Widerstand kurzgeschlossen ist, während im eingeschalteten

Zustand der Widerstand in dem Spulenstromkreis liegt[1]). Auf diese Weise vermindert er den Spulenstrom des Schützes auf denjenigen Wert, den das Schütz zum Halten benötigt. Man nennt den vorgeschalteten Widerstand auch »Sparwiderstand«. Er setzt den Stromverbrauch solcher Schütze im Betrieb stark herunter, und dies ist von Wichtigkeit, denn der Stromverbrauch der Schützspulen spielt bei umfangreichen Schaltungen eine nicht unwesentliche Rolle. Bei Wechselstromschützen ist ein solcher Sparwiderstand im allgemeinen nicht nötig, weil diese Schütze von Natur aus im eingeschalteten Zustand einen viel geringeren Strom aufnehmen, als im abgefallenen.

4. Der Hubmagnet und Sperrmagnet.

Diese Geräte können beispielsweise die Aufgabe haben, die Reibungsbremse eines Motorantriebes dann zu öffnen, wenn der Motor läuft, bzw. diese Reibungsbremse zu schließen, wenn der Motor spannungslos wird. Der Aufbau ist ganz ähnlich wie der von elektromagnetischen Relais, und sie werden auch mit Sparwiderständen ausgerüstet, die die Aufgabe haben, im angezogenen Zustand des Hubmagneten den Spulenstrom gegenüber dem Anzugswert zu vermindern.

Im allgemeinen arbeiten derartige Hubmagnete unverklinkt, d. h., auf den Betriebsfall der Motorbremse angewendet, es erfolgt keine Bremsung, wenn der Hubmagnet betätigt wird, und die Bremsung wird vorgenommen, wenn der Hubmagnet stromlos wird.

Es gibt aber auch Hubmagnete mit Verklinkungseinrichtungen und man könnte sie im Gegensatz zu den soeben erläuterten Hubmagneten als »halbautomatisch« bezeichnen (Abb. 79). Hier ist eine Verklinkungseinrichtung vorhanden, die von Hand eingeklinkt und dann mit einem unter Spannung stehenden Hubmagneten in Verbindung gebracht wird. Wird der Hubmagnet spannungslos, dann öffnet er die Verklinkung und im Anschluß daran fällt ein Fallgewicht ab, das seinerseits erst das zu steuernde Organ öffnet oder schließt.

Derartige verklinkte Hubmagnete spielen beispielsweise in kleinen automatischen Dampfkraftanlagen eine Rolle. Sie haben dort die Aufgabe, im normalen Betriebe das Dampfeinlaßventil in geschlossenem Zustand festzuhalten und im Augenblick der Spannungslosigkeit das Dampfventil selbsttätig zu öffnen. Dies erfolgt so, daß der verhältnismäßig kleine Hubmagnet eine Klinke löst und daß im Anschluß daran ein verhältnismäßig schweres Fallgewicht abfällt, das das Dampf-Einlaßorgan der Turbine öffnet.

Man kann diese Einrichtungen als »halbautomatisch« bezeichnen, weil im Anschluß an das Abfallen des Fallgewichtes dieses erst von Hand

---

[1]) Siehe Abb. 38.

wieder in seine Verklinkungslage gebracht werden muß, bevor die Ge-
samteinrichtung wieder in Betrieb gesetzt ist.[1])

Gegenüber den gewöhnlichen vollautomatisch wirkenden Hubmagneten kann man hier noch folgende Wirkung erzielen: Wenn man
Wert darauf legt, daß das Einlaßorgan der Turbine nur dann geöffnet
wird, wenn die Spannung am Hubmagneten einige Sekunden lang
ausbleibt, dann kann man, wie dies bei dem Gerät nach Abb. 79 der

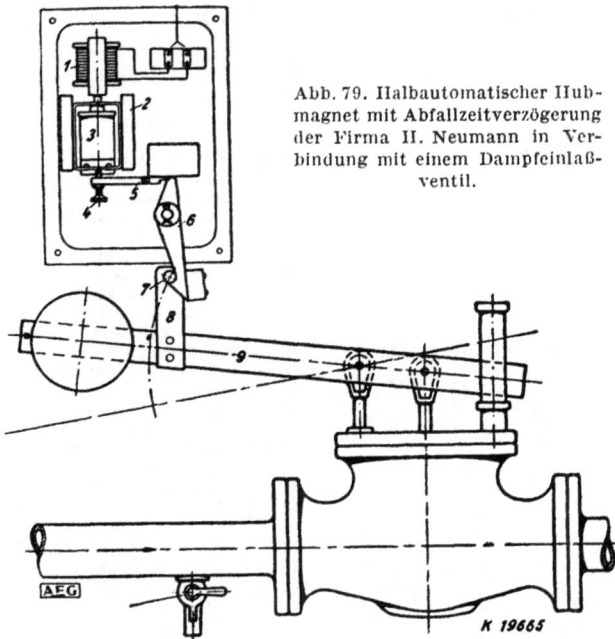

Abb. 79. Halbautomatischer Hubmagnet mit Abfallzeitverzögerung
der Firma H. Neumann in Verbindung mit einem Dampfeinlaßventil.

Fall ist, den kleinen Hubmagneten auf ein Zeitverzögerungselement
wirken lassen, das die Entklinkung des Fallgewichtes erst nach Ablauf
einer bestimmten Zeitverzögerung vornimmt. Bleibt die Spannung
eine kürzere Zeit aus, als an dem Zeitwerk eingestellt ist, dann findet
eine Entklinkung nicht statt und das Turbineneinlaßorgan bleibt geschlossen.

In den letzten Jahren wurde das sog. »elektrohydraulische Hubgerät«
entwickelt.[2]) Dieses besteht aus einem mit Öl gefüllten, stehenden Guß-
eisenzylinder, in dem ein Kolben leicht verschiebbar geführt wird. Zum

---

[1]) Im Gegensatz zu dem oben erläuterten unverklinkten Hubmagneten, der
beim Wiedererscheinen des Betätigungsstroms selbsttätig in seine Arbeitsstellung
zurückkehrt.

[2]) W. Meyer, »Das Eldro-Gerät und seine Sonderausführungen«, AEG-
Mitteil. 1934, Heft 9.

Antrieb des Flügelrades ist ein kleiner Kurzschlußmotor angeordnet (Abb. 80). Das Flügelrad *6* ist im Kolben gelagert und steht mit dem Zylinderraum oberhalb und unterhalb des Kolbens durch Kanäle in Verbindung. Beim Einschalten des Antriebsmotors fördert das Flügelrad sehr schnell das Öl aus dem oberhalb des Kolbens liegenden Raum nach dem darunter liegenden Raum. Hierdurch entsteht ein auf die Kolbenfläche wirkender Ölüberdruck, der den Kolben nach oben in Bewegung setzt. Diese Geräte arbeiten im Vergleich mit normalen Hubmagneten besonders weich und praktisch geräuschlos.

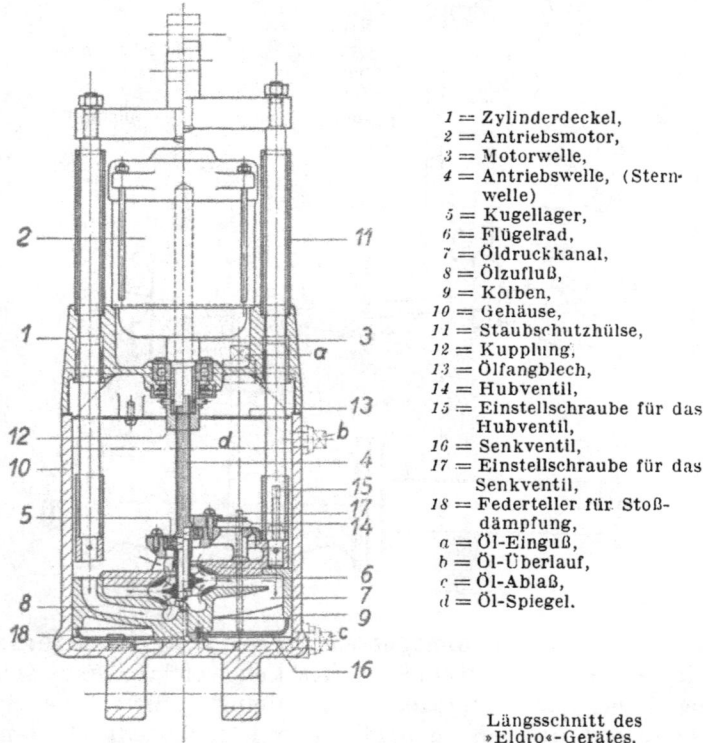

1 = Zylinderdeckel,
2 = Antriebsmotor,
3 = Motorwelle,
4 = Antriebswelle, (Sternwelle)
5 = Kugellager,
6 = Flügelrad,
7 = Öldruckkanal,
8 = Ölzufluß,
9 = Kolben,
10 = Gehäuse,
11 = Staubschutzhülse,
12 = Kupplung,
13 = Ölfangblech,
14 = Hubventil,
15 = Einstellschraube für das Hubventil,
16 = Senkventil,
17 = Einstellschraube für das Senkventil,
18 = Federteller für Stoßdämpfung,
a = Öl-Einguß,
b = Öl-Überlauf,
c = Öl-Ablaß,
d = Öl-Spiegel.

Längsschnitt des »Eldro«-Gerätes.

Linke Hälfte normal, rechte Hälfte mit Hub- und Senkventil.

Abb. 80. Elektrohydraulisches Hubgerät.

In großen selbsttätigen Wasserkraftanlagen haben sich auch Geräte sehr gut bewährt, bei denen das mechanische Öffnen des Vorsteuerventiles für die Steuerung hydraulisch bewegter Schieber mit Hilfe eines Motorantriebes erfolgt, während das Festhalten in der geöffneten Lage durch eine Klinke vorgenommen wird. Das Abfallen des betreffenden Vorsteuerventiles wird dann mit einem kleinen Elektromagneten bewerkstelligt (Abb. 81).

Sperrmagnete spielen eine große Rolle, wenn es sich um die Aufgabe handelt, die mechanische Betätigung von Schaltern, beispielsweise von Hochspannungs-Trennschaltern, zu verriegeln. Sie arbeiten ganz ähnlich wie Hubmagnete und greifen in irgendein Sperrad ein, wenn sie spannungslos werden. Bei derartigen Sicherheitsschaltungen ist es wichtig, darauf zu achten, daß die Gesamtanordnung eine Ruhestromschaltung ist, d. h. daß im stromlosen Zustand der Sperrmagnet die Steueranlage verriegelt. Diese Anordnung ist nötig, weil bei Anwendung einer Arbeitsstromschaltung damit zu rechnen wäre, daß beim Durch-

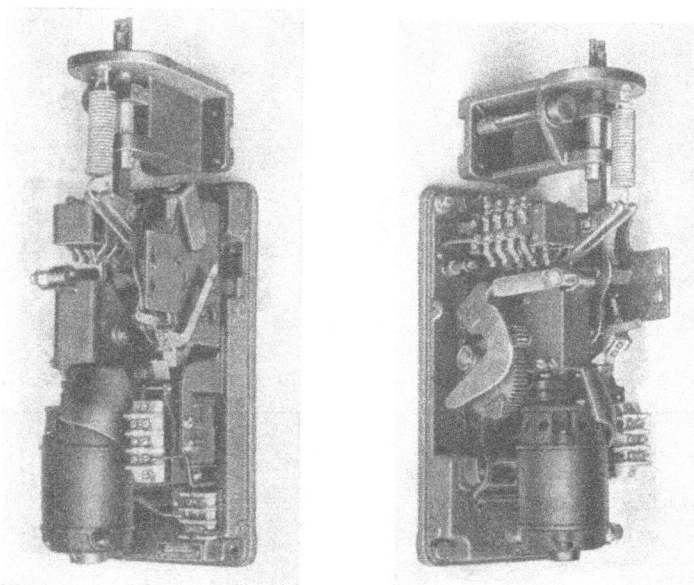

Abb. 81. Hubmotorenantrieb zur Ventilbetätigung in selbstgesteuerten Kraftwerken
(Ausführung SSW und S u. H.)

gehen einer Sicherung im Stromkreis des Hubmagneten die Verriegelung versagen würde.

5. Der Fernschalter.

Im Gegensatz zu dem oben erläuterten Schaltschütz sind die Fernschalter verklinkte Schaltgeräte, d. h. sie haben eine Einrichtung zum Einschalten des Schalters und, getrennt davon, eine solche zum Ausschalten. Während die Einschalteinrichtung im allgemeinen sehr kräftig ausgeführt wird, hat die Ausschalteinrichtung nur die Aufgabe, eine Verklinkung zu lösen. Im eingeschalteten Zustand ist das Einschaltorgan selbst außer Betrieb gesetzt, denn der Schalter wird durch eine Verklinkungseinrichtung in seiner Einschaltstellung festgehalten.

Fast alle Leistungsschalter, z. B. Ölschalter, sind in dieser Weise als verklinkte Schalter, d. h. so, daß sie durch eine Klinke im eingeschalteten Zustand festgehalten werden, gebaut.

Die Fernschalteinrichtung selbst kann als Motorfernantrieb, als Druckluftantrieb oder als Fernschaltmagnet ausgeführt werden (Abb. 82). Bei allen diesen Einrichtungen besteht eine mehr oder weniger schwierige Aufgabe darin, nach erfolgter Einschaltung des Schalters das Einschaltgerät außer Betrieb zu setzen. Diese Aufgabe sei am Beispiel des Fernschaltmagneten erläutert:

Der Fernschaltmagnet hat die Aufgabe, den Leistungsschalter einzuschalten, und im Anschluß an diese erfolgte Einschaltung muß der

EMAF mit Einschaltmotor.   EMAF 1600 mit Einschaltmagnet u. Arbeitsstromauslöser.   3224 f.

Abb. 82. Drehstromautomat mit Motorantrieb und Fernschaltmagnet.

Spulenstromkreis des Fernschaltmagneten unterbrochen werden, denn er ist nicht so ausgelegt, daß er seinen Strom dauernd führen könnte. Diese Unterbrechung des Einschalt-Spulenstromkreises ist nicht ganz leicht, denn wenn man den Kontakt, der diese Aufgabe zu bewältigen hat, so einstellt, daß er sehr früh öffnet, kann es vorkommen, daß der Fernschaltmagnet den Leistungsschalter nicht ganz einschaltet, d. h. daß der letztere sich nicht in seiner Einschaltstellung verklinkt und daß infolgedessen der Schalter sofort wieder herausfällt. Dann beginnt ein neuer Einschaltvorgang und so fort. Diesen unerwünschten Vorgang bezeichnet man als das »Pumpen« des Fernschaltmagneten, und er ist sehr gefürchtet, denn er kann zu sehr unangenehmen Betriebsstörungen Anlaß geben. Stellt man den Unterbrecherkontakt für den Einschalt-Spulenstromkreis so ein, daß er spät öffnet, dann kann es vorkommen, daß er den Einschalt-Spulenstromkreis nicht öffnet, so daß die Einschaltspule verbrennt.

Im Zusammenhang mit diesen Fernschaltern ist eine schaltungstechnische Aufgabe von Wichtigkeit, die im folgenden geschildert werden
soll: Die meisten Fernschalter sind mit Einrichtungen ausgerüstet, die
bei Überlastungen den Schalter auslösen. Beispielsweise sind Ölschalter
mit aufgebautem Überstromrelais versehen, die nach erfolgter Einschaltung den Ölschalter wieder ausschalten, wenn dieser auf einen Kurzschluß geschaltet wurde. Bei von Hand betätigten Schaltanlagen treten
hier keine besonderen Schwierigkeiten auf, denn der Bedienende gibt zum

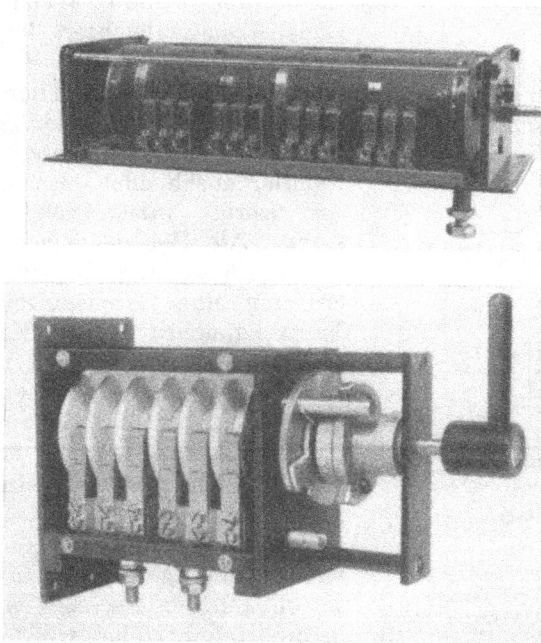

Abb. 83. Verschiedene Arten von Schaltwalzen und Hilfskontakten.

Zweck der Einschaltung des Ölschalters nur einen kurzen Einschalt-
Betätigungsimpuls. In selbsttätigen Anlagen dagegen bleibt der Einschaltimpuls in den meisten Fällen längere Zeit bestehen und jetzt kann
es vorkommen, daß ein Einschaltimpuls und gleich darauf ein Ausschalt-
impuls gegeben wird und daß sich dieses Spiel längere Zeit wiederholt.
Auch dieser Vorgang führt zu dem gefürchteten »Pumpen« eines Ölschalters und er muß unbedingt verhindert werden. Anordnungen für
die Verhinderung dieses Pumpens sind in der Abb. 54 angedeutet.

6. Der Hilfskontakt.

Die Aufgaben, die die Hilfskontakte zu bewältigen haben, sind
während der Entwicklung selbsttätiger Steueranlagen immer schwieriger

geworden. Im Laufe der Zeit wurden sehr robuste und schwere Ausführungen entwickelt, die als langsam- oder als schnellschaltende Hilfskontakte ausgeführt werden. Sie werden mit Hilfe einer Gestängeeinrichtung mit den Wellen von Leistungsschaltern, Trennschaltern, Leitapparaten und Wasserabschlußorganen von Turbinen usw. verbunden (Abb. 83).[1])

7. Der Trockengleichrichter.

Die Einführung dieses sehr einfachen Gerätes zur Umwandlung von Wechselspannungen in Gleichspannungen und Wechselströmen in Gleichströme erleichtert dem Schaltungstechniker seine Arbeit sehr. In Gleichrichteranlagen wird man häufig das Stromrelais billiger über einen Trockengleichrichter an einen ohnehin nötigen Stromwandler anschließen als an einen gleichstromseitig anzuordnenden Meßwiderstand. Als Beispiel ersetzt in Parallelschaltgeräten (Abb. 94) eine einfache Anordnung eines Drehspulrelais, das über Trockengleichrichter an die Schwebungsspannung zweier parallel zu schaltender Netze angeschlossen wird, verhältnismäßig komplizierte meßinstrumentenartige Relais und auf dem Gebiet der Gittersteuerung von Gleichrichtern kann man unter Anwendung von Trockengleichrichtern Gleichstromspannungen mit Wechselstromspannungen fast so zusammenfügen, als ob kein Unterschied zwischen beiden Stromarten bestehen würde. Die Anwendung ist also sehr vielseitig. Bisher werden die Möglichkeiten der Anwendung nur in geringem Maße ausgenutzt. Der Trockengleichrichter ermöglicht eine starke Vereinfachung vieler schaltungstechnischer Lösungen.

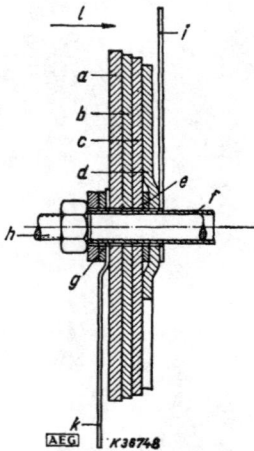

a = Rückseitig vernickelte Eisenscheibe,
b = Aktive Gleichrichterschicht,
c = Aufgespritzte Gegenelektrode,
d = Abnahmeelektrode,
e = Zwischenscheibe,
f = Isolierrohr,
g = Isolierscheibe,
h = Haltebolzen mit Verlängerungen zum Befestigen des Gleichrichterelementes,
i = Gleichstrom-Anschlußfahne,
k = Wechselstrom-Anschlußfahne,
l = Durchlaßrichtung.

Abb. 84. Aufbau einer Trockenventilzelle.

Der Trockengleichrichter[2]) stellt eine metallische Trockenventilzelle dar. Die Ventilzellen bestehen aus Metallscheiben a (Abb. 84), die zugleich der Stromzuleitung dienen und auf die nach besonderem Verfahren eine metallische Halbleiterschicht b derart aufgebracht ist, daß ein inniger Kontakt mit der Metallscheibe besteht. Auf die Halbleiterschicht ist eine Gegenelektrode c aufgespritzt, wodurch auch zwischen

[1]) Ausführungen der Firma Heinrich Neumann, Berlin N 65.
[2]) »Metall-Trockengleichrichter« P. Drobka. AEG-Mitt. 1935, S. 328.

dieser und der Halbleiterschicht eine gute Kontaktgabe gewährleistet ist. An die Gegenelektrode wird die Gleichstromableitung i mit einer Abnahmeelektrode d angeschlossen. Die Stromrichtung von der Metallscheibe zum Halbleiter bezeichnet man mit Durchlaßrichtung l, die um-

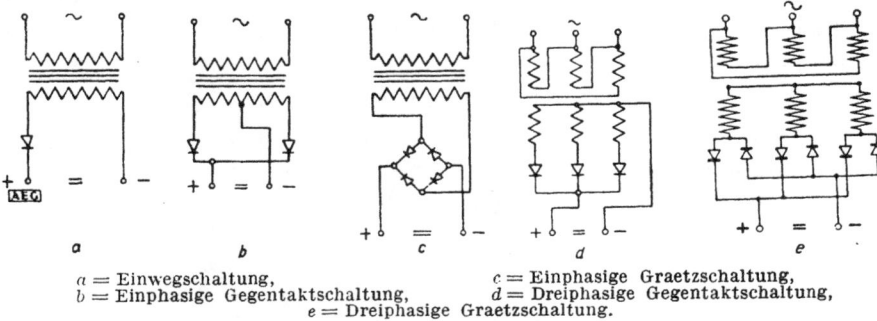

a = Einwegschaltung, c = Einphasige Graetzschaltung,
b = Einphasige Gegentaktschaltung, d = Dreiphasige Gegentaktschaltung,
e = Dreiphasige Graetzschaltung.

Abb. 85. Gebräuchliche Trockengleichrichter-Schaltungen.

gekehrte mit Sperrichtung. Die Sperrspannung, die eine solche Ventilzelle in der Sperrichtung verträgt, beträgt etwa 15 bis 18 V. Höhere Sperrspannungen werden durch Hintereinanderschaltung von Ventilzellen erzielt. Die Dauerbelastung der zur Zeit größten Ventilscheibe beträgt etwa 4 A, gleichstromseitig gemessen. Bei höheren Stromstärken werden mehrere Zellen parallelgeschaltet.

Die einfachste Gleichrichterschaltung ist die Einwegschaltung (Abb. 85a), bei der nur ein Ventil verwendet und demgemäß auch nur eine Halbwelle des Wechselstromes gleichgerichtet wird. Ihre Benutzung

Abb. 86. Trockengleichrichterelement in einphasiger Graetzschaltung, Gleichstromleistung 24/33 V, 12 A.

ist beschränkt, da die Welligkeit des erzeugten Gleichstromes recht hohe Werte zeigt. Bei der Graetz- und Gegentaktschaltung (Abb. 85b bis e) wird jede Wechselstrom-Halbwelle gleichgerichtet. Fertigungsmäßig bietet die Graetzschaltung den Vorzug, daß der Umspanner mit durchgehender Sekundärwicklung ausgeführt werden kann, während bei der Gegentaktschaltung eine Mittelanzapfung notwendig ist. Die Gegentakt-

und die Graetzschaltung werden bei größeren Leistungen, etwa über 5 bis zu 10 kW Gleichstromleistung, auch dreiphasig ausgeführt (Abb. 85d bis e).

Für ein Trockengleichrichtergerät ist mindestens ein Gleichrichterelement, in den meisten Fällen jedoch noch ein Umspanner erforderlich, welcher die der verlangten Gleichspannung entsprechende Wechselspannung erzeugt.

8. Steuerröhren und Photozellen.

In den Abschnitten VII 22, 23 wurde auf die grundlegenden schaltungstechnischen Unterschiede zwischen der aus der Radiotechnik bekannten Hochvakuumröhre und dem dampfgefüllten Entladungsgefäß

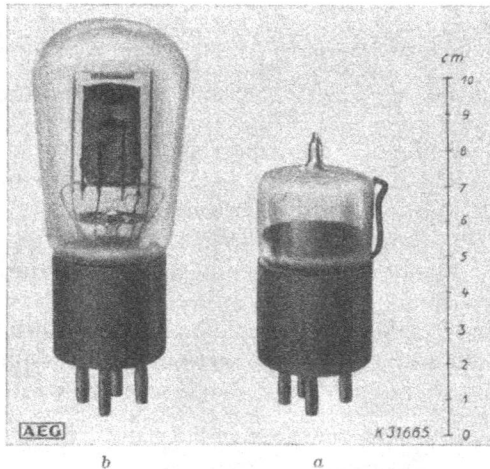

Abb. 87. Cäsium-Frontzelle (a) und edelgasgefüllte, gittergesteuerte Entladungsröhre (b).

hingewiesen. Während sich bei dem Hochvakuumgefäß die Anode, das Gitter und die geheizte Kathode in einem unter Hochvakuum stehenden Gefäß befinden, ist in dem dampfgefüllten Entladungsgefäß eine Substanz, in vielen Fällen ein Quecksilbertropfen enthalten, die eine gewisse Gas- oder Dampfdichte in dem Gefäß aufrechterhält und die der Röhre eigenartige steuertechnische Eigenschaften gibt.

Mit Hilfe der Gittersteuerung kann bei einem solchen dampfgefüllten Entladungsgefäß der Anodenstrom nicht in umkehrbarer Weise gesteuert werden, wie dies kennzeichnend für die Hochvakuumröhre ist, sondern durch Steuerung des Gitters ist es nur möglich, eine solche Röhre zu »zünden«, d. h. einen Anodenstrom sozusagen einzuschalten, dessen Höhe aber nicht durch Art und Höhe der Gitterspannung, sondern durch Spannungs- und Widerstandsverhältnisse des Anodenstromkreises bestimmt ist.

In der Photozelle erzeugt das auf die Kathode auffallende Licht aus der Oberfläche Elektronen, die sich unter dem Einfluß einer an die Elektroden angelegten Spannung zu der Anode bewegen. Da für schaltungstechnische Zwecke verhältnismäßig große Steuerströme nötig sind, so ist es zweckmäßig, den Photoelektronenstrom durch Einfüllen eines Edelgases in die Photozelle um ein Vielfaches zu verstärken. Der Aufbau einer solchen Zelle geht aus der Abb. 87 hervor. Ein Beispiel für die schaltungstechnische Verwendung solcher Photozellen ist in Abschnitt VII 25 geschildert.

IX. Das selbsttätige Parallelschalten von Maschinen und Netzen.

Im Anschluß an das Hochlaufen eines Maschinensatzes spielt sich die Einregelung der Parallelschaltbedingungen und der Parallelschaltvorgang selbst ab. Zu dem bekannten Verfahren der sog. »Feinsynchronisierung«, das darin besteht, daß die Maschine an das Netz gelegt wird, nachdem Periodenzahl, Phasenlage und Spannungshöhe des Maschinenspannungsvektors mit denen des Netzvektors sehr genau gleichreguliert wurden, sind in den letzten Jahren Parallelschaltverfahren hinzugekommen, die hier als »Schlupfsynchronisierverfahren« bezeichnet werden sollen. Mit dieser Bezeichnung soll gesagt werden, daß im Gegensatz zu den Feinsynchronisierverfahren bei ihrer Anwendung die Maschine an das Netz gelegt wird, auch wenn noch ein verhältnismäßig großer Schlupf zwischen Maschine und Netz vorhanden, d. h. wenn noch keine genaue Übereinstimmung der Periodenzahlen vorhanden ist.

1. Selbsttätige Feinsynchronisierung.

Die Voraussetzung für den Parallelschaltvorgang ist in erster Linie die Übereinstimmung von Periodenzahl und Phasenlage. Zwar handelt es sich auch hier nicht um eine absolute Übereinstimmung der Periodenzahlen, sondern die Bedingung besteht darin, daß zwischen Maschinenfrequenz und Netzfrequenz ein größerer Unterschied als etwa 0,2% = 0,1 Per/s nicht vorhanden ist. Dieser Wert besagt, daß, beispielsweise am Phasenvoltmeter beobachtet, der Maschinenvektor 10 s benötigt, um den Netzvektor einmal zu überholen.

Was die Phasengleichheit anbetrifft, so wird im allgemeinen verlangt, daß die Annäherung der Phasenlage des Maschinenvektors an diejenige des Netzvektors mit einer Genauigkeit von etwa 7° erfolgt ist, bevor parallelgeschaltet wird. Innerhalb dieses Winkelbereiches zwischen Maschinen- und Netzvektor und innerhalb eines Frequenzdifferenzbereiches von nur etwa 0,1 bis 0,2% erfolgt bei der Feinsynchronisierung die Einschaltung der Maschine an das Netz.

Bezüglich der Spannungsgleichheit ist man in den letzten Jahren dazu übergegangen, etwas größere Differenzen zuzulassen, weil die genaue Gleichregelung der drei genannten Größen, Periodenzahl, Phasenlage und Spannungshöhe, den Parallelschaltvorgang stark verzögert und weil der durch Unterschiede in der Spannungshöhe auftretende Stromstoß in erster Linie ein Blindstromstoß ist.

Der Vorteil einer solchen »Feinsynchronisierung« besteht darin, daß beim Einschalten der Maschine nur ein vernachlässigbarer, kleiner Einschaltstrom auftritt. Im Abschnitt 3, bei der Behandlung der Schlupf-synchronisier-Verfahren, wird sich zeigen, daß man bei ihrer Anwendung größere Stromstöße zuläßt, um den Parallelschaltvorgang zu beschleunigen. Selbstverständlich beansprucht die genaue Einregelung der 3 Synchronisierbedingungen verhältnismäßig viel Zeit, und das ist der Grund, warum man Anordnungen entwickelt hat, die eine schnellere Parallelschaltung zulassen, die andererseits aber mit einem größeren Einschaltstromstoß verbunden sind.

2. Der selbsttätige Parallelschaltapparat.

Die grundsätzliche Anordnung eines selbsttätigen Feinsynchronisiergerätes geht aus der Abb. 88 hervor. Nach den oben geschilderten Voraussetzungen darf nur dann der Schaltbefehl für das selbsttätige Einschalten des Maschinenschalters gegeben werden, wenn sich der Maschinenvektor innerhalb eines Winkelbereiches von wenigen Graden in der Nachbarschaft des Netzvektors befindet und wenn die Differenzfrequenz zwischen Maschine und Netz nur sehr gering ist, d. h. wenn der Maschinenvektor verhältnismäßig lange Zeit braucht, um den erwähnten Winkelbereich zu durchlaufen.

In der Abb. 88 sei der Netzvektor mit E_N, der Maschinenvektor mit E_M bezeichnet. Bevor die Synchronisierbedingungen erfüllt sind, bewegt sich der Maschinenvektor gegenüber dem Netzvektor, und zwar sei vorausgesetzt, daß die Maschine etwas schneller laufe, als der Netzfrequenz entspricht, so daß der Maschinenvektor vor dem Netzvektor vorausläuft. Sobald der Vektor E_N in den oben erwähnten Winkelbereich hineinläuft und sich dort eine bestimmte Zeit aufhält, darf die Parallelschaltung erfolgen.

Bei einem einfachen Parallelschaltapparat besteht die Anordnung, die diesen Winkel zu prüfen hat, aus einem $E \cdot \sin \Theta$-Gerät, das mit 1 bezeichnet ist und dessen eine Spule an den Maschinenspannungswandler und dessen andere Spule an den Netzspannungswandler angeschlossen ist. Das auf die Ferrarisscheibe ausgeübte Drehmoment ist der Größe $E \cdot \sin \Theta$ proportional. Durch eine Feder wird die Scheibe in einer Mittellage gehalten. So lange der Wert $E \cdot \sin \Theta$ so groß ist, daß eine Parallelschaltung nicht erfolgen kann, ist der Stromkreis, der über die beiden Stromführungen 2 führt, geöffnet. Hat sich der Maschinenvektor dem Netzvektor so stark genähert, daß der vorgeschriebene Winkel Θ eingehalten ist, dann sind beide Kontakte *2* geschlossen. Was die Phasenlage anbetrifft, so ist also in diesem Augenblick die Möglichkeit der Einschaltung des Maschinenschalters gegeben. Nun kommt aber hinzu, daß auch bei Phasenopposition von Netz- und Maschinenvektor der erläuterte Winkelbereich eingehalten sein kann, ohne daß eine Parallelschaltung stattfinden darf. Um in diesem Fall zu verhindern, daß das Einschaltkommando abgegeben wird, ist ein Relais *4* vorgesehen, das an eine Differenzspannungswicklung des Transformators *3* angeschlossen ist. Im Falle der Phasenopposition hält das Relais *4* seinen Kontakt geöffnet und verhindert hierdurch die Einschaltung.

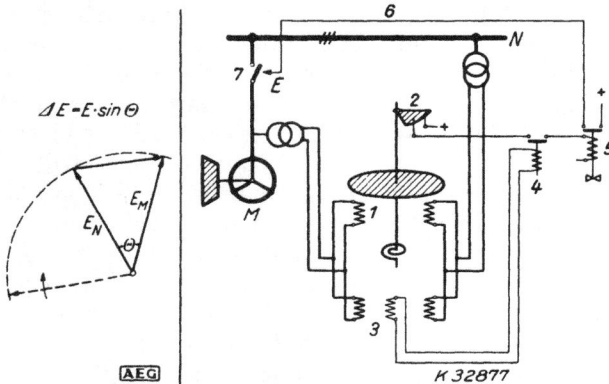

Abb. 88. Vereinfachtes Schaltbild eines Feinsynchronisiergerätes.

Nun kommt noch die Bedingung hinzu, daß sich der Maschinenvektor eine bestimmte Zeit lang innerhalb des vorgeschriebenen Winkelbereiches aufhalten muß. Relaistechnisch ist diese Bedingung einfach dadurch nachgebildet, daß ein Zeitrelais *5* vorhanden ist, das eine bestimmte Zeit lang von Strom durchflossen sein muß, bevor es seinen Kontakt schließt (Abb. 88).

Der Vorgang der selbsttätigen Feinsynchronisierung spielt sich also in einfacher Weise so ab, daß bei Annäherung des Netzvektors an den Maschinenvektor der Kontakt *2* geschlossen wird, daß außerdem, falls keine Phasenopposition vorliegt, das Relais *4* seinen Kontakt geschlossen hält und daß außerdem, wenn die Frequenzübereinstimmung ausreichend ist, das Zeitelement *5* Zeit hat, abzulaufen und seinen Kontakt zu schließen. In diesem Falle ist der mit *6* bezeichnete Stromkreis geschlossen und die Einschaltbetätigung des Maschinenschalters *7* kann vorgenommen werden. Hierbei ist noch zu berücksichtigen, daß der einzuschaltende Ölschalter einschließlich seines Zwischenschützes eine bestimmte Einschalteigenzeit aufweist und diese wird dadurch berücksichtigt, daß der Einschaltbefehl bereits eine bestimmte Zeit vor Erreichen der Synchronisierbedingungen, und zwar so früh, daß der Maschinenschalter im Augenblick der tatsächlichen Übereinstimmung der drei oben angegebenen Werte seine Hauptkontakte schließt, gegeben wird.

Im Gegensatz zu den später erläuterten Schlupfsynchronisierverfahren handelt es sich also hier darum, daß die Einschaltung erfolgt, wenn der Maschinenvektor in eine durch die Kontaktanordnung 2 genau bestimmte Winkelannäherung zu dem Netzvektor gelangt ist. Dies muß man sich vor Augen halten, um das Wesentliche der im Abschnitt 6 näher erläuterten Anordnungen zu verstehen.

Feinsynchronisier-Einrichtungen für die selbsttätige Parallelschaltung von Maschinen sind in großer Zahl in Betrieb und sie entsprechen in allen ihren Punkten der normalen, vom Schaltwärter von Hand vorgenommenen Paralleschaltung einer Maschine mit einem Netz. Wenn ein Schaltwärter die Maschine parallelschaltet, dann muß er dieselben Synchronisierbedingungen erfüllen, und zwar mit derselben Genauigkeit, wie sie beim Parallelschaltapparat festgelegt sind, wenn er nicht einen unzulässig großen Einschaltstrom in Kauf nehmen will. Ein Unterschied zwischen der Wirkungsweise eines selbsttätigen Parallelschaltapparates und dem Parallelschalten einer Maschine von Hand besteht eigentlich nur insofern, als der Schaltwärter, falls der Synchronisiervorgang mit Rücksicht auf ein im Augenblick der Parallelschaltung unruhiges Netz zu lange dauert, ausnahmsweise auch einmal die Einschaltung der Maschine vornehmen kann, wenn die Parallelschaltbedingungen nicht so einwandfrei erfüllt sind, wie dies im allgemeinen vorgeschrieben ist. Die Folge ist dann ein mehr oder weniger starker Parallelschaltstromstoß, aber man erkennt, daß ein geschickter Schaltwärter in dieser Beziehung eine größere Beweglichkeit hat als ein Parallelschaltapparat, und hieraus ergibt sich für den Betrieb hier und da ein kleiner Vorteil der Handsynchronisierung gegenüber der selbsttätigen Feinsynchronisierung. Allerdings besteht die Voraussetzung hierfür darin, daß der Schaltwärter geschickt ist und Übung im Parallelschalten besitzt und daß er den Schaltvorgang so vornimmt, daß ein unzulässig großer Parallelschaltstromstoß vermieden wird.

3. Schlupfsynchronisierverfahren.

Die Gründe, die zur Entwicklung von Parallelschaltverfahren und -einrichtungen geführt haben, die sich von der Feinsynchronisierung in wesentlichen Punkten unterscheiden, sind folgende: In den letzten Jahren wurden in großen Gemeinschaftsnetzen sog. Schnell-Reservemaschinen bereitgestellt, die geeignet sind, um im Falle des Ausfallens von Betriebsmaschinen in kürzester Zeit hochgefahren zu werden. Um ihre Anfahrzeit zu vermindern, wurden bei Dampfturbinen, ebenso wie bei Wasserkraftanlagen und Dieselanlagen, besondere Maßnahmen getroffen, die es ermöglichen, Maschinensätze mit einer Leistung von etwa 40 000 kVA in kurzer Zeit, beispielsweise in 2—3 min, vom Stillstand aus hochzufahren.

Im Anschluß an einen so beschleunigten Anfahrvorgang tritt nun die Forderung auf, auch den Parallelschaltvorgang der Maschine mit dem Netz gegenüber den bisher üblichen Parallelschaltvorgängen zeitlich zu verkürzen und außerdem die Synchronisierbedingungen gegenüber denen der Feinsynchronisierung etwas zu erleichtern, damit auch bei unruhiger Netzfrequenz parallelgeschaltet werden kann. Die Voraussetzung für die Inbetriebsetzung des Schnell-Reservemaschinensatzes beruht ja darin, im Augenblick von Störungen im Netz vorgenommen werden zu können.

In den Zeiten, in denen eine solche Schnellsynchronisierung verlangt wird, kommt also erschwerend hinzu, daß die Netzfrequenz verhältnismäßig unruhig ist. Würde man hier mit einem Feinsynchronisiergerät parallelschalten wollen, dann könnte der Fall eintreten, daß dieses Gerät nicht Gelegenheit hat, den Maschinenschalter einzuschalten, weil die drei Synchronisierbedingungen, die mit einer ziemlich großen Genauigkeit eingehalten werden müssen, nicht erfüllt sind.

Von einer Schnellsynchronisieranordnung ist in erster Linie zu verlangen, daß sie die Maschine auch mit dem Netz verbindet, wenn ein größerer Schlupf zwischen Maschine und Netz vorhanden ist, und zwar wird hier verlangt, daß man bei einem Schlupf von bis zu 1% (gegenüber einem solchen von 0,1 bis 0,2% bei der Feinsynchronisierung) zwischen Maschine und Netz den Parallelschaltvorgang vornehmen kann. Allerdings ist in diesem Falle unbedingt mit einem vergrößerten Stromstoß zu rechnen, denn im Anschluß an die Einschaltung der Maschine an das Netz hat ja die synchronisierende Kraft die Aufgabe, die Maschinendrehzahl der augenblicklichen Netzfrequenz anzupassen bzw. den Maschinenvektor in Deckung mit dem Netzvektor zu bringen. Dies ist ein Beschleunigungs- oder Verzögerungsvorgang, der einen entsprechenden Leistungsausgleich zur Folge hat.

Während man bei der Feinsynchronisierung mit einem maximalen Parallelschaltstromstoß von etwa 10% rechnet, werden bei Anwendung der Schlupfsynchronisierverfahren Stromstöße zugelassen, die etwa 30 bis 50% oder 100% des Maschinen-Nennstromes betragen.

Die in den letzten Jahren in Anwendung gekommenen Schlupfsynchronisierverfahren kann man in zwei Gruppen unterteilen. Das Kennzeichen der ersten Gruppe besteht darin, daß beim Einschalten der Maschine an das Netz die Maschine nur eine sehr geringe Spannung aufweist bzw. nur schwach oder gar nicht erregt ist, während bei den im Abschnitt 6 erläuterten Verfahren die Maschine normal erregt ist und die normale Spannung liefert.

4. Schlupfsynchronisierung mit Teilerregung der Maschine im Parallelschaltaugenblick.

In der Abb. 89 sind fünf mögliche Anordnungen dargestellt.

Das mit *1* bezeichnete Verfahren stellt die von den amerikanischen Ingenieuren häufig verwendete Grobsynchronisierung dar, die an Hand der Abb. 90 etwas näher geschildert werden soll.

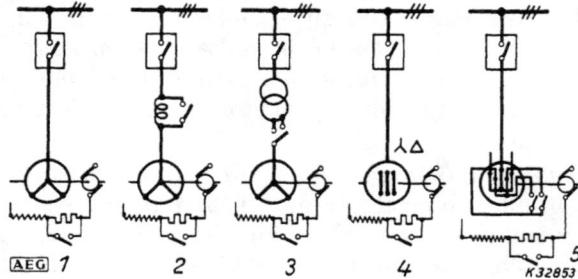

Abb. 89. Fünf Möglichkeiten der Schlupfsynchronisierung mit Teilerregung der Maschine im Augenblick der Parallelschaltung.

Der Maschinensatz wird von der Turbine hochgefahren. Es besteht anfänglich keine Verbindung zwischen dem Feld des Generators und der Erregermaschine, sondern mit Hilfe des Umschalters *4* ist das Feld des Generators über einen Widerstand kurzgeschlossen. Der Maschinensatz wird bis in die Nähe seiner synchronen Drehzahl hochgefahren und bei etwa 95% dieses Wertes wird der Schalter *1* eingelegt. Durch einen aus dem Netz in die Maschine fließenden Stromstoß, der etwa den fünf- bis siebenfachen Wert ihres Normalstromes beträgt, wird der während einiger Sekunden als Asynchronmaschine laufende Maschinensatz in Synchronismus gezogen. Nach erfolgtem Intrittfallen der Maschine wird durch Umschalten des Schalters *4* das Feld des Generators an die Erregermaschine angeschlossen. Während anfänglich infolge seiner unvollkommenen Erregung der Generator einen großen Blindstrom aus dem Netz aufnahm, wird jetzt der Erregerbedarf des Generators von der Erregermaschine aufgebracht. Der in die Maschine fließende Blindstrom geht auf den Wert Null zurück und der für das Intrittziehen des Generators aufgetretene Wirkstromstoß nimmt auf einen geringen Wert ab, nachdem die Maschine in Synchronismus gefallen ist. Die Maschine muß mit einer Dämpferwicklung oder mit massiven Polen ausgerüstet sein.

Das geschilderte Grobsynchronisierverfahren verdient seinen Namen mit Recht; denn es ist mit einem verhältnismäßig großen Parallelschaltstromstoß verbunden. Trotzdem hat sich die Schaltung bewährt. Eine große Zahl von Anlagen ist nach dieser Schaltung ausgeführt.

Die in der Abb. 89 gezeigten Schaltungen *2* und *3* entsprechen grundsätzlich diesem Grobsynchronisierverfahren, sie unterscheiden sich von ihm nur dadurch, daß der beim Einschalten der nicht oder nur schwach erregten Maschine an das Netz auftretende Einschaltstromstoß durch besondere Maßnahmen vermindert wird. Diese bestehen entweder darin, daß in den Maschinenstromkreis eine Drosselspule eingeschaltet ist, (Fall 2) oder, daß die Maschine zuerst über eine Anzapfung des Transformators und dann erst an die volle Netzspannung gelegt wird.

Bei einem anderen Verfahren wird durch Anwendung eines Sterndreieckschalters (Schaltung 4) die Maschinenwicklung zuerst in Stern- und dann in Dreieckschaltung an das Netz angeschlossen. Da dieses Verfahren für kleine und mittlere Maschinen wegen seiner Einfachheit

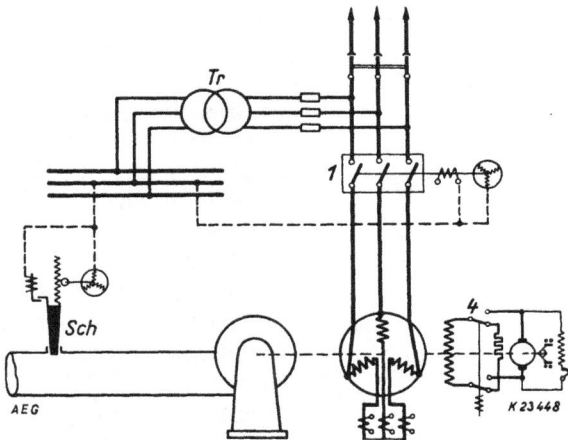

1 = Ölschalter mit Fernantrieb,   Sch = Schütze mit Motorantrieb und Haltemagnet,
4 = Erregerschalter,   Tr = Transformator für Stationsbedarf.

Abb. 90. Amerikanisches Grobsynchronisierverfahren.

besonders geeignet ist, so wird im Abschnitt 5 ein Ausführungsbeispiel im einzelnen erläutert.[1]

Was die Bedeutung dieser verfeinerten Grobsynchronisierverfahren anbetrifft, so ist darauf hinzuweisen, daß die Schaltung nach Abb. 89/2 bei Maschinen bis zu einer Einzelleistung von 40000 kVA verwendet wurde.

Das »Teilwindungsverfahren«, Schaltung 5, ist bisher in Europa wohl selten verwendet, es ist aber noch einfacher als das Schalten mit Sterndreieckschalter.

Um den Unterschied zwischen der Schaltung nach Abb. 89/1 und den übrigen 4 Schaltungen zu erklären, soll im folgenden die Grobsynchronisierung über Drosselspulen näher erläutert werden (Abb. 91). Die von

---

[1] G. Meiners, »Grobsynchronisierung von Synchronmaschinen mit dem Sterndreieckschalter«, E. u. M. Wien 1932, 50. Jahrgang, Heft 32.

der Antriebsmaschine in die Nähe der synchronen Drehzahl hochge-
fahrene, schwach erregte Synchronmaschine S wird über die Drosselspule D durch Einschalten des Schalters H an das Netz N gelegt. Die
Maschine wird vom Netz her in Synchronismus gezogen. Der Einschaltstrom beträgt, an einem gewöhnlichen Schalttafel-Strommesser abgelesen,
etwa 30 bis 50% des Normalstromes der Maschine. Nach Einschalten

des Schalters H spielt sich der Grob-
synchronisiervorgang weiter so ab,
daß sofort nach dem Intrittfallen der
Maschine ihre Erregung verstärkt
wird, was zur Folge hat, daß der in
die Maschine fließende Blindstrom
und damit die Spannung an der
Drossel D fast ganz verschwinden,
worauf die selbsttätige Kurzschließung dieser Drossel erfolgt. Die gesamten Vorgänge spielen sich selbsttätig in etwa 10 s ab.

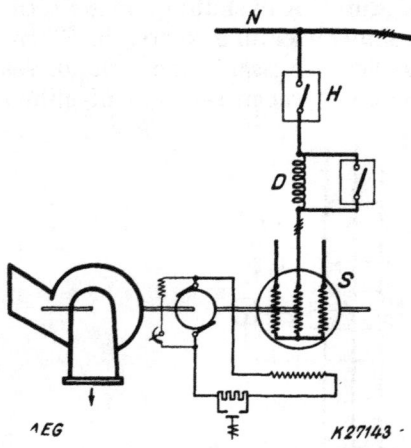

S = Synchronmaschine,   D = Fangdrossel-
H = Hauptmaschinen-   spule,
      ölschalter,   N = Netz.

Abb. 91. Schaltbild der Schlupfsynchronisierung mit Fangdrosselspule D.

Bei diesen Verfahren wird keine
Rücksicht genommen auf Übereinstimmung von Phasenlage und Spannungshöhe von Netz oder Maschine,
wie dies beim Feinsynchronisierverfahren der Fall ist. Die einzige Bedingung für die Einschaltung des
Maschinenschalters H besteht darin,
daß die Maschine in die Nähe der Netzfrequenz hochgelaufen ist, eine
Bedingung, welche relaistechnisch mit einfachen Mitteln festgestellt
werden kann. Mit welcher Genauigkeit die Übereinstimmung der Frequenzen eingeregelt werden muß, bevor der Parallelschaltvorgang vorgenommen werden kann, wird in Abschnitt X behandelt. Die Höhe der
Maschinenspannung wird vor dem Parallelschaltvorgang überhaupt
nicht geprüft, die Phasenlage des Generators ist praktisch belanglos, weil
im Einschaltmoment die Maschinenspannung überhaupt nicht oder nur
in sehr geringem Maße ausgebildet ist. Hieraus geht hervor, daß neben
der Parallelschalteinrichtung selbst auch diejenigen Mittel vereinfacht
sind, die für die Einregelung der Parallelschaltbedingungen eingebaut
werden müssen.

Bei kleinen und mittleren Maschinen bis etwa 3000 kVA ergibt die
Anwendung der Schaltungen nach Abb. 89/4/5 nicht nur eine Ver-
billigung, sondern vor allem eine große Vereinfachung des schaltungstechnischen Aufwandes.

5. Ausführungsbeispiel einer Schlupfsynchronisierung von Synchrongeneratoren mit dem Sterndreieckschalter- oder dem Teilwindungsverfahren.

Es lag die Aufgabe vor, die Parallelschaltung einiger Synchrongeneratoren mit Leistungen von etwa 200 bis 300 kVA bei einer Spannung von 400 Volt Drehstrom zu erleichtern. Die antreibenden Maschinen waren Lokomobilen, deren verhältnismäßig unruhiger Lauf bekanntlich die Feinsynchronisierung der Generatoren erschwert. Die Aufgabe wurde durch Anordnung einer Schnellsynchronisierung mit Hilfe der Stern-

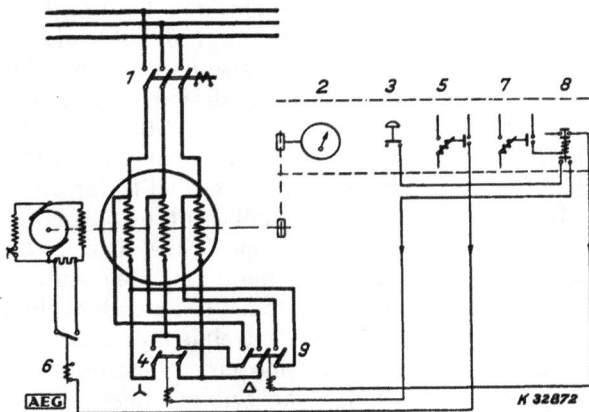

Abb. 92. Schlupfsynchronisierung mit Stern-Dreieck-Schaltung des Generators.

dreieckumschaltung gelöst. Die Betriebserfahrungen haben gezeigt, daß in einem solchen Falle das angewendete Verfahren eine wesentliche Betriebserleichterung mit sich bringt.

Das von den Generatoren gespeiste Netz ist ein Industrienetz mit einer verhältnismäßig kleinen Leistung. Es sollte erreicht werden, daß die Parallelschaltung der Maschinen auf Grund der Ablesung eines einfachen Meßinstrumentes durch Betätigen eines einzigen Druckknopfschalters vorgenommen werden kann. Das Schaltbild 92 zeigt den grundsätzlichen Aufbau der Anlage, wobei der Einfachheit wegen die Antriebsmaschine nicht gezeichnet ist. Die in das Schaltbild eingetragenen Ziffern sind so gewählt, daß sie die zeitliche Aufeinanderfolge der Betriebsvorgänge kennzeichnen.

Der Schalter 1 ist ein Maschinenschutzschalter, der infolge der Anordnung der beiden Schütze 4 und 9 noch keine endgültige Verbindung zwischen Maschine und Netz herstellt, so daß beim Einschalten des Schalters 1 noch kein Strom fließt. Die Einschaltung dieses Schalters gehört also eigentlich nicht zum Anlaufvorgang, da derselbe auch bei außer Betrieb befindlicher Maschine eingeschaltet sein kann.

Als erste Handlung wird der Maschinensatz gelegentlich der Inbetriebnahme mit Hilfe der Lokomobile hochgefahren. Synchronisierinstrumente sind nicht nötig, sondern an deren Stelle tritt ein Drehzahlinstrument, an dem der Anlaufvorgang des Maschinensatzes und die Annäherung an die synchrone Drehzahl beobachtet werden können.

Da es auf eine genaue Ablesung der Drehzahl ankommt, so wurde bei der in Betrieb befindlichen Anlage an Stelle des mechanisch angetriebenen Drehzahl-Anzeigegerätes der Abb. 92 ein an eine Drehzahldynamo angeschlossenes Anzeigegerät verwendet.

Nachdem mit Hilfe dieses Drehzahl-Anzeigegerätes 2 festgestellt ist, daß sich die Maschine in ihrer synchronen Drehzahl befindet, wird als einzige Schalthandlung der Druckknopf 3 betätigt. Dies hat zur Folge, daß das Schütz 4 einschaltet, das seinerseits die Generatorwicklungen in Sternschaltung verbindet. In diesem Schaltzustand ist der Generator noch schwach erregt, denn das Schütz 6 ist ausgeschaltet.

Im Anschluß an diese Vorgänge läuft jetzt ein Zeitelement 5 ab, das nach einigen Sekunden einen Kontakt schließt, der die Einschaltung der Erregung durch Betätigen des Schaltschützes 6 vornimmt.

In der Abb. 92 ist das hierfür nötige Zeitrelais 5 in besonders einfacher Weise dargestellt, und zwar sei bei dieser Gelegenheit darauf hingewiesen, daß in Betriebsfällen wie dem vorliegenden die Verwendung sog. »Kleinautomaten« an Stelle von Zeitrelais möglich ist. Diese Kleinautomaten haben die Eigenschaft, nach einer bestimmten thermischen Überlastung auszuschalten, und zwar erfolgt diese Ausschaltung mit einer einstellbaren Verzögerung. Der Heizstromkreis des Kleinautomaten wird nach Ablauf des vorhergehenden Schaltvorganges auf einen kleinen künstlichen Belastungsstromkreis geschaltet, so daß der Automat nach wenigen Sekunden ausschaltet. Hierbei schließt er einen Kontakt, der, wie die Abb. 92 zeigt, die Einschaltung des Schaltschützes 6 vornimmt. Die Zurückstellung des Kleinautomaten in seine normale Betriebsstellung erfolgt vor Inbetriebsetzung des Maschinensatzes von Hand genau so, wie man einen zum Schutz eines Motors verwendeten Automaten wieder in seine Betriebsstellung zurückstellt.

Nach der erfolgten Einschaltung des Schützes 6 vergehen wieder einige Sekunden, für deren Einhaltung das Zeitelement 7 vorhanden ist, das nach Ablauf seiner Verzögerungszeit einen Kontakt und damit ein Zwischenrelais 8 betätigt. Dieses Zwischenrelais schaltet mit Hilfe seines Ruhekontaktes das Sternschütz 4 aus und das Dreieckschütz 9 ein. Hiermit ist der Parallelschaltvorgang beendet.

Der Bedienende hat lediglich die Aufgabe, auf Grund der Beobachtung des Drehzahlgerätes 2 den Betätigungsdruckknopf 3 niederzudrücken. Die Beobachtung von Phasenlage und Spannungshöhe ist bei der vorliegenden Schaltung nicht nötig. Es geht daraus hervor, daß der Parallelschaltvorgang für den Betriebsmann wesentlich vereinfacht

wurde. Der auftretende Parallelschaltstoß beträgt, an einem Schalt-
tafelgerät abgelesen, etwa 60 bis 70 kW bei einer Maschine von 300 kW.
Man sieht, daß durch Anwendung der geschilderten Verfahren der
Parallelschaltstromstoß gegenüber dem gewöhnlichen Grobsynchronisierverfahren (Abb. 90) vom Mehrfachen des Normalstromes auf etwa $\frac{1}{4}$
bis $\frac{1}{5}$ des Normalstromes vermindert wird.

Schnellsynchronisierung mit dem Teilwindungsverfahren.

Aus der Abb. 92 geht hervor, daß für die Umschaltung von Stern-
auf Dreieckschaltung des Generators 2 Schaltschütze notwendig sind.
Noch einfacher ist die Schaltung, wenn man das sog. »Teilwindungsverfahren« verwendet, dessen grundsätz-
liche Anordnung in der Abb. 93 dargestellt ist. Dort ist nur ein — mit 9 be-
zeichnetes — Schaltschütz vorhanden.

Die Schaltvorgänge spielen sich bei
dieser Anordnung so ab, daß auf Grund
der Ablesung des Drehzahlgerätes 2 (der
Abb. 92) ein Druckknopf betätigt wird,
der den Schalter 4 einschaltet. In diesem
Schaltzustand ist nur ein Teil der Gene-
ratorwicklung vom Strom durchflossen,
und zwar ist in diesem Schaltzustand die
Impedanz der Generatorwicklungen viel
größer als im normalen Schaltzustand.
Hierdurch wird der Einschaltstromstoß in
ähnlicher Weise begrenzt wie bei der Anwendung der Sterndreieck-Umschaltung.

Im Anschluß an die erfolgte Einschaltung des Hauptmaschinenschalters 4

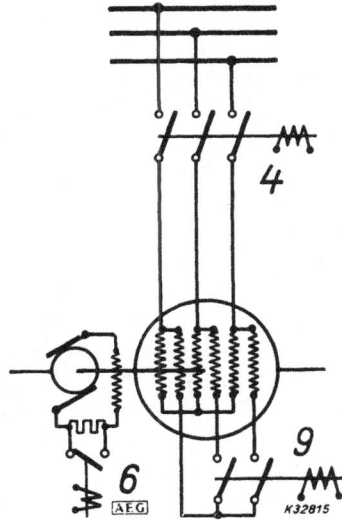

Abb. 93. Schlupfsynchronisierung mit
dem Teilwindungsverfahren.

läuft wieder das Zeitrelais 5 ab, das die
Feldverstärkung (6) einleitet. Nach Ab-
lauf einer weiteren Zeitverzögerung wird das Schütz 9 eingeschaltet.
Jetzt befindet sich der Generator in seiner normalen Schaltung im
Betrieb.

Der gesamte Parallelschaltvorgang eines solchen Maschinensatzes
dauert etwa 8 s. Es ist aber zu beachten, daß das Teilwindungsverfahren
nur bei vielpoligen Maschinen angewendet werden kann.

6. Schlupfsynchronisierverfahren, bei denen die Maschinenspannung voll ausgebildet ist.

Im Abschnitt 2 wurde erläutert, daß der Einschaltbefehl für den
Maschinenschalter erst gegeben wird, wenn sich der Maschinenvektor
in einem ganz bestimmten Winkelbereich in der Nachbarschaft des

Netzvektors befindet. Die Einschalteigenzeit des Maschinenschalters wurde dadurch berücksichtigt, daß eine bestimmte Zeit vor Erreichen dieses Winkelbereiches das Einschaltkommando abgegeben wurde. Der Voreilwinkel war so groß gewählt, daß bei der herrschenden Frequenzdifferenz von maximal 0,2 Per/s zwischen Maschine und Netz die Schalterkontakte in demjenigen Augenblick geschlossen wurden, in dem der Netzvektor den Maschinenvektor vollkommen eingeholt hatte, so daß im Augenblick der Einschaltung Phasengleichheit zwischen Maschine und Netz bestand.

Dieser Anordnung haftet nun eine gewisse Starrheit an, denn der erwähnte Winkelbereich wird natürlich in verschieden großen Zeiten durchlaufen, wenn man in dem zuzulassenden Schlupf größere Freizügigkeit verlangt, als dies bei der Feinsynchronisierung der Fall ist. Dieser gegenüber der Feinsynchronisierung vergrößerte Schlupf, bei dem eine Parallelschaltung durchgeführt werden soll, hat zur Folge, daß es nicht mehr möglich ist, dem oben erwähnten Winkelbereich einen bestimmten Wert zu geben; denn dann wäre ja dieser Bereich schneller durchlaufen, wenn der Schlupf größer ist, und langsamer durchlaufen, wenn der Schlupf zufällig kleiner ist. Da die Schaltereigenzeit immer denselben Wert hat, so könnte man nicht damit rechnen, daß bei größerem Schlupf ebenso wie bei kleinerem Schlupf die Einschaltung der Maschine an das Netz im Augenblick der Phasenübereinstimmung erfolgt. Der starr festgelegte Phasenwinkel würde bei großem Schlupf zu schnell durchlaufen werden und die Einschaltung der Maschine würde zu spät erfolgen, während bei geringem Schlupf der Phasenwinkel nur in sehr großer Zeit durchlaufen wäre, so daß die Einschaltung zu früh käme.

Man sieht also, daß man nicht mehr mit einem starren Winkelbereich arbeiten darf; vielmehr ist es nötig, den Winkelbereich dem jeweiligen Wert des Schlupfes selbsttätig anzupassen.[1]) Dies ist das Kennzeichen für die in den letzten Jahren ausgebildeten Schlupfsynchronisieranordnungen. Sie sind so ausgebildet, daß der Winkelbereich der beiden Spannungsvektoren, innerhalb dessen die Parallelschaltung vorgenommen werden darf, von der Größe des Schlupfes bzw. der Änderungsgeschwindigkeit dieses Winkels selbst abhängig gemacht ist.

Wenn bei der Feinsynchronisierung der Winkelbereich durch den Wert $E \cdot \text{sinus } \Theta$ dargestellt war (Abb. 88), so handelt es sich also bei den neuartigen Schlupfsynchronisiergeräten darum, daß man außer dieser Größe $E \cdot \sin \Theta$ noch deren erste Ableitung $\dfrac{d E \cdot \sin \Theta}{d t}$ hinzuzieht.

---

[1]) F. H. Gulliksen, »A Thermionic automatic Synchronizer«, Electric Journal 1931, S. 421. O. Schmutz, »Ein neues Feinsynchronisiergerät«, VDE-Fachberichte 1934, S. 5. H. T. Seeley, »A compensated Synchronizer«, El. Engg. 1934, S. 960.

Der Wert $E \cdot \text{sinus}\, \Theta$ und dessen erste Ableitung werden relaistechnisch abgebildet und in Abhängigkeit von diesen beiden wird der
Parallelschaltvorgang vorgenommen.

Das vereinfacht dargestellte Schaltbild (Abb. 94) soll diese Vorgänge veranschaulichen. Die Sekundärseiten der an Netz und Maschine
liegenden Spannungswandler *1* und *2* sind so gegeneinander geschaltet,
daß der Gleichrichteranordnung *3* die Differenz der beiden Spannungen
ΔE zugeführt wird (oben mit $E \cdot \sin \Theta$ bezeichnet). Durch den Gleich-

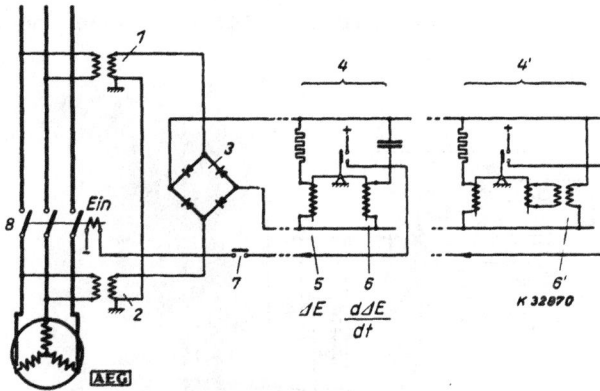

Abb. 94. Grundschaltung neuzeitlicher Schlupfsynchronisierverfahren.

richter *3* wird diese Schwebungsspannung gleichgerichtet, deren Schwebungsfrequenz mit Annäherung an den Synchronismus abnimmt. Die
hinter dem Gleichrichter abgenommene Schwebungsfrequenz ist eine
modulierte Grundfrequenz, d. h. sie enthält noch die Grundfrequenz von
beispielsweise 50 Hz. Die an den Gleichrichter *3* angeschlossene Parallelschalteinrichtung ist nun so beschaffen, daß sie die hohe Grundfrequenz
nicht, dagegen die Schwebungsfrequenz voll hindurchläßt. Die gleichgerichtete Schwebungsfrequenz wird einem in Abb. 94 der besseren
Anschaulichkeit wegen als Waagebalkenrelais dargestellten Differenzstromrelais zugeführt, dessen beide Spulen in 2 Stromkreisen liegen,
von denen der eine (*5*) einen Ohmschen, d. h. frequenzunabhängigen
Widerstand enthält, während der andere Stromkreis (*6*) frequenz-
abhängig ist. Der in dem Spulenstromkreis mit Ohmschem Widerstand
fließende Strom ist also dem Spannungswert ΔE proportional, während
der in dem frequenzabhängigen Stromkreis fließende Strom dem Wert
$\dfrac{d \Delta E}{dt}$ proportional ist. So wird erreicht, daß das Relais seinen Kontakt
für die Betätigung des Einschaltspulenstromkreises des Maschinenschalters *8* nicht, wie bei der Anordnung nach Abb. 88, bei einem bestimmten Wert der Größe ΔE schließt, sondern daß bei größerem

Schlupf das Relais seinen Kontakt bei einem größeren ΔE betätigt als bei kleinem Schlupf.

In dem Schaltbild 94 sind zwei Möglichkeiten für die Ausbildung des frequenzabhängigen Stromkreises dargestellt, und zwar zeigt der mit *4* bezeichnete Teil, daß die Frequenzabhängigkeit durch Einfügen eines Kondensators erreicht ist, während in dem mit *4'* bezeichneten Teil ein kleiner Umspanner *6'* dargestellt ist, dessen Sekundärstromstärke mit zunehmender Schlupffrequenz steigt. Das Differenzstromrelais ist in Wirklichkeit ein polarisiertes Relais, beispielsweise ein Drehspulrelais oder eine Röhrenanordnung. In dem Stromkreis der Schaltspule für

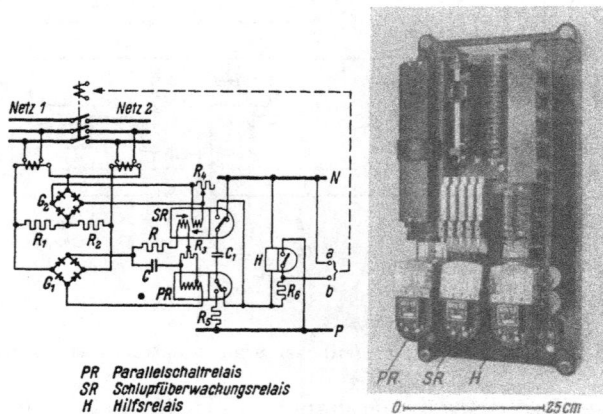

PR Parallelschaltrelais
SR Schlupfüberwachungsrelais
H   Hilfsrelais

Abb. 95. Grundschaltung und Ansicht eines einfachen Parallelschaltgerätes für feste Vorgabezeit (Ausführung SSW u. S. u. H.)

den Maschinenschalter *8* liegt noch der Kontakt *7* eines Relais, das die Aufgabe hat, die Einschaltung des Maschinenschalters zu verhindern, wenn der Schlupf unzulässig groß ist, d. h. mehr als etwa 0,7 bis 1% beträgt. Es sei daran erinnert, daß der entsprechende Wert bei der Feinsynchronisierung nur etwa 0,1 bis 0,2% betrug.

Für die praktische Ausführung der erläuterten schaltungstechnischen Aufgabe gibt es einige mehr oder weniger einfache Lösungen. Es ist anzunehmen, daß durch die Einführung der geschilderten Schlupfsynchronisierverfahren die im Abschnitt IX,4 behandelten Verfahren für große Maschinen ihre Bedeutung verlieren.

X. Selbsttätige Einregulierung der Parallelschaltbedingungen.

1. Frequenzübereinstimmung.

Die verschiedenen im vorigen Abschnitt erläuterten Parallelschaltverfahren setzen eine mehr oder weniger genaue Einregelung bestimmter

Parallelschaltbedingungen voraus. Grundsätzlich ist allen die Forderung eigen, daß eine möglichst genaue Übereinstimmung zwischen Maschinenfrequenz und Netzfrequenz herrscht. Bei dem Feinsynchronisierverfahren ist dies selbstverständlich. Es wurde oben angegeben, daß die Maschinenfrequenz mit einer Genauigkeit von etwa 0,2% an die Netzfrequenz angeglichen werden muß, bevor ein Feinsynchronisiergerät den Einschaltbefehl abgeben kann. Aber auch bei den verschiedenen Schlupfsynchronisierverfahren ist die Gleichregelung der Maschinenfrequenz mit der Netzfrequenz von Wichtigkeit; denn die Genauigkeit der Übereinstimmung von Maschinen- und Netzfrequenz ist ausschlaggebend für

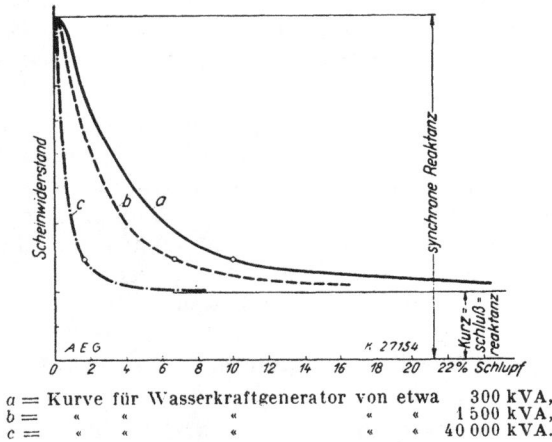

a = Kurve für Wasserkraftgenerator von etwa   300 kVA,
b =   «   «   «   «   «   1 500 kVA,
c =   «   «   «   «   « 40 000 kVA.

Abb. 96. Abnahme des Scheinwiderstandes verschieden großer Synchrongeneratoren bei Annäherung der Drehzahl an die dem synchronen Lauf der Maschine entsprechende Drehzahl.

den Wirkstromanteil des Parallelschaltstromstoßes, der auftritt, um nach dem Einschalten die Maschinenfrequenz der Netzfrequenz vollkommen gleichzumachen bzw. die beiden Spannungsvektoren in Deckung zu bringen.

Wenn bei gleichgroßem Schlupf der Wirkstromstoß bei den Verfahren nach Schaltung 2 bis 5 der Abb. 89 geringer ist als bei den Anordnungen nach Schaltung 1, dann liegt dies daran, daß durch die zwischen Maschine und Netz geschaltete Drosselspule oder dadurch, daß die Maschine anfänglich an eine Teilspannung und dann erst an die volle Netzspannung gelegt wird, der Einfangvorgang stark gedämpft wird. Das endgültige Intrittziehen der Maschine dauert dafür auch länger. Außerdem tritt bei den Verfahren nach Abb. 89 ein starker Blindstromstoß auf, weil anfänglich die Maschine nur schwach erregt ist.

Daß auch bei diesen Verfahren die Annäherung der Maschinenfrequenz an die Netzfrequenz eine große Rolle spielt, geht aus der Abb. 96 hervor. Diese zeigt nämlich die Abhängigkeit des beim Einschalten der

9*

noch schlüpfenden, nur schwach erregten Maschine an das Netz in Wirkung tretenden Scheinwiderstandes, der für die Größe des Parallel- schaltstromes unmittelbar maßgebend ist vom Schlupf der Maschine. Die Abhängigkeit ist für drei verschiedene Maschinengrößen aufgezeich- net und es zeigt sich, daß man bei großen Maschinenleistungen die Maschinenfrequenz schon sehr genau der Netzfrequenz gleichregulieren muß, wenn man einen verhältnismäßig geringen Einschaltstromstoß er- reichen will.

Dies gilt übrigens auch für das Parallelschalten von Asynchron- generatoren. Ein bekannter Irrtum besteht darin, anzunehmen, daß es beim Parallelschalten eines Asynchron - Kurzschlußläufer - Generators praktisch nicht auf die Höhe der Frequenzdifferenz im Einschaltaugen- blick ankomme. Die auftretenden Stromstöße beweisen das Gegenteil (siehe auch Abschnitt XII).

Die in den Kurven eingezeichneten Punkte ergeben, daß man einen Scheinwiderstand von etwa 30% des maximal möglichen bei einer kleinen Maschine von etwa 300 kVA bereits dann erreicht, wenn die Maschine noch 10% gegenüber dem Netz schlüpft. Bei einer größeren Maschine von etwa 1500 kVA darf der Unterschied zwischen Maschinen- und Netzfrequenz nur etwa 7% betragen, wenn man mit demselben Scheinwiderstand von 30% des maximalen rechnen will. Handelt es sich dagegen um eine große Maschine von etwa 40000 kVA, dann muß man den Schlupf noch weiter vermindern, und zwar auf einen Wert von etwa 1 bis 2%.

Was die Größe des zuzulassenden Parallelschaltstromstoßes anbe- trifft, so spielt hier natürlich immer das Verhältnis der Maschinengröße zur Netzgröße eine wichtige Rolle; denn je kleiner die Maschinen- leistung im Verhältnis zur synchronen Netzleistung ist, um so weniger kommt der beim Schlupfsynchronisieren der Maschine auftretende Parallelschaltstromstoß zur Auswirkung. Für das in Amerika verwendete Grobsynchronisierverfahren (Abb. 90) besteht im allgemeinen die Vor- schrift, daß die Netzleistung 5- bis 10mal so groß wie die Maschinen- leistung sein soll. Bei Anwendung des Verfahrens nach Abb. 92 dagegen kann dieses Verhältnis 1:1 betragen, wenn man eine vorübergehende Frequenzschwankung in Kauf nimmt.

Jedenfalls zeigt es sich, daß unabhängig von dem angewendeten Parallelschaltverfahren die möglichst genaue Gleichregulierung der Maschinenfrequenz mit der Netzfrequenz von Wichtigkeit ist.

Dieser Regelvorgang spielt sich bei vollselbsttätigen Maschinen etwa in der folgenden Weise ab: Gelegentlich der letzten Stillsetzung der Maschine wird ihre Drehzahlverstellvorrichtung bis in ihre tiefste Stel- lung gesteuert. Zur Kennzeichnung dieser Stellung sei gesagt, daß die Maschine nach erfolgtem Anlauf eine Drehzahl von etwa 60 bis

70% der Normaldrehzahl annimmt, so lange sich die Drehzahl-Verstellvorrichtung in der erwähnten Stellung befindet (Punkt X der
Abb. 97).

Durch Öffnen der Einlaßventile der Wasser- oder Dampfturbine
wird die Maschine möglichst schnell vom Stillstand bis zum Punkt X
hochgefahren. Um zu verhindern,
daß dieser erste Teil des Anfahrvorganges unzweckmäßig oder unzulässig schnell erfolgt, müssen an
der Turbinen-Steuereinrichtung
besondere Anordnungen vorgesehen werden (z. B. ölgesteuertes
Anlaufventil). Erreicht die Maschinendrehzahl den Punkt X,
dann beginnt die Reglermuffe sich
zu bewegen und dieser Vorgang
kann schaltungstechnisch ausgenutzt werden, um eine elektrische
Steuereinrichtung (Differenz-Frequenz-Regulierrelais) in Betrieb

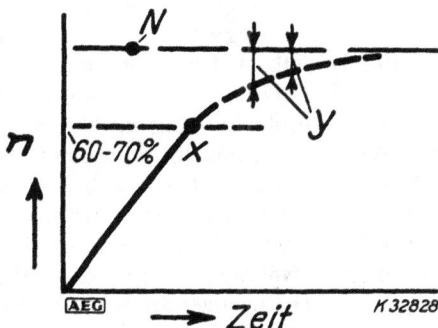

Abb. 97. Selbsttätige Einsteuerung der Maschinendrehzahl zur Ermöglichung einer schnellen Parallelschaltung.

zu setzen, die dafür zu sorgen hat, daß die Maschinendrehzahl möglichst
asymptotisch und trotzdem in kürzester Zeit in die der augenblicklichen
Netzfrequenz entsprechende Drehzahl hineinläuft.

Hierdurch wird eine schnelle und gute Parallelschaltung der Maschine mit dem Netz ermöglicht. Das Differenz-Frequenz-Regulierrelais
wirkt dabei auf den Drehzahlverstellmotor so ein, daß die Maschinendrehzahl nach Erreichen des Punktes X den in Abb. 97 angegebenen
weiteren Verlauf nimmt. Das Relais kann grundsätzlich aus 2 Synchronmotoren kleinster Leistung, von denen der eine am Maschinenspannungswandler und der andere am Netzspannungswandler liegt, bestehen. Über
eine sich drehende Kontaktanordnung werden über Zwischenschütze
dem Drehzahlverstellmotor kurze Steuerimpulse gegeben. Wesentlich
ist dabei, daß die Zahl dieser Impulse mit zunehmender Annäherung der
Maschinenfrequenz an die Netzfrequenz abnimmt. Die Zahl der von
dem Relais ausgehenden Betätigungsimpulse für den Drehzahlverstellmotor sind also dem Abstand Y zwischen Maschinenfrequenz-
kurve und Netzfrequenzkurve proportional. Es ist leicht einzusehen,
daß so eine schnelle Einsteuerung der richtigen Drehzahl der Maschine
erfolgt.

Wenn das Frequenzdifferenzrelais eine bestimmte Zeit lang keine
Steuerimpulse für den Drehzahlverstellmotor abgegeben hat, dann ist
dies ein Zeichen dafür, daß die gewünschte Einsteuerung beendet ist.
Wie genau die Einsteuerung der Frequenz erfolgen muß, hängt von der
Art des verwendeten Parallelschaltverfahrens ab.

2. Regelung des Spannungsunterschiedes zwischen Maschine und Netz.

Die Einsteuerung der Übereinstimmung der beiden Spannungen ist bedeutend weniger wichtig als die der beiden Frequenzen. In den meisten selbsttätigen Anlagen wird die Spannung durch einen selbsttätigen Spannungsregler auf einen bestimmten Wert eingeregelt (Leerlaufspannung). Im allgemeinen ist diese Regelung als Vorbereitung für die selbsttätige Parallelschaltung ausreichend. Es erfolgt also keine besondere selbsttätige Gleichregulierung der Maschinenspannung an den augenblicklichen Netzspannungswert. Wenn es sich um die selbsttätige Parallelschaltung eines größeren Maschinensatzes handelt, wobei das Anlaufkommando von einer Schaltwarte aus durch einen Schaltwärter gegeben wird, dann hat dieser die Aufgabe, vor Anlauf des Maschinensatzes den im Spulenstromkreis des Spannungsreglers liegenden Einstellwiderstand von Hand in eine Stellung zu bringen, die der augenblicklichen Netzspannung entspricht. Es gibt aber auch Fälle, in denen durch ein Differenzspannungs-Regulierrelais eine besondere selbsttätige Gleichregulierung der beiden Spannungen, ähnlich wie oben für die beiden Frequenzen erläutert, erfolgt (Abschnitt XIV/2).

XI. Die Gittersteuerung von Stromrichteranlagen.

Solange es sich um Gittersteuerungen handelt, deren Anodenstromkreis ein Gleichstromkreis ist, ist die Steuerung des gasgefüllten Entladungsgefäßes verhältnismäßig unvollkommen, wie im Abschnitt VII/23 geschildert wurde. Der mit Hilfe der Gittersteuerung veranlaßte Anodenstrom kann durch Beeinflussung der Gitter nicht wieder zum Erlöschen gebracht werden, sondern er muß durch andere Mittel ausgeschaltet werden. Anders liegen die Verhältnisse beim Gleichrichterbetrieb, weil es sich hier um Wechselstromkreise handelt, die an die Anoden angeschlossen sind. In diesem Falle braucht man sich nicht besonders um das Erlöschen des Anodenstromes zu bemühen, weil dieser bei Wechselstrom ohnehin in jeder Halbperiode einmal durch Null hindurchgeht.

1. Die Gitterregulierung

besteht hier darin, daß der Zündeinsatz jeder Anodenstrom-Halbwelle durch die Beeinflussung des Gitters bestimmt wird. Bei einer einfachen Gittersteueranordnung (Abb. 98) wird die den Zündeinsatzpunkt bestimmende Gitterspannung dadurch gegenüber der dazugehörigen Anodenspannung verändert, daß mit Hilfe eines Drehtransformators *3* die Phasenlage der Gitterspannung gegenüber der Phasenlage der Anodenspannung verändert wird. Diese Phasenverdrehung kann auch auf andere Weise erzielt werden, und zwar beispielsweise dadurch, daß in den Gitterstromkreis Drosselspulen *3* geschaltet werden, deren In-

duktivität durch Veränderung des Stromes einer Gleichstrom-Sättigungs-
wicklung *5* mit Hilfe eines Verstellwiderstandes *4* verändert wird
(Abb. 98, rechts). Die äußeren schaltungstechnischen Zusammenhänge,

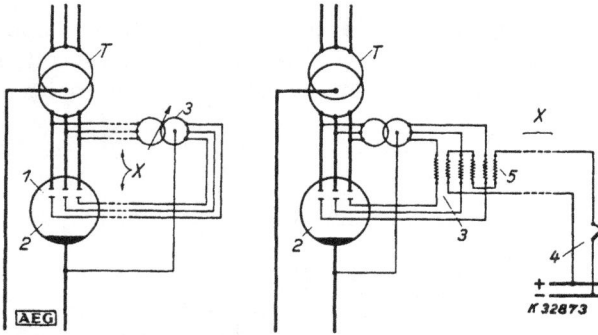

Abb. 98. Eine grundsätzliche Schaltung für die Gitterregulierung
von Gleichrichtern.

die bei Verwendung einer solchen Gitterregulierung eine Rolle spielen,
sind weiter unten in Abschnitt XVI behandelt.

2. Die Verwendung der Gittersteuerung zur Lösung schaltungstechnischer Aufgaben.

Im Falle von Überströmen oder Rückzündungen kann eine schnelle
Abschaltung des betreffenden Gleichrichters dadurch herbeigeführt werden, daß durch ein schnell wirkendes, mechanisches Überstromrelais

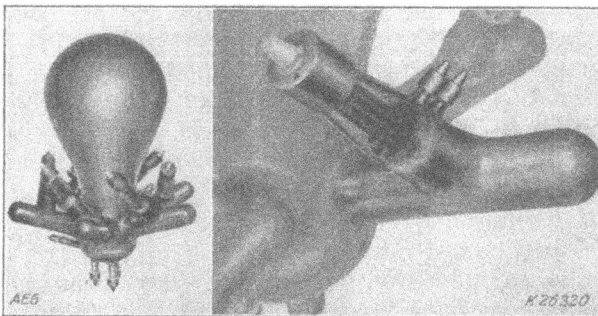

Abb. 99. Glaskörper mit Steuergitter 500 A bei 500 V.

oder durch eine Steuerröhre die Gitter des Gleichrichters Abb. 99 an
eine so starke negative Spannung gelegt werden, daß wohl die im Augenblick brennende Anode bis zu ihrem natürlichen Erlöschen weiter-
brennt, daß aber das Zünden der nächsten Anode nicht mehr statt-

findet. Gewöhnlich erhalten die Gitter der Gleichrichter von vornherein eine negative Vorspannung, die dann im Augenblick des Zündens durch die zugeführte Gitterwechselspannung ausgeglichen wird. Nimmt man nun im Falle eines Kurzschlusses die Gitterwechselspannung weg, so bleibt nur noch die negative Vorspannung bestehen, und die Anoden können nicht mehr zünden. Die zuletzt brennende Anode erlischt nach dem Nulldurchgang ihrer Spannung und der Gleichrichter ist gesperrt.

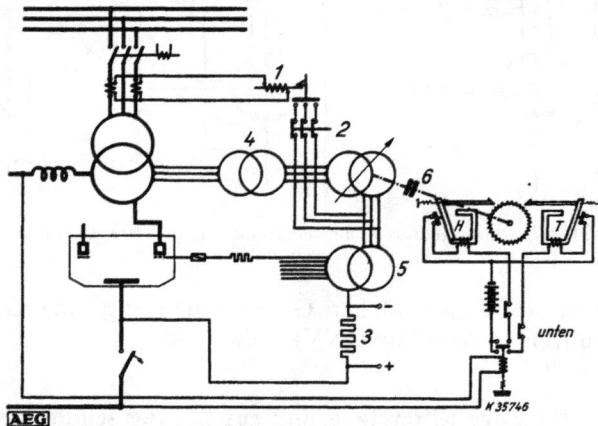

H = Relais für Höher-Steuerung,
T = Relais für Tiefer-Steuerung,
1 = Schnellrelais,
2 = Drehregler,
3 = Widerstand,
4, 5 = Gitterumspanner,
6 = Rutschkupplung.

Abb. 100. Selbsttätige Spannungsregelung, Kurzschluß- und Rückzündungsabschaltung.

Abb. 100 zeigt eine Ausführung der Schaltung für die Kurzschluß- und Rückzündungsabschaltung durch Gittersteuerung.

Im Augenblick des Kurzschlusses schließt ein über Stromwandler gespeistes Schnellrelais *1* die Sekundärklemmen des Drehreglers *2* kurz und nimmt auf diese Weise die Gitterwechselspannung weg. In Abb. 100 wird die negative Vorspannung an den Widerstand *3* angelegt. Die außerdem dargestellten Gitterumspanner *4* und *5* dienen in der Hauptsache zur Isolierung des Drehreglers gegen die Hochspannung des Gleichrichters bzw. des Drehstromsystems.

Die Verbindung des Relaisantriebes mit dem Drehregler *2* ist über eine Rutschkupplung *6* vorgenommen. Mit dem Kurzschließen der Sekundärwicklungen des Drehreglers erzeugt dieser (als Asynchronmotor) ein genügend großes Moment, um sehr rasch in seine Nullstellung zurückzudrehen. Diese rasche Bewegung wird durch die Zwischenschaltung der Rutschkupplung ermöglicht. Die Nullstellung des Drehreglers ist gleichzeitig diejenige Stellung, in der er den Gleichrichter vollkommen sperrt, auch wenn der Kurzschluß der Sekundärseite des

Drehreglers von Hand oder durch eine selbsttätige Widereinschaltung aufgehoben wird. Geht der Gleichrichter nach Beseitigung der Störung wieder in Betrieb, dann wird also die von ihm erzeugte Gleichspannung erst langsam wieder von Null auf ihren Höchstwert heraufgeregelt. Die Gefahr eines erneuten Kurzschlusses mit voller Spannung ist also vermieden.

Wenn mehrere Gleichrichter auf eine Gleichstromsammelschiene arbeiten, dann besteht bei einer Schaltung nach Abb. 101 die Möglichkeit, die gemeinsame Regulierung sämtlicher Gleichrichter mit Hilfe eines gemeinsamen Gitterdrehreglers[1]) 1 vorzunehmen und die gegen-

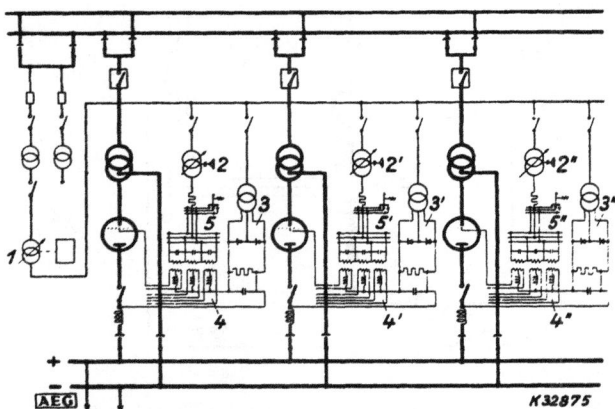

Abb. 101. Gitter-Reglung von drei parallel arbeitenden Eisengleichrichtern mit Hilfe eines gemeinsamen Drehtransformators 1.

seitige Ausregulierung kleinerer Leistungsschwankungen zwischen den Gleichrichtern durch Verdrehen der den einzelnen Gleichrichtern zugeordneten Drehregler 2, 2' und 2'' zu bewerkstelligen. Die Schnellschaltrelais 5 schließen bei ihrem Ansprechen die einzelnen Drehregler 2, 2' und 2'' kurz. Die negative Gitterspannung wird durch die Trockengleichrichter 3 erzeugt.

Wenn es sich darum handelt, einen Gleichstrommotor, beispielsweise den Antriebsmotor eines Grubenventilators, anzulassen und im Betrieb zu regeln, dann ergibt eine Gleichrichteranordnung nach Abb. 102 einfache schaltungstechnische Zusammenhänge. An den Umspanner 3 ist der Eisengleichrichter 2 angeschlossen, der den Anker des Gleichstrommotors 1 speist. Der Feldstrom des Motors wird demselben Gleichrichter über 3 Hilfsanoden entnommen. Diese Hilfsanoden sind an einen kleinen Umspanner 4 angeschlossen, dessen Nullpunkt den negativen

---

[1]) Als Antriebseinrichtung für diesen Drehregler hat sich der von der Firma Neufeld und Kuhnke gebaute, selbsttätige »Thoma-Öldruck-Regler« bewährt.

Pol des Motorfeldes bildet. Während der Feldstrom unverändert bleibt, erfolgt das Anfahren und die Drehzahlregelung des Motors *1* durch Gitterregelung des Hauptgleichrichters, d. h. durch Regelung der Ankerspannung bzw. des Ankerstromes. Mit Hilfe des Gitter-Regulierdrehtransformators *6* wird beim Anfahren die Ankerspannung des Motors langsam vom Wert Null an gesteigert. Man sieht, daß der Gitter-Regulierdrehtransformator *6* schaltungstechnisch die Aufgabe eines Motoranlassers übernimmt. Die Schaltanordnung muß so verriegelt sein, daß

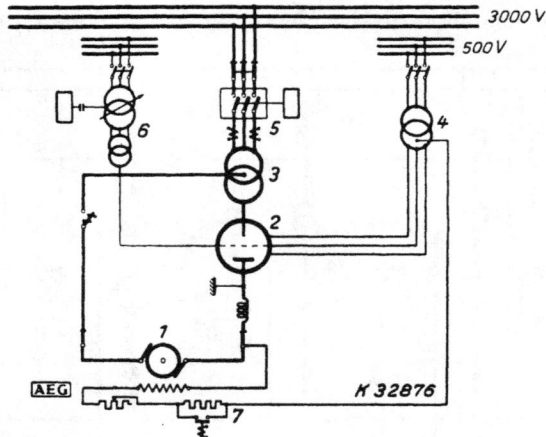

Abb. 102. Von einem gittergesteuerten Gleichrichter gespeister Gleichstrommotor.

der Hauptölschalter *5* nur eingeschaltet werden kann, wenn der Gitter-Drehtransformator *6* in seiner Schließstellung steht und wenn nach Einschalten des Hilfsumspanners *4* der Feldstrom des Motors *1* fließt. Dies wird mit Hilfe eines Stromrelais geprüft. Hierauf kann der Hauptschalter *5* eingeschaltet und der Motor durch Verdrehen des Gitterdrehtransformators *6* angelassen werden. Dieser Vorgang darf nicht zu schnell, d. h. nicht so vorgenommen werden, daß ein unzulässig hoher Anlaufstrom auftritt.

Aus dieser Schilderung geht hervor, daß eine solche Anlage sehr leicht als verriegelte oder halbselbsttätige Anlage ausgeführt werden kann. Im Falle einer Störung wird der Gleichrichter durch die Gittersteuerung abgeschaltet und gleichzeitig der Hilfsgleichrichter durch Ausschalten des Umspanners *4* stromlos gemacht.

— 139 —

C. Die Anwendung der erläuterten schaltungstechnischen Mittel und Verfahren beim Bau von Elektrizitätswerks- und Industrieschaltanlagen.

XII. Selbsttätige Wasserkraftanlagen.

a) Allgemeines.

Neben den Umformer- und Gleichrichteranlagen sind bisher die Wasserkraftanlagen das Hauptverwendungsgebiet selbsttätiger Steuerungen. Es sind viele hundert Anlagen mit Leistungen von 50 kVA bis 50 000 kVA in Betrieb. Bei kleinen Anlagen bis etwa 5000 kVA hat die Automatisierung oder Fernbedienung von Wasserkraftanlagen die Aufgabe, Bedienungskosten zu sparen und auf diese Weise kleine Anlagen wirtschaftlich arbeiten zu lassen. Ohne dieses Hilfsmittel wären diese kleinen Anlagen oft nicht wettbewerbsfähig mit großen Wasserkraftwerken.

Die folgende kurze Nachricht über eine seit Jahren in Afrika in Betrieb befindliche kleine Wasserkraftanlage kennzeichnet die Aufgabe der selbsttätigen Ausrüstung solcher kleiner Anlagen sehr deutlich:

»Die Wasserkraftanlage Nr. 1 läuft jetzt fortgesetzt 24 h pro Tag seit 2½ Jahren mit einem tatsächlichen Kostenaufwand von sh 5/- monatlich für Schmieröl. Die Anlage ist zweimal wöchentlich besucht worden und es hat sich gezeigt, daß dies ausreichend ist. Der Belastungsfaktor der Wasserkraftanlage im Jahre 1930 war etwas über 40%.«

Die selbsttätige Ausrüstung großer Wasserkraftanlagen hat ganz andersgeartete Aufgaben zu erfüllen. Die Anwesenheit von Bedienungs- und Überwachungsmannschaften widerspricht hier in keiner Weise dem Sinn solcher Automatisierungen.

Hier handelt es sich um Vereinfachung des Anfahrvorganges, z. B. bei Speicherkraftwerken, die oft und schnell in und außer Betrieb genommen werden sollen. Auch mit Rücksicht auf wenig geschultes Bedienungspersonal werden, z. B. in Japan, solche Steuerungen allgemein angewendet, um die Bedienung zu erleichtern. Bei der Bearbeitung solcher selbsttätiger Anlagen großer Leistung fällt demjenigen, der sich einmal eingehend mit dieser Frage beschäftigt, folgendes auf:

Der Schritt von einer modernen, von einer zentral angeordneten Warte aus elektrisch gesteuerten Wasserkraftanlage zu einer Anlage mit weitgehend selbsttätiger Steuerung der Anlauf- und der Übergangsvorgänge von einer Betriebsart in eine andere ist ganz unbedeutend und der zusätzliche Apparateaufwand überraschend gering. Das hat seinen

Grund darin, daß alle zu steuernden Organe, wie Turbineneinlaßschieber, Kupplung usw. sehr große Abmessungen haben und daß sie mit gut durchgebildeten und gegen Fehlsteuerungen verriegelten Fernantriebseinrichtungen ausgerüstet werden, unabhängig davon, ob es sich um eine sog. »Handbedienung« oder um eine »selbsttätige Steuerung« handelt.

Da der ganze Aufbau und die selbsttätige Steuerausrüstung der kleinen Anlagen bis etwa 5000 kVA grundsätzlich sehr verschieden ist von der Ausrüstung sehr großer Wasserkraftwerke, so werden diese beiden Arten im folgenden in zwei getrennten Abschnitten behandelt.

b) Selbsttätige Wasserkraftanlagen kleiner und mittlerer Leistung bis etwa 5000 kVA.

Eine wichtige Rolle spielen halbautomatische Anlagen, die so arbeiten, daß die In- und Außerbetriebsetzung der Anlagen von Hand erfolgt, während der Betrieb selbst vollautomatisch vor sich geht. Diese Betriebsweise hat den Vorteil, daß sich die zusätzlichen Einrichtungen für die Automatisierung darauf beschränken, daß die Schutz- und Überwachungseinrichtungen gegenüber einer handbedienten Anlage vervollkommnet werden und daß den Regelaufgaben besondere Beachtung geschenkt werden muß. Die zusätzlichen Einrichtungen hierfür sind nicht sehr kostspielig. Die Ersparnis an Anschaffungskosten im Vergleich zu vollautomatischen Wasserkraftanlagen liegt darin, daß die Öffnungs- und Schließorgane der Turbinen nicht mit elektrischen oder hydraulischen Antrieben ausgerüstet werden müssen und daß keine Anordnungen für die selbsttätige Steuerung des Parallelschaltvorganges des Generators mit dem Netz nötig sind. Besonders naheliegend ist der geschilderte halbautomatische Betrieb immer dann, wenn es sich um die nachträgliche Automatisierung von Wasserkraftanlagen handelt, die vorher von Hand bedient wurden. Würde man diese Anlagen in vollautomatische Anlagen umbauen wollen, dann müßten die Anlaß- und Schließorgane für selbsttätigen Betrieb umgebaut werden. Diese Umänderung ist verhältnismäßig kostspielig.

1. Zusätzliche Schutzeinrichtungen.

Die zusätzlichen Schutzeinrichtungen für bedienungslosen Betrieb bestehen neben den auch bei Handbedienung vorgesehenen Überstromschutz-Relais aus folgenden Schutzanordnungen:

α) Verbesserter Schutz gegen geringe, aber lange andauernde Überlastungen des Generators. Die normalen Überstromrelais handbedienter Anlagen dienen in der Hauptsache zum Schutz gegen kurzschlußähnliche Überlastungen, während der Schutz gegen geringe Überlastungen dem, die Meßinstrumente beobachtenden, Schaltwärter übertragen ist. Für diesen thermischen Schutz des Generators haben sich Anordnungen zum Anschluß an Maschinenstromwandler bewährt, die aus den Elementen der bekannten Motorschutzschalter (z. B. mit Bimetallauslösung) entwickelt sind.

β) Ein Überspannungsschutz ist erstens mit Rücksicht auf die Möglichkeit des Versagens des selbsttätigen Spannungsreglers der Maschine und zweitens mit Rücksicht auf die Gefahr des Durchgehens des Maschinensatzes nötig. Die hierbei zu beobachtenden Gesichtspunkte sind bei der Besprechung der Schaltung Abb. 45 erläutert.

γ) Lagertemperaturwächter (Abb. 103) müssen in alle Maschinenlager eingebaut werden. Soll bei Heißlaufen von Lagern Schaden verhütet werden, dann ist eine schnell wirkende Bremse, auf die man bei kleinen Anlagen oft verzichtet, nötig.

δ) Riemenbruchsicherung. Da das Abfallen des den Turbinenregler antreibenden Riemens diesen Regler außer Betrieb setzt, so ist eine schnelle Stillsetzung auch für diesen Störungsfall nötig. Die Riemenbruchsicherung besteht aus einer einfachen Rolle, die mit einem Gewicht belastet ist und auf dem gespannten Riemen aufliegt. Fällt der Riemen ab, dann fällt die Rolle herunter und schließt einen elektrischen Kontakt für die Abschaltung des Maschinensatzes vom Netz. Außerdem muß das Turbineneinlaßorgan geschlossen werden. Dauert dieser Schließvorgang des Einlaßorgans lange, beispielsweise wenn keine Schnellschlußschütze

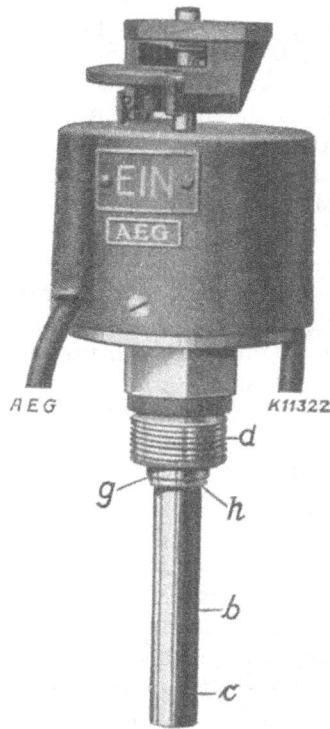

Abb. 103. Lagertemperaturwächter zum Einbau in ein horizontales Maschinenlager.

vorhanden ist, dann muß die erwähnte Rolle außer der elektrischen Betätigung eines Kontaktes noch mechanisch auf das Steuerorgan des Turbinenleitapparates oder des Strahlablenkers wirken und diesen schnell und unabhängig vom Regler schließen.

ε) Öldruckrelais zur Überwachung des Regleröldruckes, das die Aufgabe hat, bei unzulässigem Absinken des Öldruckes die Abschaltung des Generators und den Schließvorgang der Turbine einzuleiten.

ζ) Differential- und Erdschlußschutz und Schutz gegen Unterbrechung des Feldstromkreises des Generators werden wohl allgemein nur bei größeren Maschinen über 1500 kVA eingebaut, weil sie verhältnismäßig kostspielig sind.

2. Die Lage der Wasserkraftanlage im Netz.

Für vollautomatische und ferngesteuerte Wasserkraftanlagen ist ihre Lage im Netz wesentlich für die Art der anzuwendenden Ausrüstung und Steuerung.

In der Abb. 104 sind diese Beziehungen zwischen Wasserkraftanlagen und Hochspannungsnetz dargestellt. Die einfachsten selbsttätigen Steuerungen ergeben sich immer dann, wenn nach Abb. 104a die automatische Wasserkraftanlage A ihre Energie in eine Anlage H liefert, die als Fernüberwachungs- oder Fernsteuerstelle für die automatische Wasserkraftanlage in Frage kommt. Diese Leitungsführung ist sehr häufig anzutreffen, und man sollte sie immer anstreben, wenn die Aufgabe vorliegt, eine kleinere oder mittlere Wasserkraftanlage zu automatisieren. Besonders in Überseeländern findet man diese Anordnung oft bei mittleren Städten, die ihre elektrische Energie von einem entfernt liegenden Wasserkraftwerk beziehen und bei denen in der Empfangsanlage, d. h. in der mit Strom versorgten Stadt, Dieselmaschinen oder Dampfturbinen für die Stromerzeugung in wasserarmen Zeiten aufgestellt sind.

Die Überwachung einer solchen Anlage ist besonders deshalb so einfach, weil mit Hilfe ganz gewöhnlicher Meßinstrumente M, die an Strom- und Spannungswandler innerhalb der Fernsteuerstelle angeschlossen werden können, die von der Wasserkraftanlage gelieferte elektrische Energie gemessen werden kann. Auch die In- und Außerbetriebnahme einer solchen Anlage kann von der Fernsteuerstelle H aus auf einfache Weise bewerkstelligt werden. Hier liegen zwei grundsätzliche Möglichkeiten vor, deren Anwendung zwei häufig ausgeführte Arten selbsttätiger Wasserkraftanlagen ergeben.

Die erste dieser beiden Arten soll an Hand der Schaltbilder 104a und 104b in großen Zügen erläutert werden. Innerhalb der Fernsteuerstelle H wird zum Zweck der Inbetriebnahme der Wasserkraftanlage A der Hochspannungsschalter 1 eingelegt. Jetzt erscheint Spannung auf der Niederspannungsseite des Hilfstransformators 2. Hierauf beginnen innerhalb der Wasserkraftanlage A die Hilfseinrichtungen, wie beispielsweise die Hilfsölpumpen usw., zu laufen. Die Turbine wird selbsttätig geöffnet, der Generator G auf Spannung gebracht und anschließend erfolgt durch Einschalten des mit einem Stern gekennzeichneten Schalters die Parallelschaltung der Maschine mit dem Netz. Bei Anwendung dieses Verfahrens wird während des Betriebes auf eine Fernsteuerung der Regler des Maschinensatzes verzichtet. In den meisten Fällen erfolgt die Spannungsregulierung durch einen selbsttätigen Spannungsregler und die Leistungsregulierung durch einen Wasserstandsregler, der die

Maschinenleistung so einreguliert, daß bestimmte Wasserstandswerte eingehalten werden.

Eine Abart der geschilderten Anordnung besteht darin, daß gleichzeitig oder vor dem Anfahren der Turbine der Generator als Motor zum Anfahren des Maschinensatzes verwendet wird. Dadurch kann man sich den selbsttätigen Parallelschaltvorgang innerhalb der Wasser-

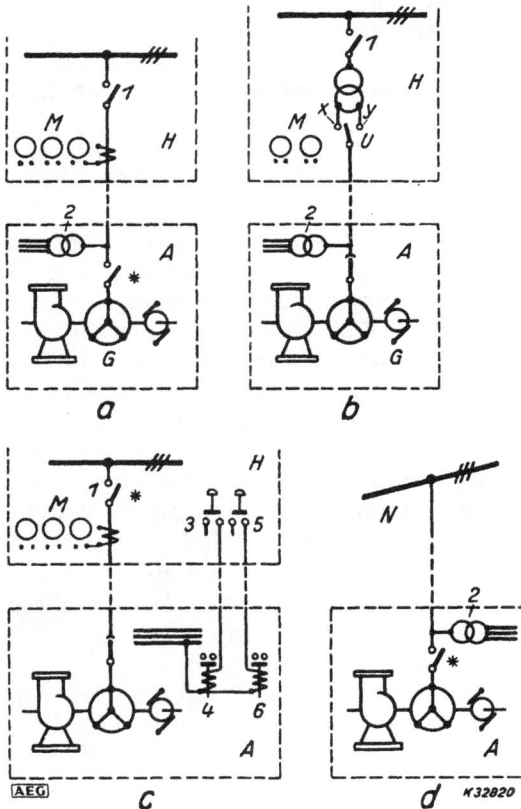

Abb. 104. Verschiedene grundsätzliche Anordnungen von Wasserkraftanlagen in Hochspannungsnetzen.

kraftanlage ersparen (Abb. 104b). Das Verfahren wird wohl nur bei kleinen Wasserkraftanlagen verwendet, weil für das elektrische Hochfahren eine verhältnismäßig große Leistung (Anfahrstrom etwa 50% des Generatornormalstromes) über längere Zeit aus dem Netz entnommen wird. Es spielen sich folgende Vorgänge ab:

In der Fernsteuerstelle H wird der Schalter 1 eingeschaltet. Der Umschalter U befindet sich in der Stellung X und stellt eine Verbindung zwischen einer Transformatoranzapfung und der Leitung nach der Wasserkraftanlage *A* her. Der Generator *G* läuft mit Teilspannung asynchron und nur schwach erregt hoch. Gleichzeitig oder anschließend an diesen elektrischen Anlaufvorgang wird die Turbine geöffnet. Die Hilfseinrichtungen erhalten über den Hilfstransformator *2* Spannung (allerdings anfänglich nur Teilspannung). Nachdem die Maschine hochgelaufen und in der Nähe ihrer synchronen Drehzahl angekommen ist, wird innerhalb der Anlage *A* selbsttätig die Erregung des Generators auf ihren Normalwert verstärkt und anschließend in der Fernsteuerstelle *H* der Umschalter *U* in seine Betriebsstellung *Y* umgeschaltet. Hiermit liegt die Maschine an der vollen Netzspannung. Die Inbetriebnahme ist beendet.

Die **zweite Art** der Anordnung einer selbsttätigen Wasserkraftanlage ergibt noch einfachere Bedingungen für die Ausrüstung der selbsttätigen Anlage (Abb. 104c). Im Gegensatz zu der soeben erläuterten Schaltung erfolgt hier die In- und Außerbetriebsetzung durch Fernsteuerung über Steuerleitungen, ebenso die Regelung. Die Messung der in der automatischen Anlage *A* erzeugten Energie ist ebenso einfach wie in dem vorher erläuterten Fall. Als weitere Vereinfachung kommt hinzu, daß die Parallelschaltung des in der automatischen Wasserkraftanlage *A* laufenden Generators mit dem Netz **innerhalb der Fernsteuerstelle** *H*, und zwar unter Verwendung des mit dem Stern gekennzeichneten Schalters, erfolgen kann. Was die Zahl der Fernsteuerleitungen anbetrifft, so sei schon an dieser Stelle darauf hingewiesen, daß 3 Steuerleitungen ausreichen, um mit den einfachsten Mitteln eine derartige Wasserkraftanlage von der Fernsteuerstelle aus in Betrieb zu setzen, im Betrieb zu regulieren und außer Betrieb zu nehmen. Dieses Verfahren sollte vor allem da angewendet werden, wo die Entfernung zwischen der Fernsteuerstelle *H* und dem Wasserkraftwerk *A* nur einige hundert Meter oder wenige Kilometer beträgt.

Im einzelnen spielen sich bei der Inbetriebsetzung folgende Vorgänge ab: Durch Betätigen des Druckknopfes *3* in der Fernsteuerstelle wird ein Relais *4* in der Anlage *A* gesteuert, das die Hilfseinrichtungen, wie z. B. die Drucköltpumpe usw., an Spannung legt und dafür sorgt, daß die Turbineneinlaßorgane auf Öffnen gesteuert werden. Hierauf läuft der Maschinensatz an und unter Anwendung einer einfachen Steuerung, der sog. »sukzessiven Fernsteuerung«, wird im Anschluß an das erfolgte Öffnen des Einlaßorganes der Drehzahlverstellmotor der Turbine auf Öffnen gesteuert. Innerhalb der Fernsteuerstelle wird nun in der üblichen Weise durch einen Vergleich der Maschinenfrequenz mit der Netzfrequenz festgestellt, ob die Maschine sich ihrer synchronen Drehzahl nähert. Ist sie über die synchrone Drehzahl hinausgelaufen, dann kann durch Betätigen des Druckknopfes *5* unter Verwendung des Fernsteuerrelais *6* die Drehzahl wieder vermindert werden. Sobald die Synchronisierbedingungen eingesteuert sind, erfolgt die Einschaltung des mit dem Stern bezeichneten Schalters innerhalb der Fernsteuerstelle genau wie in jeder handbedienten Wasserkraftanlage.

Man sieht, daß sich diese Anlage kaum von einer normalen Wasserkraftanlage unterscheidet; der einzige Unterschied liegt darin, daß die Verbindungsleitungen zwischen Wasserkraftanlage *A* und Fernsteuerstelle *H* mehrere hundert Meter bis einige Kilometer lang sind.

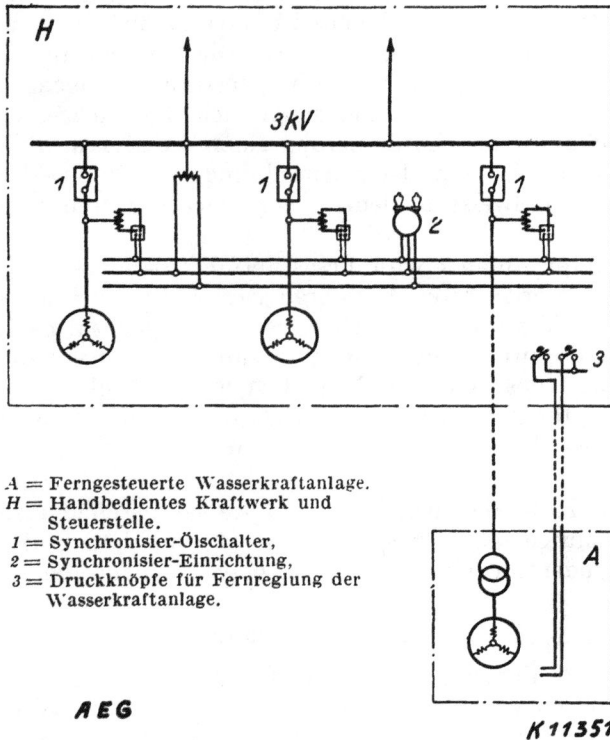

A = Ferngesteuerte Wasserkraftanlage.
H = Handbedientes Kraftwerk und
    Steuerstelle.
1 = Synchronisier-Ölschalter,
2 = Synchronisier-Einrichtung,
3 = Druckknöpfe für Fernreglung der
    Wasserkraftanlage.

Abb. 105. Schaltbild einer mit einfachen Mitteln ferngesteuerten, halbselbsttätigen Wasserkraftanlage.

Ein später erläutertes Beispiel zeigt, daß dieses Verfahren eine außergewöhnliche Einfachheit der Ausrüstung der selbsttätigen Wasserkraftanlage ergibt. In der Abb. 105 ist die erläuterte Schaltung nochmals dargestellt, um deutlich zu machen, daß sich eine solche Anlage lediglich dadurch von einer gewöhnlichen Wasserkraftanlage unterscheidet, daß eine der Maschinen aus der Anlage *H* herausgenommen und in eine ferngelegene Wasserkraftanlage *A* gesetzt ist. Genau so wie die beiden innerhalb der Fernsteuerstelle *H* liegenden Generatoren mit Hilfe der Ölschalter *1* mit der 3-kV-Sammelschiene parallelgeschaltet werden, erfolgt auch die Parallelschaltung des Generators der automatischen Anlage *A* unter Benutzung der für alle Maschinen gemeinsamen Synchronisiereinrichtung *2*.

Verhältnismäßig selten werden Wasserkraftanlagen automatisiert, die nach Schaltung 104d in ein Netz *N* speisen, ohne daß irgendeine Fernüberwachung vorhanden ist. Man kann sich den Betrieb einer solchen Anlage so vorstellen, daß in Abhängigkeit vom Wasserstand der Impuls für den Turbinenanlauf selbsttätig gegeben wird, daß der Maschinensatz von der Turbinenseite aus anläuft und anschließend selbsttätig auf das Netz geschaltet wird. Die Leistungsregulierung kann anschließend in Abhängigkeit vom Wasserstand erfolgen. Die geschilderte Betriebsart ist im Grunde genommen die einzige, die man mit Recht als vollautomatische Steuerung einer Wasserkraftanlage bezeichnen kann, denn bei den anderen Anordnungen ist ja eine Überwachung oder sogar eine teilweise Bedienung von einer Fernsteuerstelle aus vorgesehen.

Bei größeren Anlagen wird dieses Verfahren aber selten angewendet, weil die vorher erläuterten Verfahren dem Betriebsleiter in stärkerem Maße das Gefühl vermitteln, daß er seine Anlagen »in der Hand hat«. Vor allem ist Voraussetzung für die Anwendung dieser vollautomatischen Steuerung, daß das Netz, das von dem automatischen Maschinensatz beliefert wird, für die Leistung desselben immer aufnahmefähig ist. Das Verfahren wird daher auch in Zukunft wohl nur bei kleinen Anlagen angewendet.

Die mit Hilfe der Schaltungen 104a—d geschilderten Vorgänge spielen sich sinngemäß in gleicher Weise ab, unabhängig davon, ob der Wasserkraftgenerator eine Synchron- oder Asynchronmaschine ist.

3. Die Frage der Hilfsstromquelle.

Diese ist im Zusammenhang mit den geschilderten grundsätzlichen Anordnungen von Wasserkraftanlagen von Bedeutung. Wenn man vom motorischen Anlassen des Maschinensatzes (Abb. 104b) absieht, dann muß im Augenblick des Anlassens für die Hilfseinrichtungen der Turbine elektrische Steuerenergie vorhanden sein, da vor Anlauf des Maschinensatzes der Generator selbst den Steuerstrom nicht liefern kann. Die Größe der notwendigen elektrischen Steuerenergie hängt von der Ausrüstung auf der Wasserseite ab. Eine Niederdruckanlage braucht für das Öffnen ihrer Turbineneinlaßorgane, d. h. der verhältnismäßig schweren Einlaufschützen große elektrische Leistungen, während für das Öffnen der Drosselklappe einer Hochdruckanlage die Hauptsteuerenergie auf hydraulischem Wege aus den Hochdruckleitungen bezogen werden kann und nur geringe elektrische Betätigungsenergien notwendig sind.

In der Abb. 106 sind einige Antriebsmöglichkeiten für das Turbineneinlaßorgan zusammengestellt. Sind Drosselklappen vorgesehen, dann kann ihr Antrieb mittels Drucköles erfolgen (106 a). Vor Anlauf der Maschine muß also Drucköl beschafft werden, d. h. die Öldruckpumpe muß elektrisch angetrieben werden. Auch bei Vorhandensein eines Öldruckkessels ist dies nötig, weil man in den meisten Fällen damit rechnet, daß während längerer Betriebspausen der Druck im Kessel unzulässig absinkt. Bei Hochdruckanlagen (106b) kann man für das Öffnen der

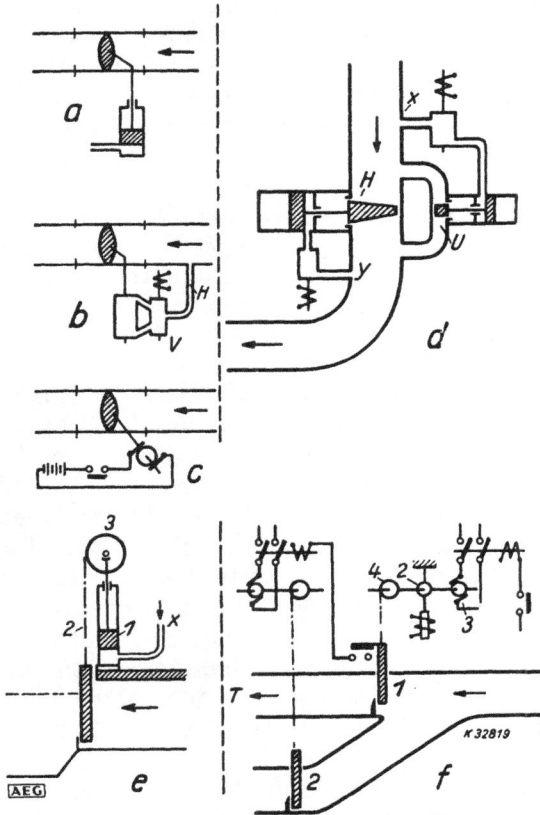

Abb. 106. Verschiedene Steuermöglichkeiten für das Öffnen und Schließen der Turbinen-Wassereinlaßorgane.

Drosselklappe das unter hohem Druck stehende Wasser aus der Turbinenrohrleitung entnehmen. Um die Drosselklappe zu öffnen oder zu schließen, ist es dann nur nötig, das Vorsteuerventil V durch einen verhältnismäßig kleinen Hubmagneten H zu betätigen. Der hierfür nötige Steuerstrom ist nur gering und kann einer Betätigungsbatterie entnommen werden. Bei kleineren Anlagen kommt auch ein Antrieb der Drosselklappe durch einen kleinen Elektromotor in Frage (106 c), der seinen Strom einer kleinen Batterie entnehmen kann.

10*

Sind in einer größeren Hochdruck-Wasserkraftanlage ein Hauptschieber H und ein Umlaufschieber U vorhanden — wobei der Umlaufschieber die Aufgabe hat, den Rohrteil zwischen Hauptschieber und Leitapparat der Turbine mit Wasser aus der Hochdruckleitung zu füllen —, dann kann der Umlaufschieber mit Hilfe des an der Stelle X der Druckleitung entnommenen Druckwassers geöffnet werden (Abb.106d.)

Vom steuertechnischen Standpunkt aus betrachtet ist es sehr wichtig, daß das Druckwasser für das Öffnen des Hauptschiebers H an der Stelle Y, d. h. unterhalb des Umlaufschiebers, entnommen wird. Diese Anordnung zeigt deutlich, wie einfach in manchen Fällen eine hydraulische Verriegelung arbeitet. Der Hauptschieber darf nämlich nur »entlastet« geöffnet werden, d. h. erst dann, wenn der Raum unterhalb des Hauptschiebers gefüllt und unter Druck gesetzt ist. Durch die erwähnte Lage der Anzapfstelle Y ist diese Verriegelung in der denkbar einfachsten Weise erzielt, denn solange der Raum zwischen dem Schieber und dem geschlossenen Leitapparat nicht unter Druck steht, kann der Hauptschieber gar nicht geöffnet werden, weil das zu seiner Steuerung nötige Druckwasser fehlt.

Große elektrische Steuerleistungen werden immer bei Niederdruckanlagen zum Öffnen der Turbineneinlaßschütze gebraucht (106 e). Entweder kann der Antrieb dieser Schütze durch Elektromotoren direkt oder unter Verwendung von Drucköl mit Hilfe eines Öl-Servo-Motors erfolgen. In diesem Falle wird vor Inbetriebnahme der Anlage der nötige Öldruck durch Ölpumpen erzeugt und dann durch Öffnen eines Steuerventiles an der Stelle X dem Servo-Motor zugeführt. Hierdurch bewegt sich der Kolben *1* nach oben, die Kette *2* wickelt sich auf die Rolle *3* auf und die Schütze wird geöffnet. Hierauf kann die Ölpumpe wieder abgestellt werden. Im Laufe der Betriebszeit senkt sich die Schütze wieder langsam, wenn infolge von Undichtigkeiten, mit denen man immer rechnen muß, der Öldruck nachläßt. Dann wird die Ölpumpe selbsttätig vorübergehend wieder in Betrieb genommen, bis die Schütze wieder voll geöffnet ist.

Wenn aus Gründen einer Störung eines automatischen Laufwasserkraftwerkes eine Turbine abgestellt werden soll, dann erfolgt dies meist dadurch, daß die Einlaufschütze *1* (Abb. 106f), die als Schnellschlußschütze ausgebildet ist, geschlossen wird, indem die Kupplung *2* zwischen dem Antriebsmotor *3* und dem Kettenrad *4* der Schütze geöffnet wird. Hierauf fällt die Schütze *1* infolge der Schwerkraft ab und schließt den Turbineneinlaufkanal. Um zu verhindern, daß die durch Verträge festgelegten Wasserstandshöhen im Unterwasserkanal durch das Abstellen der Turbine unerwünscht verändert werden, folgt auf das Schließen der Schütze *1* selbsttätig das Öffnen einer Schütze *2* in einem Umlaufkanal, so daß das Wasser — ohne die Turbine zu durchfließen — in den Unterwasserkanal gelangt.

Man erkennt aus diesen Schilderungen, daß für die Steuerung der Hilfsorgane eines Niederdruckwerkes die größten elektrischen Hilfsenergien benötigt werden.

Prüft man die Schaltungen 104 a bis c daraufhin, wie es mit der Beschaffung der elektrischen Steuerenergie steht, dann findet man folgendes: Bei den Anordnungen 104 a, b und d steht genügend Steuerenergie zur Verfügung, die aus der Hochspannungs-Verbindungsleitung über den Hilfstransformator 2 entnommen werden kann.

Schwieriger liegen die Verhältnisse bei der Schaltung c, da dort der Schalter 1 zur Verbindung der automatischen Wasserkraftanlage mit dem Hochspannungsnetz erst nach vollendetem Maschinenanlauf geschlossen wird. Diese Schaltung hat also in dieser Beziehung den Nachteil, daß die Steuerenergie nicht über die Hauptleitung aus dem Netz bezogen werden kann. Bei Anlagen, die für den Anlaßvorgang nur eine geringe elektrische Steuerenergie benötigen, kann man sich leicht dadurch helfen, daß man innerhalb der Anlage A eine kleine Betätigungsbatterie aufstellt, die später nach Inbetriebnahme des Maschinensatzes von der Erregermaschine her in aufgeladenem Zustand erhalten wird. Die Anordnung nach Abb. 104c hat sich im Betrieb so gut bewährt, daß nacheinander fünf Anlagen nach diesem Schaltbild gebaut wurden.

Handelt es sich aber um Niederdruck-Wasserkraftwerke, die für die Steuerung der Turbineneinlaßorgane größere elektrische Energien benötigen, dann muß man sich entweder auf einen unabhängigen Ortsnetzanschluß verlassen oder, falls die Entfernung zwischen Fernsteuerstelle H und Anlage A geringer als ein Kilometer ist, kann man mit einem besonderen Hilfsstromkabel, das gleichzeitig mit dem Fernsteuerkabel verlegt wird, die nötige Steuerenergie von der Fernsteuerstelle nach der Anlage A liefern.

4. Anlaufverfahren.

Für die Ausrüstung selbsttätiger Wasserkraftanlagen ist die Frage von Wichtigkeit, welchen Anlaßvorgang der Turbinenbauer auf der Wasserseite vorschreibt. Hier bestehen zwei Möglichkeiten, die der Turbinentechniker als »Anfahren mit offenem Leitapparat durch Öffnen des Einlaßorganes« und als »Anfahren mit Hilfe des anfänglich geschlossenen Leitapparates unter Verwendung des Turbinenreglers« bezeichnet.[1]

Für kleine Anlagen mit niedrigem Gefälle kann das zuerst erwähnte Anlaßverfahren, d. h. das Anlassen bei offenem Leitapparat, angewendet werden. Hierunter ist folgendes zu verstehen:

Wird der Maschinensatz auf der Wasserseite durch Schließen des Einlaßorganes (Einlaßschieber oder Einlaßschütze) zum Stillstand gebracht, dann hat dies zur Folge, daß gelegentlich dieses Stillsetzvor-

---

[1] Siehe Druckschrift: »Bedienungslose Wasserkraftanlagen« von J. M. Voith, Heidenheim (Brenz).

ganges der Leitapparat der Turbine durch den Regler vollständig geöffnet wird. Dies kann man sich leicht so erklären, daß der Turbinenregler das Bestreben hat, unabhängig von der zufließenden Wassermenge die Maschinendrehzahl auf ihrem Normalwert zu halten. Schließt man nun beim Abstellen der Anlage den Einlaßschieber der Turbine und vermindert auf diese Weise die der Turbine zufließende Wassermenge, bis endlich kein Wasser mehr in die Turbine gelangt, dann öffnet der Regler ihren Leitapparat vollkommen. Hierdurch ergibt sich die Möglichkeit, die Turbine gelegentlich des Anlaßvorganges »mit offenem Leitapparat« anzufahren, indem einfach das Haupteinlaßorgan der Turbine geöffnet wird. Sobald beim Öffnen desselben genügend Wasser in die Turbine fließt, beginnt diese anzulaufen.

Bei einfachen Anlagen, deren Turbinenregler ohne Windkessel arbeiten, ergibt sich hierbei noch folgende Vereinfachung: Die Ölpumpe zur Erzeugung des Öldruckes für den Turbinenregler wird von der Maschinenwelle aus angetrieben. Läuft nun nach Öffnen des Einlaß- organes die Turbine mit offenem Leitapparat an, dann erzeugt die sich drehende Maschinenwelle durch Antrieb der Reglerölpumpe den nötigen Öldruck für den Regler und bis der Maschinensatz sich seiner Normal- drehzahl nähert, ist der Öldruckregler imstande, zu arbeiten. Man er- sieht also hieraus, daß bei diesem Anlaßverfahren auch die Frage der Reglerdruckölbeschaffung, zum mindesten für windkessellose Regler, sehr einfach wird. Allerdings muß man darauf achten, daß man das Einlaßorgan anfänglich nicht zu weit öffnet, denn wenn aus irgendeinem Grunde die von der Turbinenwelle angetriebene Ölpumpe nicht ord- nungsgemäß arbeiten würde, könnte der Turbinenregler wegen fehlenden Öldruckes nicht eingreifen und die Turbine würde durchgehen. Ist in einer Anlage ein Regler mit Windkessel vorgesehen, dann wird außer dem Öffnen des Einlaßorganes gleichzeitig die elektrisch angetriebene Ölpumpe für den Regler an Spannung gelegt. Im ganzen sind aber die für das Anlassen notwendigen Vorgänge sehr einfach.

Im Anschluß an das Anlaufen des Maschinensatzes erfolgt auf der elektrischen Seite der Parallelschaltvorgang, der sich auf sehr ver- schiedene Weise abspielen kann. Bei den Schaltungen 104a und 104d muß die Parallelschaltung der hochgelaufenen Maschine mit dem Netz innerhalb der Wasserkraftanlage selbsttätig erfolgen.

Wie dieser Parallelschaltvorgang vor sich gehen kann, ist im Ab- schnitt IX auseinandergesetzt. Es wurde bereits darauf hingewiesen, daß bei der Schaltung 104c der Parallelschaltvorgang insofern außerordent- lich einfach ist, als dieser innerhalb der Fernsteuerstelle, wie bei jeder gewöhnlichen handbedienten Anlage, vorgenommen werden kann.

Das zweite turbinenseitige Anlaßverfahren »mit anfänglich geschlossenem Leitapparat unter Verwendung des Turbinenreglers« arbeitet so, daß vor dem Anfahren der Leitapparat und, mit Rücksicht auf mögliche Undichtigkeiten desselben, auch das Einlaßorgan geschlossen sind. Bei der Inbetriebnahme wird zuerst das Einlaßorgan und anschließend oder mit einer gewissen zeitlichen Überlappung der Leitapparat unter der Kontrolle des Turbinenreglers auf Öffnen gesteuert.

Hieraus geht hervor, daß von Anfang an Regleröldruck vorhanden sein muß. Ein Antrieb der Öldruckpumpe von der Hauptmaschinenwelle aus ist also nicht möglich bzw. nicht ausreichend. Vielmehr muß die Öldruckpumpe elektromotorisch angefahren werden, bevor der Maschinensatz anläuft. Die Frage der Hilfsstromquelle, die im vorigen Abschnitt bereits behandelt wurde, gewinnt hier an Bedeutung. Während das Anfahren mit offenem Leitapparat für kleine Anlagen geeignet war, kommt dieses zweite Verfahren für alle größeren Anlagen und Anlagen mit höherem Gefälle in Frage, denn es ist technisch vollkommener.

Der Anlaufvorgang spielt sich in der folgenden Weise ab: Der Regleröldruck wird durch eine motorisch angetriebene Pumpe erzeugt, das Einlaßorgan wird auf elektrische oder elektrisch-hydraulische Weise geöffnet, wobei entweder Drucköl oder bei Hochdruck-Wasserkraftanlagen auch Druckwasser aus der Rohrleitung der Turbine verwendet wird (siehe Abb. 106). Jetzt wird der Leitapparat der Turbine auf Öffnen gesteuert, indem der Drehzahlregler veranlaßt wird, den Leitapparat langsam zu öffnen. Während also beim Anfahren »mit offenem Leitapparat« der Turbinenregler erst nach Hochlaufen des Maschinensatzes, und zwar erst nach Erreichen von etwa 60% der Normaldrehzahl, einzugreifen beginnt, ist dies bei dem zweiten Verfahren schon von Anfang an der Fall. Es muß nun dafür gesorgt werden, daß dieser Anlauf nur langsam und so erfolgt, daß die Maschinendrehzahl möglichst allmählich in die Normaldrehzahl hineinläuft, damit der Parallelschaltvorgang erleichtert wird. Diese langsame Anlaufsteuerung kann entweder hydraulisch durch ein sog. »Ölanlauf-Bremsventil« oder durch geeignete elektrische Betätigung der Drehzahlverstellvorrichtung des Turbinenreglers erfolgen (Abschnitt X). Dem sich anschließenden selbsttätigen Parallelschaltvorgang geht also die selbsttätige Einregulierung der Synchronisierbedingungen voraus, die verschieden ist, je nachdem, welches Parallelschaltverfahren zur Anwendung kommt.

5. Zur Frage: Asynchron- oder Synchrongenerator.

Die Frage, ob eine automatische Wasserkraftanlage mit einem Asynchron- oder einem Synchrongenerator ausgerüstet werden soll, wird häufig falsch beantwortet in dem Glauben, daß ein Asynchrongenerator eine viel einfachere Maschine sei als ein Synchrongenerator. Dies gilt aber nur für die Asynchronmaschine mit Kurzschlußanker. Dabei ist aber zu beachten, daß bekanntlich eine solche Asynchronmaschine ihre Erregung aus dem Hochspannungsnetz bezieht, und daß diese Erregerenergie eine starke Belastung des Hochspannungsnetzes mit Blindstrom zur Folge hat. So belastet z. B. eine Asynchronmaschine mit einer Leistung von 500 kVA bei einem Leistungsfaktor von 0,9 das Drehstromnetz mit einer Blindleistung von etwa 218 kVA, während sie in dieses Netz nur eine Wirkleistung von 450 kW liefert. Diese Belastung mit Blindstrom wird in den meisten Fällen als untragbar empfunden. Vor etwa 10 Jahren glaubte man, daß man beim Bau automatischer Wasserkraftanlagen immer Asynchronmaschinen mit Kurzschlußläufer verwenden wird, weil man hierbei auf jeden Synchronisiervorgang verzichten und die Maschine »einfach« einschalten könne, und weil kein Turbinenregler nötig sei.[1]) Im Laufe der Zeit hat sich aber gezeigt, daß die Asynchronmaschine mit Kurzschlußanker zwar eine außergewöhnlich einfache Maschine ist, daß man aber auf den Turbinenregler mit Rücksicht auf das Durchgehen der Maschine beim Ausbleiben der Netzspannung doch nicht gerne verzichtet, daß die Blindstrombelastung des Netzes unangenehm ist, und daß der Stromstoß beim Einschalten der Maschine auf das Netz sehr groß (etwa 500% des Normalstromes) ist. Außerdem hat sich ergeben, daß die Ausrüstung einer Synchronmaschinenanlage nicht komplizierter sein muß, wenn man nur die geeignete Gesamtanordnung wählt.

Dazu kommt, daß man den Einschaltstromstoß bei Verwendung der Synchronmaschine in beliebig kleinen Grenzen halten kann, was bei der Asynchronmaschine nicht der Fall ist. Durch Beeinflussung des Spannungsreglers der Synchronmaschine kann diese zur Deckung des Blindstrombedarfes des Hochspannungsnetzes herangezogen werden. Tatsächlich sind wohl über 90% aller Anlagen als Synchronanlagen oder als Asynchronanlagen mit Erregung durch eine Drehstrom-Erregermaschine gebaut.

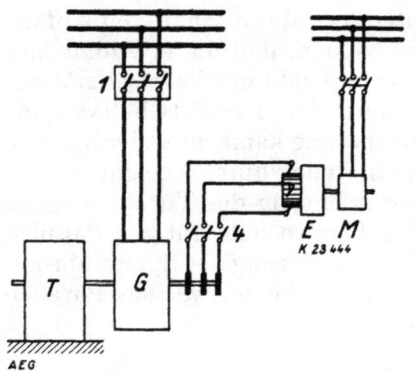

1 = Ölschalter, G = Asynchrongenerator,
4 = Erregerschalter,
E = Drehstrom- M = Asynchronmotor,
  Erregermaschine, T = Turbine.

Abb. 107. Asynchrongenerator mit eigenerregter Erregermaschine.

Die gebräuchlichste Schaltung einer Asynchronmaschine mit Erregermaschine, die für den Bau einer automatischen Anlage geeignet ist, geht aus der Abb. 107 hervor. Hierbei findet die Erzeugung des Blindstromes durch den Maschinensatz selbst zwischen 30 und 100% des Vollaststromes ohne eine Nachregelung statt. Darunter erfolgt die Blindstromaufnahme aus dem Netz. Bleibt die Netzspannung aus, dann verliert die Maschine ihre

[1]) Siehe z. B.: A. Palme, »Bedienungsloses Kraftwerk mit Asynchronmaschinen«, ETZ. 1922, Heft 34.

Spannung. Die Wiederaufnahme der Stromlieferung erfolgt nach Wiedererscheinen der Netzspannung. Der im Erregerstromkreis liegende Schalter 4 ist mit Rücksicht auf die Kleinhaltung des Einschaltstromstoßes
nützlich, wenn das Netz, auf das der Generator nach Hochlaufen in
seine synchrone Drehzahl geschaltet wird, schwach im Verhältnis zur
Maschinenleistung ist. Spielt die Höhe des Stromstoßes keine Rolle (bei
kleinen Maschinen und starken Netzen), dann kann der Schalter 4 ent-
fallen. Der Parallelschaltvorgang spielt sich so ab, daß die Maschine tur-
binenseitig bis in ihre synchrone Drehzahl hochgefahren wird. Dann erfolgt
selbsttätig die Einschaltung des Schalters 1 und nach kurzer Verzögerung
die des Schalters 4. Die Schaltvorgänge sind also besonders einfach.

Die Frage: »Asynchron- oder Synchronmaschine?« kann man wohl
folgendermaßen beantworten: Die Asynchronmaschine mit Kurzschlußanker ist zwar eine besonders einfache Maschine, sie hat aber als Generator
Nachteile, die der Grund dafür sind, daß man sie wohl nur für die Ausrüstung kleinster Anlagen verwenden wird.

Überall dort, wo Alleinbetrieb bzw. eigene Spannungserzeugung in
Betracht kommt, wird die Synchronmaschine am Platz sein, bei Parallel-
betrieb ferner stets, wenn das zu errichtende Werk einen sehr großen
Teil der Netzleistung zu liefern hat.

Das Anwendungsgebiet der Asynchronmaschine mit Erregermaschine ist damit in der Hauptsache auf kleinere Zubringerwerke
beschränkt, die nicht im Alleinbetrieb zu fahren brauchen und deren bei
den üblichen Verfahren auftretende Einschaltstromstöße in Kauf genommen werden können. Abgesehen von Preis und Wirkungsgrad des
Generators bestehen für diese Asynchronanlagen schaltungstechnisch
unbestreitbar Vorteile gegenüber der Synchronanlage infolge der einfachen Schaltung.[1]) Dies ist aber nur dann der Fall, wenn die Hochspan-
nungs-Übertragungsleitung nicht unmittelbar in die Steuerstelle geführt
werden kann, so daß eine Handsynchronisierung in der Steuerstelle
möglich ist (Schaltung 104c).

Diese Schaltung ist unter Ausnutzung der großen maschinentechnischen
Vorteile der Synchronmaschine derart einfach, daß von ihr in allen möglichen Fällen Gebrauch gemacht werden sollte. Durch Fernbeeinflussung
des Feldreglers oder des selbsttätigen Spannungsreglers kann die Maschine
in einfacher Weise zur Blindstromerzeugung ausgenutzt werden.[2])

6. Ausführungsbeispiele selbsttätiger Wasserkraftanlagen.

Den grundsätzlichen Betrachtungen der vorhergehenden Abschnitte
folgen hier Erläuterungen einiger ausgeführter Anlagen.

---

[1]) Lommel, »Bedienungslose Werke mit Asynchrongeneratoren«, VDE-Fachberichte 1929, S. 19.

[2]) Siehe: B. Fleck, »Bedienungslose Wasserkraftanlagen«, AEG-Mitt. 1931,
Heft 2.

I. Asynchronwasserkraftwerk.

Einige kleine Wasserfälle wurden seit etwa 30 Jahren zur Kraft-
erzeugung benutzt. Die Maschinen und Schaltanlagen mußten nach
dieser langen Laufzeit im Jahre 1930 erneuert werden. Bei Beibehaltung
des Bedienungspersonals hätte die kleine Anlage, die eine Dauerleistung
von etwa 270 kW bei 5000 V aufweist, stillgelegt werden müssen, da die
Stromkosten im Vergleich zum Fremdstrombezug von den parallel
arbeitenden großen Kraftwerken her zu hoch geworden wären. Um
wesentliche Stromersparnisse zu erreichen, wurde die neue Anlage mit
den einfachsten Mitteln für bedienungslosen Betrieb eingerichtet und ist
seit jetzt 5 Jahren im störungslosen Dauerbetrieb. (Abb. 108).

Die Wahl fiel auf eine Asynchronmaschine mit eigenerregter Erregermaschine, die vollautomatisch ohne Fernsteuerung über besondere
Steuerdrähte arbeitet, aber durch Ein- bzw. Ausschalten des Ölschalters
der zur Wasserkraftanlage führenden Hochspannungsleitung ein selbsttätiges Anlassen bzw. Stillsetzen erlaubt (Schaltung nach Abb. 104a).
Die Entfernung zwischen der Hochspannungs-Schaltstelle *H*, die im
folgenden kurz als »Steuerstelle« bezeichnet wird, und der Asynchron-
anlage *W*, die bei dieser Schaltweise an und für sich beliebig groß sein
kann, ist zwar nur gering (etwa 500 m), wegen der schwierigen Gelände-
verhältnisse wurde jedoch die Verlegung von Fernsteuerleitungen vermieden. Die von der Escher-Wyss A.-G. gelieferte Pelton-Freistrahl-
Turbine verarbeitet das Nutzgefälle von etwa 95 m. Sie besitzt einen
Strahlablenker, um auch bei stehender Turbine den Wasserdurchfluß
ohne Steuerung besonderer Umlaufschieber usw. sicherzustellen. Der
Strahlablenker wird von einem als Drehzahlbegrenzungs-Einrichtung
wirkenden Turbinenregler beeinflußt, während die Düsennadel einen
Motorantrieb hat, der von der selbsttätigen Wasserstandsregelung gesteuert wird.

Der mit einer synchronen Drehzahl von 500 U/min umlaufende
Asynchrongenerator ist direkt mit der Turbinenwelle gekuppelt. Um den
Blindstromverbrauch der fast dauernd mit Grundlast laufenden Maschine möglichst gering zu halten, wurde der Generator mit einer getrennt angetriebenen, mit Schlupffrequenz eigenerregten Drehstrom-
Erregermaschine ausgerüstet, die zwischen etwa 30 und 100% der Nennlast selbsttätig die volle Blindstromerzeugung übernimmt. Unter Ver-
zicht auf weitere Hilfsstromquellen, Batterien usw. wurde ein kleiner
Werktransformator von 5 kVA aufgestellt, so daß die Anlage mit Null-
spannungscharakter arbeitet.

1. Automatisches Anlassen.

Um die Anlage anzulassen, wird in der »Steuerstelle« lediglich der
5-kV-Ölschalter *1* (Abb. 108) der zur Wasserkraftanlage führenden Hochspannungsleitung eingeschaltet. Hierdurch kommt der Werktransfor-

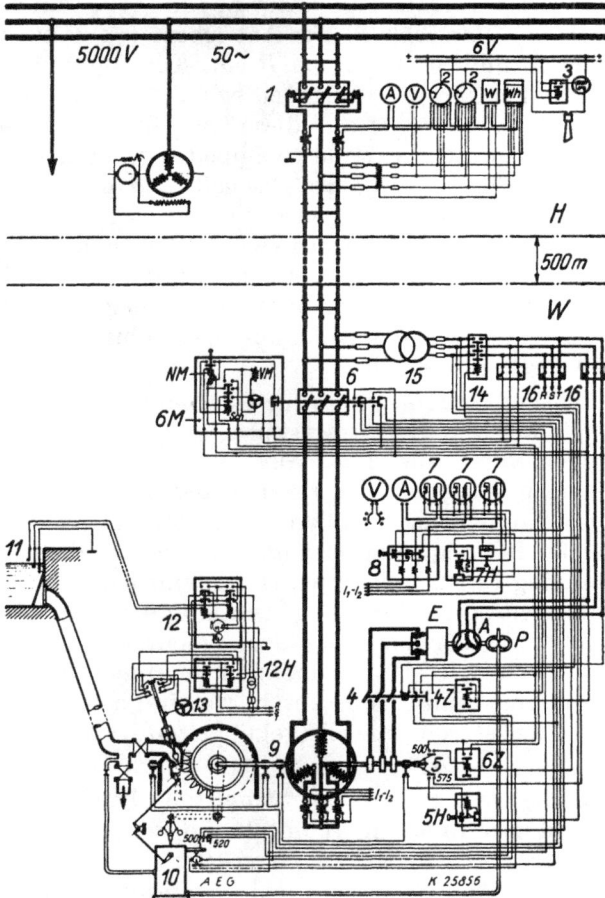

A = Antriebsmotor etwa 1 kW für E und P.
E = Drehstrom-Erregermaschine.
H = Handbedientes Synchron-Kraftwerk und »Steuerstelle«,
P = Ölpumpe.
W = Bedienungslose Asynchron-Wasserkraftanlage,
1 = Ölschalter in der »Steuerstelle«.
2 = Wattmeter und Blindwattmeter mit Kontaktvorrichtung.
3 = Signalvorrichtung zu 2,
4 = Schaltschütz,
4 Z = Zeitrelais für verzögerte Einschaltung von 4,
5 = Kontakttachometer,
5 H = Zwischenrelais mit Handrückstellung zu 5,
6 = Ölschalter im Wasserkraftwerk.
6 M = Motorantrieb zu 6 mit Nullspannungs-Magnet NM, Zwischenschütz Sch und Verklinkungs-Magnet VM,

6 Z = Zeitrelais für verzögerte Einschaltung von 6,
7 = Stromabhängige Überstromrelais,
7 H = Zwischenrelais und Fallklappenrelais zu 7,
8 = Thermisches Überstromrelais,
9 = Lagertemperaturwächter,
10 = Turbinenregler mit Drehzahlverstellvorrichtung und Endkontakten,
11 = Stromauslöser am Oberwasser,
12 = Wasserstands-Regulierrelais mit Zeitschaltwerk,
12 H = Zwischenrelais zu 12,
13 = Düsenverstellmotor etwa 1 PS,
14 = Betriebsrelais,
15 = Werktransformator 5 kVA 5000/220 V,
16 = Motorschutzschalter,
500, 520, 575 = Drehzahlen, bei denen die bezeichneten Kontakte schließen bzw. öffnen.

Abb. 108. Schaltbild der bedienungslosen Asynchron-Wasserkraftanlage von etwa 270 kW.

mator *15* in der Wasserkraftanlage unter Spannung; ein Relais *14* zieht an und schaltet den Kurzschlußläufer-Antriebsmotor *A* der Drehstrom-Erregermaschine *E* und der Ölpumpe *P* ein. Die Ölpumpe erzeugt das erforderliche Drucköl für den Turbinenregler, der den Strahlablenker für die Turbine einschwenkt, so daß diese hochläuft. Bei Nenndrehzahl betätigt ein mit der Maschinenwelle gekuppeltes Kontakt-Tachometer *5* über Zeitrelais die Einschaltung des Ölschalters *6* in der Wasserkraftanlage. Nach weiterer kurzer Zeitverzögerung schaltet das zwischen Generatorschleifringen und Erregermaschine liegende Schaltschütz *4* ein, womit die Wirklastabgabe der Maschine unter gleichzeitigem Einsetzen der automatischen Wasserstandsreglung beginnt. Die Turbine läuft in etwa 2 bis 3 s hoch, vom Anlaßkommando bis zum Erreichen des Vollastwertes vergehen etwa 40 s.

Ein wesentlicher Gesichtspunkt zur Beurteilung einer Anlage dieser Art ist die Höhe des Einschaltstromstoßes, der sich aus dem Magnetisierungsblindstrom und aus dem vom über- bzw. untersynchronen Schlupf abhängigen Wirklaststrom zusammensetzt. Arbeitet die Anlage auch im allgemeinen mit einem größeren Netz parallel, so daß die Stromstöße keine große Rolle spielen, so kann doch gerade beim Ausfall der Überlandversorgung und Parallelarbeiten nur mit dem kleinen örtlichen Netz ein Anlassen notwendig werden. Um die unter diesen Umständen unangenehmen Stromstöße möglichst klein zu halten, wird der Turbinenregler zur Einsteuerung in die annähernd synchrone Drehzahl benutzt und unter Annahme einer konstanten Netzfrequenz der Ölschalter mittels eines mit der Maschinenwelle gekuppelten Kontakt-Tachometers eingeschaltet.

Die oszillographisch gemessenen Stromstöße beim Einschalten des Ölschalters *6* und des Erregermaschinen-Schaltschützes *4* klingen von ihrem Anfangswert vom 1,3fachen Nennstrom bereits innerhalb $^1/_2$ s auf den normalen Belastungszustand ab, beunruhigen also das Netz nicht, besonders, wenn man die zusätzliche Dämpfung der Transformatoren und Leitungen berücksichtigt.

2. Automatische Wasserstandsregelung.

Nach Einschaltung des Generators und der Erregermaschine wird, wie schon oben erwähnt, die Wasserstandsreglung selbsttätig in Betrieb genommen. Da diese auf die Düsenverstellung wirkt, muß vorerst eine entsprechende Regelung durch den auf den Ablenker wirkenden Turbinenregler freigegeben werden. Die während des Anlaßvorganges über Hilfskontakte am ausgeschalteten Ölschalter auf eine der synchronen Drehzahl von 100 U/min entsprechende Lage gesteuerte Drehzahlverstellvorrichtung wird daher jetzt über Hilfskontakte am eingeschalteten Schütz *4* auf eine übersynchrone Begrenzungslage eingesteuert, welche die volle

Belastung bei einem Schlupf von etwa 4% bei Betrieb mit Erregermaschine freigibt. Da die Turbine mit praktisch konstantem Hochdruck-
gefälle arbeitet, entspricht eine gewisse Lage der Drehzahlverstellvorrichtung einer bestimmten Drehzahl, so daß sich die Steuerung des
Turbinenreglers in die beiden Grenzlagen leicht selbsttätig vornehmen
läßt.

Die Entfernung zwischen Wasserschloß und Turbine beträgt bei
etwa 95 m Gefälle etwa 500 m. Es wurde eine elektrische Reglung zur
Konstanthaltung des Oberwasserspiegels gewählt, die nach dem »Ägir«-
system mit zwei Stromauslösern am Oberwasser und Wechselstrom-
steuerung über zwei Drähte und Erde arbeitet. Die Stromauslöser
werden dauernd vom Strom durchflossen und sind mithin keiner Ein-
friergefahr ausgesetzt. Der Wasserspiegel stellt sich zwischen den beiden
Stromauslösern ein, mit denen je ein Relais verbunden ist. Fällt der
Wasserspiegel, so daß der untere Stromauslöser aus dem Wasser auf-
taucht, so fällt das zugehörige Relais ab und ein Z e i t s c h a l t w e r k
läuft an, das die Düse mittels Motorantriebes etwas schließt, so daß sich
das Wasser staut und der untere Stromauslöser wieder eintaucht, womit
die Reglung beendet ist. Die sinngemäßen Schaltvorgänge ergeben sich,
wenn der Wasserspiegel zu sehr ansteigt.

Überreglungen werden durch das genannte Zeitschaltwerk vermieden, das eine stufenweise kurzzeitige Reglung nur in größeren Zeitabständen erlaubt, z. B. alle 4 min für 2 s. Hierdurch wird die Zahl der
Reglungen beschränkt und kann in weiten Grenzen allen Betriebs-
anforderungen angepaßt werden.

3. Abstellvorgänge und Schutzeinrichtungen.

Das Abstellen der Anlage erfolgt ebenso einfach wie das Anstellen,
und zwar entweder betriebsmäßig durch Ausschaltung des Ölschalters *1*
in der Steuerstelle oder bei Störungen durch die eingebauten Schutzvorrichtungen.

Beim Ausschalten des Ölschalters in der Steuerstelle verliert die
Wasserkraftanlage sofort ihre Spannung, da die Asynchronmaschine der
gewählten Schaltung keine Eigenspannung erzeugen kann. Die Ölpumpe bleibt stehen, der Turbinenregler verliert den Druck, der Strahlablenker schwenkt ein und die Turbine läuft aus. Gleichzeitig erfolgt
die Nullspannungsauslösung des Ölschalters *6* in der Wasserkraftanlage,
ferner das Abfallen der übrigen Schaltschütze, Relais usw. Nach einer
gewollten Handabschaltung steht die Anlage sofort wieder zu erneutem
Anlassen bereit.

Auch nach Auslösungen durch die stromabhängigen Überstrom-
Zeitrelais oder durch die Nullspannungsspule des Ölschalters kann ein er-
neutes Anlassen von der Steuerstelle durch kurzzeitiges Ausschalten und

Wiedereinschalten des dortigen Ölschalters vorgenommen werden, wobei ein Pumpen der Schalteinrichtung durch eine geeignete Zwischenrelaisschaltung vermieden ist. Tritt dagegen eine ernstere Störung ein, d. h. spricht einer der vier Lagertemperaturwächter an, schließt der Überdrehzahlkontakt des Kontakttachometers, löst das thermische, der Maschinencharakteristik angepaßte Überstromrelais oder einer der Motorschutzschalter der Antriebsmotoren aus, so erfolgt außer der Stillsetzung der Anlage eine Blockierung des automatischen Anlassens, so

Abb. 109. Schalttafel in der Wasserkraftanlage.

daß vor erneutem Inbetriebgehen eine Revision durch das Bedienungspersonal erfolgen muß. Die Abschaltung wird in der Steuerstelle indirekt durch Hilfskontakte an den dortigen Leistungs- und Blindleistungsmessern angezeigt, die in der Nullstellung eine Hupe betätigen. Auch bei Ausbleiben des Öldruckes erfolgt eine Signalisierung durch die genannten Instrumente, da in einem derartigen Störungsfalle der Strahlablenker selbsttätig einschwenkt und den Generator entlastet, so daß weitere Öldruck-Überwachungseinrichtungen nicht erforderlich sind.

Erwähnt sei noch, daß die gesamte Automatik mittels eines im Schaltbild nicht gezeichneten Drehschalters abschaltbar ist und die Anlage auch von Hand bedient werden kann. Die erforderliche Apparatur ist auf einer Schalttafel (Abb. 109) übersichtlich angeordnet.

II. Synchron-Wasserkraftwerk (nach Schaltung 104c)
in Südafrika.

Die Abb. 110 zeigt die Gesamtschaltung der Anlage. Für das Anlassen der Turbine wurde das Verfahren[1]) gewählt, das nur ein Öffnen der
Drosselklappe verlangt, da die Leitschaufeln bei Stillstand der Turbine
um etwa 10% geöffnet sind. Diese Leitschaufelöffnung genügt, um die
Turbine auf die richtige Drehzahl zu bringen. Der Öldruckregler greift
dabei in den Anlaßvorgang ein, sobald die mit der Turbinenwelle mittels
Riemens gekuppelte Ölpumpe genug Drucköl liefert, um das Einregeln
der Leerlaufdrehzahl zu ermöglichen. Das Öffnen der Drosselklappe
erfolgt rein elektrisch, was besonders bei Anlagen kleiner Leistung Vorteile bietet. (Schaltung nach Abb. 106 C.)

Als vollkommen unabhängige Stromquelle wurde eine kleine 24-
Volt-Batterie von 85 Ah Kapazität aufgestellt, die für den kurzzeitigen
Stromverbrauch des kleinen Drosselklappenmotors ausreicht und außerdem als Betätigungsstromquelle für Sicherheitseinrichtungen und Dreh-
zahlverstellung dient.

Bei der genannten elektrischen Steuerung läßt sich das Anlassen
der Maschine auf wenige Handgriffe in der Steuerstelle beschränken. Der Schutzölschalter sowie der Feldschwächungsautomat im
Wasserkraftwerk sind normalerweise eingeschaltet, die Spannungsregelung
erfolgt in bekannter Weise automatisch durch Tirrill-Schnellregler, so daß
diese Teile der Anlage nicht ferngesteuert zu werden brauchen. Für die
Fernsteuerung kommt somit nur noch das Öffnen und Schließen der
Drosselklappe sowie die Steuerung des Drehzahl-Verstellmotors zwecks
Belastung und Entlastung in Frage.

Die Schaltvorgänge sind mithin folgende: Durch kurzes Betätigen
eines Druckknopfes in der Steuerstelle bekommt über den einen der
beiden Fernsteuerdrähte das eine Fernsteuerrelais Spannung; die
Zwischenrelais legen den Drosselklappenmotor an die 24-V-Batterie, die
Drosselklappe *25* öffnet. Die Turbine läuft an, die mittels Riemen gekuppelte Ölpumpe beschafft das erforderliche Drucköl für den Turbinenregler, der die Maschine auf die Leerlaufdrehzahl einregelt. Die mit dem
Generator gleichfalls starr gekuppelte Erregermaschine erregt das Feld
des Generators entsprechend der langsam steigenden Drehzahl; der
Tirrill-Regler wird automatisch durch ein Erregerspannungsrelais ein-
geschaltet und bringt den Generator in bekannter Weise auf volle
Spannung.

Die Bedienung beim Anlassen beschränkt sich mithin auf das Betätigen eines Druckknopfschalters; der Wärter in der Steuerstelle sieht
an dem Voltmeter und Frequenzmesser der dort vom Wasserkraftwerk

---

[1]) Im Abschnitt XII/4 mit: »Anfahren mit offenem Leitapparat durch Öffnen
des Einlaßorganes« bezeichnet.

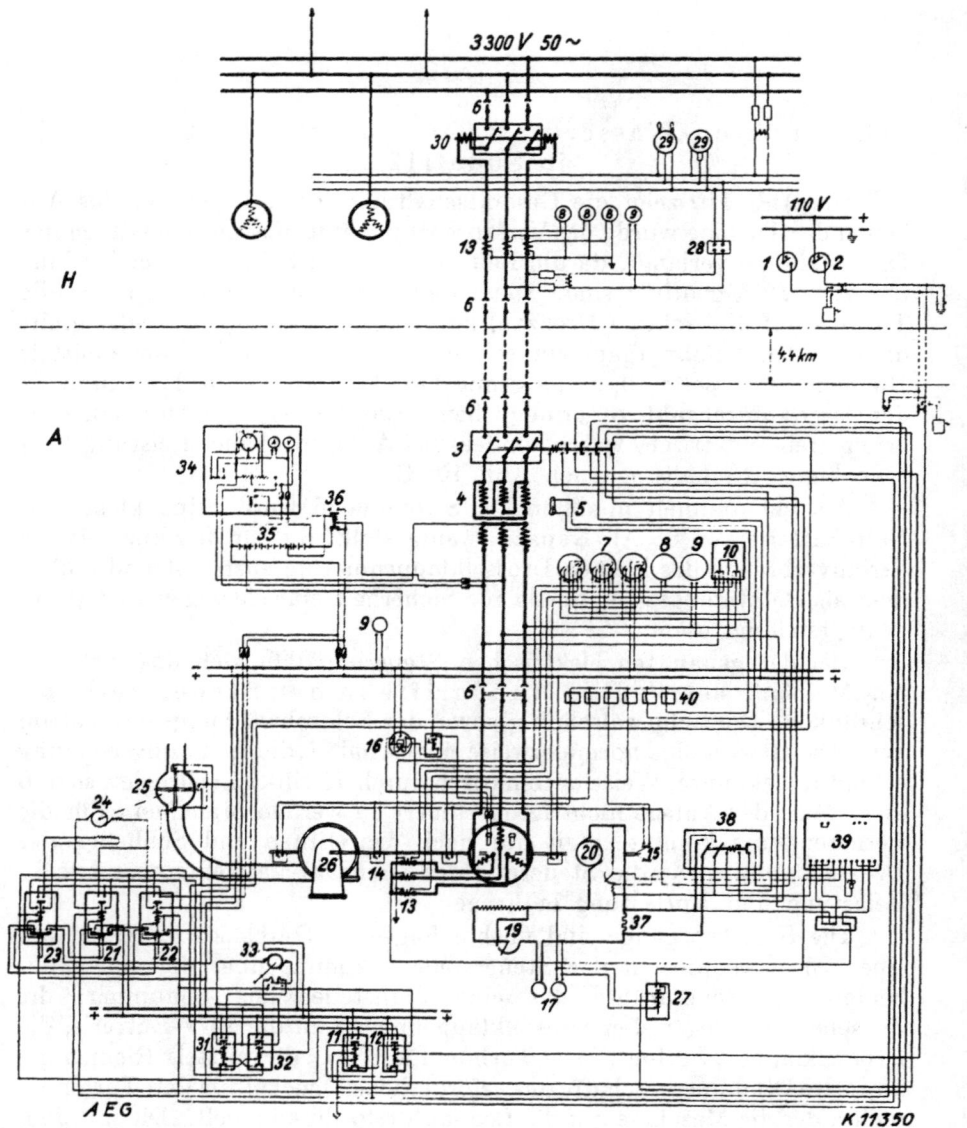

3300 V 50∼

110 V

H

A

4,4 km

A EG

K 11350

A = Ferngesteuerte Wasserkraft-
    anlage,
H = Handbedientes Kraftwerk und
    Steuerstelle,
  1 = Druckknopfschalter für »Öff-
      nen« bzw. »Höher regeln«,
  2 = Druckknopfschalter f. »Schlie-
      ßen« bzw. »Tiefer regeln«,
  3 = Ölschalter, normal eingeschal-
      tet, öffnet nur bei Störungen,
  4 = Haupttransformator,
  5 = Temperaturrelais für Haupt-
      transformator,
  6 = Trennschalter,
  7 = Unabhängige Überstromzeit-
      relais,
  8 = Strommesser,
  9 = Spannungsmesser,
 10 = Wattstunden-Zähler,
 11 = Fernsteuerrelais zu 1,
 12 = Fernsteuerrelais zu 2.

 13 = Stromwandler,
 14 = Lagertemperatur-Wächter,
 15 = Zentrifugalschalter,
 16 = Temperaturrelais für Maschine,
 17 = Erreger-Instrumente,
 18 = Zwischenrelais zu 16,
 19 = Regler,
 20 = Erregermaschine,
 21 = Schütz für »Öffnen« der Dros-
      selklappe,
 22 = Schütz für »Schließen« der Dros-
      selklappe,
 23 = Schütz für Feldschaltung von 24,
 24 = Drosselklappenmotor,
 25 = Drosselklappe mit Endschaltern,
 26 = Wasserturbine,
 27 = Erreger-Spannungsrelais,
 28 = Synchronisierstecker in der
      Steuerstelle,
 29 = Synchronoskop und Doppelfre-
      quenzmesser in der Steuerstelle,

 30 = Synchronisier-Ölschalter in der
      Steuerstelle,
 31 = Zwischenrelais für Steuerung von
      33 auf »Höher«,
 32 = Zwischenrelais für Steuerung von
      33 auf »Tiefer«,
 33 = Motor für Drehzahlverstell-
      vorrichtung mit Endschaltern,
 34 = Ladegleichrichter mit Pöhler-
      schalter zu 35,
 35 = 24 V-Batterie,
 36 = Zwischenschütz,
 37 = Feldschwächungswiderstände,
 38 = Feldschwächungsautomat, nor-
      mal eingeschaltet, öffnet nur bei
      Störungen,
 39 = Tirrill-Spannung-Schnellregler,
 40 = Fallklappenrelais für Signali-
      sierung.

Abb. 110. Schaltbild der ferngesteuerten Wasserkraftanlage nach Grundschaltbild 104 c.

ankommenden Hochspannungsleitung, daß die Turbine ordnungsgemäß angelaufen ist und kann von Hand den Freileitungs-Ölschalter 30 und damit die Last ohne weiteres einschalten, falls das dortige Netz spannungsfrei ist. Steht es bereits unter Spannung, so muß vorher die Parallelregelung vor sich gehen.

1. Fernregelung und Abstellen der Anlage.

Die Regelung vor dem Parallelschalten eines Synchrongenerators bezieht sich auf Spannung und Phasenlage bzw. Drehzahl. Die Fernregelung der Spannung scheidet im vorliegenden Falle aus, da der Wasserkraftgenerator bereits vom Tirrill-Regler auf Normalspannung gebracht wurde. Zudem kann eine Nachregelung der Spannung der in der Steuerstelle stehenden parallel arbeitenden Generatoren — falls überhaupt erforderlich — sehr leicht durch Verstellen ihrer Nebenschlußregler erfolgen. Anders verhält es sich mit der Verstellung der Drehzahl. Die Nachregelung der parallel arbeitenden Maschinen und damit der Frequenz des ganzen Netzes ist schwieriger, eine Fernsteuerung der Drehzahl-Verstellvorrichtung des Wasserkraftgenerators daher wünschenswert, besonders auch mit Rücksicht auf spätere Einregelung der Belastung während der normalen Betriebszeit.

Eine Fernsteuerung der Drehzahl-Verstellvorrichtung ließ sich auf einfachste Art dadurch bewerkstelligen, daß die beiden Fernsteuerdrähte, die zum Öffnen und Schließen der Drosselklappe dienen, durch Endkontakte an dieser Drosselklappe auf die Drehzahl-Verstellvorrichtung umgeschaltet werden. Sobald die Drosselklappe geöffnet hat, ist der entsprechende Fernsteuerdraht zur Steuerung der Drehzahl-Verstellvorrichtung (über Zwischenrelais) frei. Betätigt der Schaltwärter jetzt wieder den früher zum »Öffnen« der Drosselklappe benutzten Druckknopf, so belastet er nunmehr die Maschine durch »Höher«-Steuerung des Drehzahl-Verstellmotors; die Entlastung erfolgt analog durch Betätigung des zweiten Druckknopfschalters, der über die andere Fernsteuerleitung arbeitet. Wird durch dauerndes Betätigen dieses Druckknopfes die Drehzahl-Verstellvorrichtung in ihre tiefste Lage gesteuert, so schließt ein dort angebrachter Endkontakt, der die Schließung der Drosselklappe und damit das Stillsetzen des Aggregates einleitet. Der Freileitungs-Ölschalter in der Steuerstelle wurde selbstverständlich nach Erreichen der Nullast von Hand ausgeschaltet, so daß der Maschinensatz im Wasserkraftwerk ausläuft und zum nächsten Anlassen bereitsteht. Die Leitschaufeln gehen hierbei automatisch wieder auf die für den Anlauf erforderliche Öffnung von 10%. Der Turbinenregler versucht zwar zuerst während des Schließens der Drosselklappe die normale Drehzahl zu halten. Er öffnet die Leitschaufeln soweit wie möglich. Geht die Drehzahl infolge des Schließens der Drosselklappe trotzdem herunter, so tritt bei etwa 75% der normalen Drehzahl eine b e s o n d e r e mechanische Einrichtung am Regler in Tätigkeit, welche die Leitschaufeln bis auf die genannten 10% Öffnung endgültig schließt. Diese Einrichtung arbeitet natürlich nur, wenn die Drehzahl im Abnehmen begriffen ist und dabei durch den Wert von 75% hindurchgeht; beim Anlaufen der Maschinen stört sie nicht.

2. Hilfsstromquellen und Fernsteuerleitungen.

Wie bereits erwähnt, dient als Hilfsstromquelle im Wasserkraftwerk eine kleine 24-V-Batterie von 85 Ah. Diese Ampèrestundenzahl reicht aus, um den Stromverbrauch des Werkes für Anlaß- und Abstell-vorgänge sowie Regelung usw. unter normalen Umständen für etwa 6 bis 10 Tage zu decken. Da die Anlage ohnedies mit Rücksicht auf den wassertechnischen Teil im Abstande von mehreren Tagen kontrolliert werden muß, ist eine nur halbautomatische Ladung der Batterie mittels eines kleinen Glasgleichrichters mit automatischer Drosselspulen-regulierung und Pöhlerschalter zur selbsttätigen Abschaltung nach Beendigung des von Hand eingeleiteten Ladevorganges vorgesehen. Die Batterieelemente erhielten geschlossene Gummikästen, so daß ein be-sonderer Batterieraum nicht erforderlich ist.

Außer für den örtlichen Hilfsstromverbrauch im Wasserkraftwerk ist eine Stromquelle für die eigentliche Fernsteuerung erforderlich. An sich kann hierfür selbstverständlich die gleiche Stromquelle bzw. Batterie benutzt werden. Das hätte aber im vorliegenden Falle einen dritten Fernsteuerdraht bedingt, auch wenn als Rückleitung die Erde benutzt wird, da zur eigentlichen Steuerung zwei Drähte benötigt werden und das Potential der Stromquelle an die Betätigungsdruckknöpfe geführt werden muß. Ein dritter Draht ließ sich aber am Hochspannungsmast nur schlecht unterbringen. Wäre ein getrenntes Steuerkabel verlegt worden, so hätte man naturgemäß leicht eine Ader mehr wählen können.

Da in der Steuerstelle eine unabhängige Stromquelle mit 110 V Gleichstrom zur Verfügung stand, wurde diese zur Betätigung der Fern-steuerrelais benutzt und damit der dritte Fernsteuerdraht erspart. Den gesamten Hilfsstrombedarf des Wasserkraftwerkes von der Steuerstelle her zu beziehen, wäre wegen der weiten Entfernung und des dadurch bedingten großen Leitungsquerschnittes naturgemäß unwirtschaftlich gewesen, ganz abgesehen von der Verminderung der Betriebssicherheit.

Mithin ist die Fern-In- und -Außerbetriebnahme sowie die Wirklast-regelung eines Maschinensatzes dieser Art über nur zwei Drähte mit den allereinfachsten Mitteln möglich. Durch Umschaltung können die gleichen Drähte auch noch zur telephonischen Verbindung von Steuer-stelle und Wasserkraftwerk dienen, wie in Abb. 110 angedeutet ist.

3. Schutzeinrichtungen.

Der bedienungslose Betrieb des Werkes bedingt eine besonders sorgfältige Ausbildung der Schutzvorrichtungen, da viele Arbeiten der

Bedienungsmannschaft in handbedienten Stationen hier von Relais übernommen werden müssen. Bei der beschriebenen Anlage wurden folgende Schutzvorrichtungen vorgesehen:

1. Überstrom-Zeitrelais in allen drei Phasen,
2. Temperaturrelais für den Transformator,
3. Temperaturrelais für die Maschine,
4. Lagertemperaturwächter für Turbinen- und Generatorlager,
5. Zentrifugalschalter für die Welle,
6. Riemenbruchsicherung für den Regulator.

Die unter 1 bis 5 genannten Schutzeinrichtungen wirken auf den Feldschwächungs-Automaten. Das Fallen dieses Automaten hat das Auslösen des Ölschalters *3* zur Folge, das Fallen des Ölschalters schließlich bewirkt das Schließen der Drosselklappe, so daß die Maschine stillgesetzt wird. Gleichzeitig wird automatisch das Wiederanlassen durch Fernsteuerung verriegelt, so daß ein Wärter nach dem Wasserkraftwerk entsandt werden muß, um die Ursache der Störung festzustellen. Diese Prüfung an Ort und Stelle ist mit Rücksicht auf die Maschinen und Apparate erforderlich, damit z. B. die Maschine mit heißgelaufenen Lagern nicht erneut von fern angelassen wird. An kleinen, auf der Schalttafel im Wasserkraftwerk angeordneten Fallklappenrelais kann abgelesen werden, warum die Station ausgelöst hat, so daß die entsprechenden Maßnahmen an Ort und Stelle sofort getroffen werden können.

Das Temperaturrelais für die Maschine ist ein Kreuzspulrelais, das an ein in das Eisen des Generators gebettetes Widerstandselement angeschlossen ist. Die Feldschwächung der Maschine ist besonders wirksam durch Anordnung von Widerständen im Feldkreis des Generators sowie im Nebenschlußkreis der Erregermaschine, die beide normalerweise durch den gleichen Feldschwächungsautomaten überbrückt sind.

Mit Rücksicht auf die kleine Leistung des Generators wurde von dem Einbau einer im Gefahrfalle selbsttätig in Tätigkeit tretenden Bremse abgesehen.

Die Riemenbruchsicherung für den Regulator besteht in der bereits früher erwähnten mechanischen Einrichtung am Turbinenregler, welche die Leitschaufeln schließt, wenn die Drehzahl 75% ihres Normalwertes unterschreitet. Fällt der Riemen, der den Regler treibt, ab, so werden die Leitschaufeln geschlossen, so daß die Turbine keine gefährliche Überdrehzahl annehmen kann und der Zentrifugalschalter nicht erst in Tätigkeit zu treten braucht.

c) Selbsttätige Wasserkraftanlagen großer Leistung.

Bei Wasserturbinen großer Leistung benötigen die beim Anfahren, Abstellen und Bremsen der Maschinen zu steuernden Organe, wie Wassereinlaßschieber, Abschlußklappen, Kupplungen usw., so große Antriebs-

kräfte, daß für ihre Steuerung Hilfssteuerventile und Servomotoren
nötig sind. In den meisten Fällen sind die sog. »Vorsteuerventile« in
einem in der Nähe der Maschine angeordneten Steuerschrank zusammengefaßt, auf dem auch einige wichtige Überwachungsinstrumente übersichtlich untergebracht sind (Abb. 111). Die Betätigung der Vorsteuerventile erfolgt mit Hilfe von kleinen, aus dem Steuerschrank hervor-
stehenden Hebeln oder Handrädern von Hand. Wenn man noch einen

Abb. 111. Mit selbsttätiger Anlaufseinrichtung ausgerüstete Maschinen von 40 000 KVA im Koepchenkraft-
werk Herdecke, Pumpspeicherwerk des RWE.
Im Vordergrund die Steuersäule, in der sich die elektrischen Hubmagnete und hydraulischen Steuerventile
befinden.

Schritt weiter geht, dann rüstet man die Vorsteuerventile außer mit den
vorgesehenen Handgriffen noch mit elektrischen Hubmagneten aus, um
sie auch aus größerer Entfernung, z. B. von der Kraftwerkswarte aus,
betätigen zu können.[1])

Bei derartigen hydraulisch-elektrischen Steuerungen ist eine gegenseitige Verriegelung einzelner wichtiger Steuervorgänge auf der hydraulischen Seite mit verhältnismäßig einfachen und betriebssicheren Mitteln
möglich. Hierher gehört beispielsweise die Verhinderung der Ingang-
setzung der Bremse, solange die Einlaßorgane der Turbine nicht geschlossen sind. Wenn auch elektrische Verriegelungen einfach und gut
durchgeführt werden können, so ist vom Standpunkt des Elektrotech-
nikers aus gesehen doch zuzugeben, daß es hydraulische Verriegelungsanordnungen gibt, die in bezug auf Einfachheit und Zuverlässigkeit nicht
übertroffen werden können. Eine solche Verriegelung ist als Beispiel
in dem Abschnitt XIIb an Hand der Abb. 106d geschildert. Derartige
Verriegelungen sind auch in handbedienten Anlagen vorhanden, um grobe
Fehlsteuerungen zu verhindern. Der Schritt von einer so ausgerüsteten

---

[1]) Siehe: F. Jäger, »Fortschritte in der Selbststeuerung von Kraftwerken in
Höchstspannungsnetzen«, Bericht 327 auf der Hochspannungskonferenz Paris 1935.

Wasserkraftanlage zu einer »selbsttätigen« Anlage ist sehr unbedeutend. Hier handelt es sich eigentlich nur um einen Entschluß. Die Kosten der für die selbsttätige Steuerung hinzukommenden Geräte sind im Verhältnis zu den Kosten der übrigen Ausrüstung gering.

Wenn hier der Begriff »selbsttätige Steuerung« gebraucht ist, so soll dies keineswegs etwa wie bei einer Wasserkraftanlage von 500 kW besagen, daß daran gedacht ist, eine Anlage mit einer Leistung von 40 000 kW vollautomatisch und ohne Wartung laufen zu lassen. Mit Rücksicht auf diesen Unterschied wurde die Behandlung der Wasserkraftanlagen in ein Kapitel für die Beschreibung von kleinen und mittleren Anlagen bis etwa 5000 kVA und in ein zweites Kapitel zur Erläuterung großer Anlagen unterteilt. Es handelt sich hier um ganz verschiedene Gesichtspunkte und auch um sehr verschiedene Ausführungsformen.

Bei der großen Wasserkraftanlage hat die zusätzliche selbsttätige Steuerung die Aufgabe, durch Zusammenfassung der einzelnen Steuervorgänge die Steuerung zu vereinfachen und durch eine Automatisierung der Hilfsbetriebe die Möglichkeit zu schaffen, einen Maschinensatz von einer zentralen Stelle aus in kürzester Zeit anzulassen. Ist eine solche Zusammenfassung nicht vorhanden, dann müssen beim Anlassen des Maschinensatzes mehrere Schalt- und Maschinenwärter zusammenarbeiten, von denen der Maschinenwärter in erster Linie die Aufgabe hat, die Hilfsbetriebe in Gang zu setzen, wie beispielsweise die Druckölbeschaffungsanlage und die Generator- und Transformator-Kühleinrichtungen. Im Anschluß an die vorbereitenden Vorgänge wird dann der Maschinensatz von der Wasserseite aus angelassen und dann dem Schaltwärter in der Warte als »angefahren« gemeldet. Anschließend erfolgen dann die elektrischen Schaltvorgänge, in den meisten Fällen von der Kraftwerkswarte aus.

Bei der Ausrüstung einer solchen Anlage mit einer zusätzlichen selbsttätigen Steuerung spielt eigentlich die Zusammenfassung und die zentrale Steuermöglichkeit der Hilfsbetriebe die wichtigste Rolle; denn diese werden, ihrer Bezeichnung als »Nebenbetriebe« entsprechend, in vielen Fällen etwas nebensächlich behandelt, obwohl sie ebenso wichtig wie die Hauptbetriebe sind.

In den in den letzten Jahren häufig gebauten Pumpspeicher-Wasserkraftwerken spielt die Schnelligkeit des Anfahrvorganges eine besonders wichtige Rolle, weil diese Werke in vielen Fällen als Spitzenkraftwerke und als Schnellreserven arbeiten müssen. Hierzu kommt noch, daß die einzelnen Maschinensätze solcher Pumpspeicherwerke sehr schnell von einer Betriebsart in die andere übergeschaltet werden müssen. Sie arbeiten als Turbinen-Generatorsätze im Sinne der Leistungslieferung an das angeschlossene Hochspannungsnetz, als Motorpumpensätze zur Speicherung der aus dem Netz entnommenen elektrischen Energie und als Phasenschieberanlagen zur Erzeugung von kapazitivem und induktivem Blindstrom.

Was nun die Ausführung der selbsttätigen Steueranlagen solcher großer Anlagen anbetrifft, so ist ein enges Zusammenarbeiten zwischen dem Maschinenbauer, der die hydraulischen Steuervorgänge beherrscht und bearbeitet, und dem Schaltungsfachmann erforderlich. Ein wichtiger Gesichtspunkt, der bei der Bearbeitung solcher Anlagen leitend sein sollte, ist das Bestreben, mit möglichst wenig einfachen zusätzlichen Einrichtungen auszukommen.

Was die Umschaltung von »Handbedienung« auf »selbsttätige Steuerung« anbetrifft, so sollte man hier wohl allgemein folgenden einfachen Weg wählen: Die Handbedienung sämtlicher hydraulischer Vorgänge, die zum Anfahren, Abstellen und zum Übergang von einer Betriebsart in die andere nötig sind, erfolgt nur auf mechanischem Weg von Hand, indem, wie in einer handbedienten Anlage, die auf dem Steuerschrank vorhandenen Schalthebel oder Handräder der Vorsteuerventile verstellt werden. Die für die selbsttätige Steuerung vorgesehenen Hubmagnete an den Vorsteuerventilen sollten nur bei der selbsttätigen Steuerung, nicht aber bei der »Handsteuerung« verwendet werden. — Es wäre ja auch denkbar, drei Steuermöglichkeiten vorzusehen, und zwar 1. selbsttätige Steuerung des gesamten Maschinenanlaufes im Anschluß an die Betätigung eines Startdruckknopfes, 2. Handsteuerung, bei der auch die hydraulischen Vorgänge durch elektrische Einzelbetätigung der auf den Vorsteuerventilen angebrachten Hubmagnete von der Kraftwerkswarte aus gesteuert werden, und 3. Handsteuerung, bei der die hydraulischen Vorgänge mechanisch vom Steuerschrank aus betätigt werden, während die Steuerung des elektrischen Teiles der Maschine, d. h. in erster Linie des Generators, von der Kraftwerkswarte aus erfolgt.

Diese drei Steuerungsarten ergeben eine recht verwickelte Gesamtsteueranlage und man kann wohl sagen, daß sie keineswegs betriebssicherer als eine Anordnung ist, bei der nur zwei der drei erläuterten Steuermöglichkeiten vorhanden sind.

Neben diesem wichtigsten Bestreben, den grundsätzlichen Aufbau des schaltungstechnischen Teiles einfach zu gestalten, ist noch folgende Überlegung zu beachten. Um den selbsttätigen Anlauf des Maschinensatzes einschließlich seiner Hilfsbetriebe einleiten zu können, ist ein Betätigungsdruckknopf oder eine Betätigungsschaltwalze vorhanden.

Nach Betätigung dieses Organes spielen sich sämtliche Vorgänge nacheinander selbsttätig ab. Diese Art der Betätigung wird gewählt, wenn es darauf ankommt, daß sich sämtliche Vorgänge ohne Unterbrechung in möglichst kurzer Zeit abwickeln. Durch eine einfache Anordnung kann nun noch erreicht werden, daß sich die beispielsweise 50 Vorgänge mit einigen beabsichtigten Unterbrechungen abspielen, damit der Bedienende die Möglichkeit hat, die einzelnen Vorgänge genauer zu beobachten, als dies beim ununterbrochenen Ablauf sämtlicher selbsttätigen Vorgänge der Fall ist. Selbstverständlich wird diese Betriebsweise nur dann gewählt, wenn kein Zwang zur schnellen Abwicklung sämtlicher Vorgänge besteht, und wenn die einzelnen Teile der Anlage überprüft werden sollen.

Diese Maßnahme stellt keine Komplikation der Steueranlage dar; denn sie besteht lediglich darin, daß durch eine einfache Handschaltwalze an einigen Stellen der Betätigungsstromkreise Unterbrechungen vorgenommen werden können, die dadurch wieder beseitigt werden, daß die Schaltwalze in die jeweils nächste Stellung weitergedreht wird. Im Abschnitt IV/2 sind diese Vorgänge an Hand der Abb. 31 geschildert. Dabei handelt es sich nur um 5 bis 6 Unterbrechungsstellen in einer Steueranlage mit etwa 50 Betätigungsstromkreisen.

Das geschilderte Verfahren ist auch sehr geeignet, um eine Anlage nach erfolgter Inbetriebnahme noch einige Zeit besonders gut beobachten und etwa bestehende Mängel in der ersten Betriebszeit erkennen zu können.

Nebenbei ermöglicht dieser Weg auch, das Vertrauen von Betriebsleitern zu gewinnen, die einer selbsttätigen Steueranordnung ablehnend gegenüberstehen in dem Gefühl, daß sie nach Einführung der selbsttätigen Betriebsweise ihre Anlage nicht mehr übersehen können und nicht mehr so sicher »in der Hand haben«, als wenn sie jeden Vorgang in der üblichen Weise einzeln steuern. Diese Überlegung muß wie jedes vom Betriebsmann geäußerte Bedenken von dem planenden Ingenieur aufmerksam beachtet werden, wenn er eine selbsttätige Anlage betriebssicher bauen will.

a) Die Hilfsbetriebe oder Nebenbetriebe. Hierher gehören beim Wasserkraftmaschinensatz in erster Linie die Drucköölbeschaffungsanlagen für die Regler, für die Öldruckventilsteuerungen und für das Bremsen. In großen Kraftwerken stellen diese Teile kleine selbsttätige Anlagen dar, deren Betriebswichtigkeit nicht unterschätzt werden sollte.

In vielen Fällen sind die Öldruckpumpen mit einem Turbinen- und einem Elektromotorantrieb versehen, von denen die eine Antriebsart selbsttätig in Betrieb gehen muß, wenn die andere versagt. Die Stromversorgung des Elektromotorantriebes muß bei diesen Anlagen durch besondere Maßnahmen sichergestellt werden, entweder durch einen Fremdstrom-Reserveanschluß oder durch die Möglichkeit, im Notfalle an Stelle des Drehstrom-Motorantriebes einen Gleichstrom-Antrieb in Betrieb setzen zu können, der seinen Strom vorübergehend einer Betätigungsbatterie entnimmt, oder durch die Aufstellung eines Notstrom-Dieselmaschinensatzes (Abschnitt XXII).

b) Darstellung des Ablaufes der selbsttätigen Vorgänge auf einem Überwachungsbild in der Warte. In großen Kraft-

werkwarten ist es seit vielen Jahren üblich, die Betätigungs- und
Stellungsrückmeldeorgane in schaltbildartigen Darstellungen, genannt
Blindschaltbilder oder Leuchtschaltbilder, anzuordnen. Die zentrale
Steuerung auch der hydraulischen Teile des Maschinensatzes einschließ-
lich des Wasserschlosses oder der Wehranlagen legt den Gedanken
nahe, auch die Stellungsmeldungen dieser Organe in einer bildartigen
Darstellung der Anlage sinnfällig anzuordnen. Dabei kann das Bild als

Abb. 112. Vor dem Steuerstand der Maschinen-
gruppe III und IV im Pumpspeicherwerk Waldeck.

Leuchtschaltbild (Abb. 112) oder als Blindschaltbild ausgeführt sein
(Abb. 113).

c) Zentrale Überwachung und Steuerung mehrerer zu
einem Gemeinschaftsbetrieb gehörenden, an einem Flußlauf gelegenen Wasserkraftwerke. Aus wasserwirtschaftlichen
und reguliertechnischen Gründen ist immer dann eine Fernüberwachung und Fernsteuerung besonders zweckmäßig, wenn mehrere
Kraftwerke in so geringer Entfernung voneinander an einem Flußlauf
gelegen sind, daß wassertechnische Steuervorgänge in der einen Anlage, z. B. das Schließen der Turbineneinlaßorgane im Störungsfalle,
die Wasserstandsverhältnisse des im Flußlauf weiter unten liegenden
Wasserkraftwerkes ausschlaggebend beeinflussen. Hier kommt zu der
Steuerung der Kraftwerke selbst die Betätigung der Wehranlagen und

die Überwachung der Wasserstände hinzu. Die zusätzlichen Kosten für eine zentrale Überwachung und Steuerung der Anlagen können sehr lohnend sein. Auch hier spielt die Schnelligkeit der Öffnungs- und Schließvorgänge eine Rolle, denn diese kann ausschlaggebend sein für die Möglichkeit der Erfüllung von Verträgen über die Einhaltung bestimmter Wasserstände. Die Aufgabe ist um so schwieriger, je geringere Speichermöglichkeiten vorhanden sind. Auch die nachträgliche Ausrüstung großer Wasserkraftwerke, die jahrelang mit Handsteuerung betrieben werden, deren Steuerorgane aber mit Rücksicht auf die großen Antriebskräfte mit elektrischen oder hydraulischen Antriebsmotoren ausgerüstet sind, mit neuzeitlichen Überwachungs- und Fernsteuergeräten erscheint in dem geschilderten Zusammenhang zweckmäßig und wirtschaftlich.

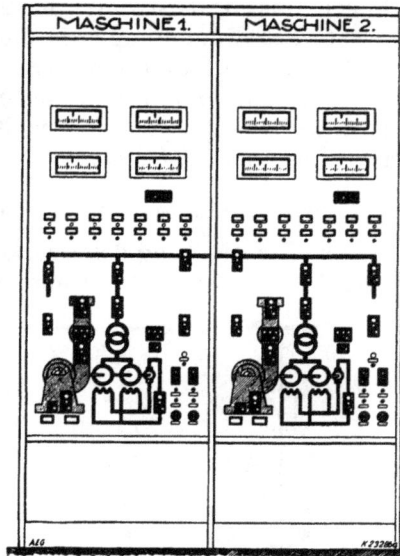

Abb. 113.
Fernsteuer-Schalttafeln, jede für die Fernbedienung eines 16 000 kVA-Maschinensatzes und der für die ganze Anlage gemeinsamen Nebenbetriebe.

XIII. Selbsttätiger Anlauf von Synchronmotoren.

Große Synchronmotoren mit Leistungen bis zu mehreren 1000 kW werden außer in Licht- und Bahnunterwerken besonders in industriellen Betrieben benutzt, z. B. zum Antrieb von Gleichstromerzeugern für Elektrolyse-Anlagen oder in Walzwerken, zum Antrieb großer Verdichter usw. In vielen derartigen Betrieben besteht der Wunsch, den Anlaßvorgang von einer oder mehreren Stellen aus durch einfache Druckknopfbetätigung zu bewerkstelligen und die Abwicklung der Schaltvorgänge einer einfachen Automatik zu überlassen; die Bedienung wird dadurch weitgehend vereinfacht und der Einbau der Geräte kann an beliebiger Stelle in der Nähe der Maschinen oder innerhalb einer größeren Schaltanlage erfolgen. Ein Synchronmotor wird dabei ebenso einfach wie ein Asynchronmotor mit Kurzschlußläufer angelassen.

Beim selbsttätigen Anlassen kleiner Synchronmotoren bis zu Leistungen von etwa 500 kW wird am einfachsten mit einem Zeitschaltverfahren gearbeitet, das die Verstärkung des Feldes usw. eine bestimmte Zeit nach der Einschaltung des Netzschalters selbsttätig vornimmt; bei größeren Maschinen ist es dagegen zweckmäßig, den physikalischen Zustand der Maschine — z. B. die Höhe der Umdrehungszahl, das Abklingen das Anlaßstromes usw. — relaismäßig festzustellen, ehe die nächste Schalthandlung, wie die Verstärkung des Feldes oder das Umschalten des Anlaßumschalters, eingeleitet wird. Bei dem hohen Preis großer Hochspannungsmaschinen sind die hierdurch gegenüber einem nicht so zuverlässigen Zeitschaltverfahren entstehenden, geringfügigen Mehrpreise gerechtfertigt.

1. Synchronmotor mit mechanisch gekuppelter Erregermaschine.

Die Einschaltung des Druckgasschalters 1 erfolgt (Abb. 114)[1]) durch Druckknopfschalter 14, während der Nebenschlußregler 3 in Anlaß-

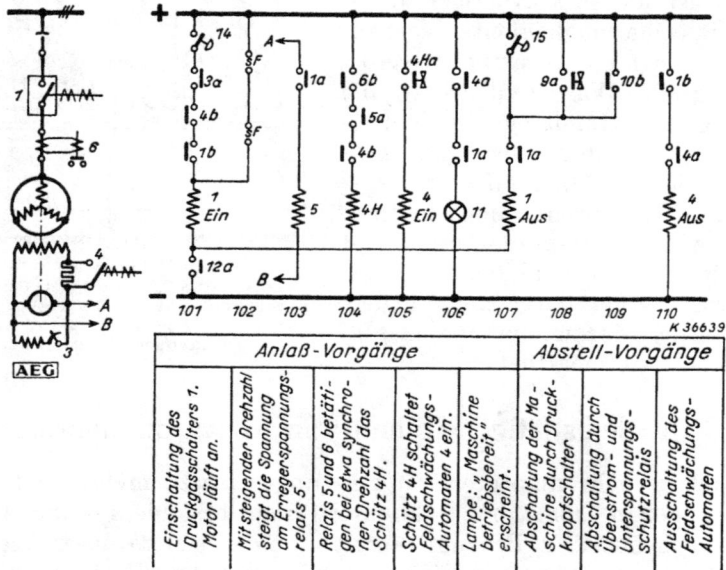

	Anlaß-Vorgänge					Abstell-Vorgänge		
101	102	103	104	105	106	107	108	109	110
Einschaltung des Druckgasschalters 1. Motor läuft an.	Mit steigender Drehzahl steigt die Spannung am Erregerspannungs-relais 5.	Relais 5 und 6 betätigen bei etwa synchroner Drehzahl das Schütz 4H.	Schütz 4H schaltet Feldschwächungs-Automaten 4 ein.	Lampe: „Maschine betriebsbereit" erscheint.	Abschaltung der Maschine durch Druck-knopfschalter.	Abschaltung durch Überstrom- und Unterspannungs-schutzrelais.	Ausschaltung des Feldschwächungs-Automaten.

Abb. 114. Schaltfolgenbild für einen Synchronmotor für unmittelbare Einschaltung mit mechanisch gekuppelter Erregermaschine.

stellung steht und der Feldschwächungsautomat 4 ausgeschaltet, das Feld also stark geschwächt ist. Der Feldschwächungs- bzw. Anlaufschutzwiderstand wird meist für etwa zehnfachen Feldwiderstand bemessen. Die Isolation des Läufers ist im allgemeinen so stark, daß die bei geschlossenem Läuferkreis im Einschaltmoment vom Ständer her induzierten Überspannungen nicht gefährlich werden. In besonderen Fällen kann durch einen parallel zur Feldwicklung gelegten Überspannungs-Ableiter Abhilfe geschaffen werden. Der volle Einschalthub des Druckgasschalters wird durch Fortschaltkontakte F sichergestellt, der Motor läuft in bekannter Weise asynchron an; mit wachsender Drehzahl

---

[1]) Bedeutung der Schaltzeichen des Schaltfolgendiagramms siehe Abb. 20, S. 41 und S. 175.

steigt die Spannung an den Klemmen der Erregermaschine. Da die Einschaltung des Druckgasschalters durch einen Blockierungs-Hilfskontakt an die Anlaßstellung des Nebenschlußreglers gebunden ist, ist die Spannung der Erregermaschine in dem für die Relais-Schalteinrichtung in Betracht kommenden Bereich von 10 bis 0% Schlupf der Maschinen-Umdrehungszahl proportional; das am Anker der Erregermaschine liegende Erregerspannungsrelais *5* gibt bei dem eingestellten Spannungswert, z. B. bei 95% der synchronen Drehzahl, Kontakt. Hierbei ist die Netzfrequenz als gleichbleibend vorausgesetzt, eine Annahme, die praktisch in allen Fällen zutrifft. Bei der genannten Drehzahl kann die bisher beispielsweise 10proz. Erregung auf volle Höhe gebracht werden, um den Motor endgültig in Tritt zu ziehen und das Netz von der Blindstromabgabe zu entlasten. Viele leer oder mit geringer Teillast anlaufende Maschinen mit ausgeprägten Polen bzw. starker Dämpferwicklung fallen auch ohne diese Erregungsverstärkung in Tritt, so daß es bei den meisten Maschinen nicht darauf ankommt, daß die Erregungsverstärkung genau bei 5% Schlupf erfolgt. Die Einstellung des Erregerspannungsrelais erfolgt auf Grund von Erfahrungswerten unter Berücksichtigung der Temperatureinflüsse.

Als weiteres Zeichen des ordnungsgemäß beendeten Anlaßvorganges kann das Abklingen des Anlaßstromes dienen, das sich durch das an einem Stromwandler angeschlossene Stromrelais *6* mit Ruhekontakt leicht feststellen läßt. Sind beide Voraussetzungen erfüllt, so wird über ein Zwischenschütz mit kurzer Zeitverzögerung der Feldschwächungsautomat *4* eingeschaltet; der Motor fällt in Tritt. Eine an beliebiger Stelle anzubringende Signallampe zeigt den beendeten Anlaßvorgang an.

2. Synchronmotor mit getrenntem Erregerumformer für explosionsgefährdete Räume (Kompressorbetrieb).

Synchronmotoren mit niedriger Drehzahl, die vorwiegend zum Antrieb von Kolbenverdichtern Verwendung finden, besitzen in der Regel Fremderregung. Der mechanisch getrennte Erregerumformer kann an beliebiger Stelle aufgestellt werden, was bei Gasverdichtern mit Rücksicht auf die Explosionsgefahr erforderlich ist. Die Schleifringe eines solchen Synchronmotors werden gekapselt und mit einer Belüftungsvorrichtung ausgerüstet. Abb. 115 zeigt die selbsttätigen Schaltvorrichtungen, Abb. 116 das zugehörige Wellenbild von Ständerstrom, Läuferstrom und Drehzahl. Die 1250-kW-Maschine fällt kaum 15 s nach der Einschaltung in Tritt, der Einschwingvorgang ist klar zu erkennen.

Die Schaltvorgänge verlaufen dabei folgendermaßen: Durch Druckknopfschalter und Schaltschütz wird zuerst der Lüftermotor für die Schleifringe in Gang gesetzt und gleichzeitig der Motorschutzschalter *8* des Erregersatzes eingeschaltet. Laufen beide Hilfsmaschinen, so schaltet der Druckgasschalter *1* selbsttätig ein, der Synchronmotor läuft asynchron hoch. Das Erreichen von rd. 95% der synchronen Drehzahl wird durch

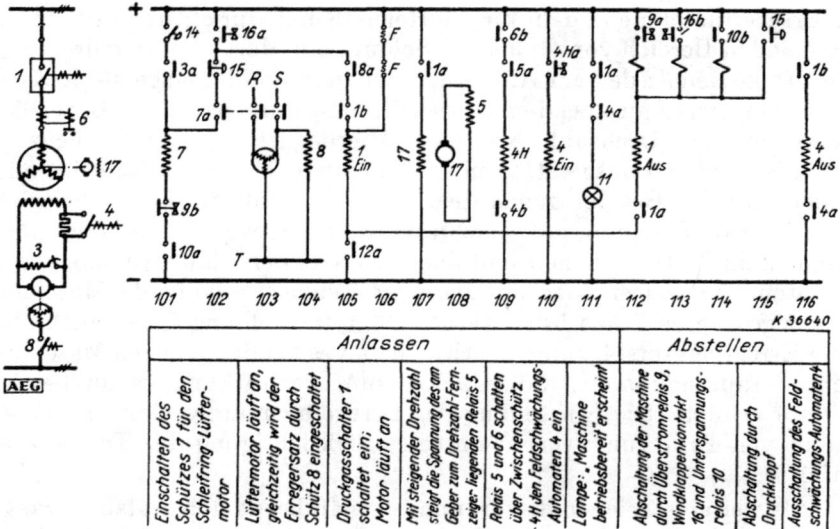

Abb. 115. Schaltfolgenbild für einen Synchronmotor für unmittelbare Einschaltung mit getrenntem Erregermaschinensatz.

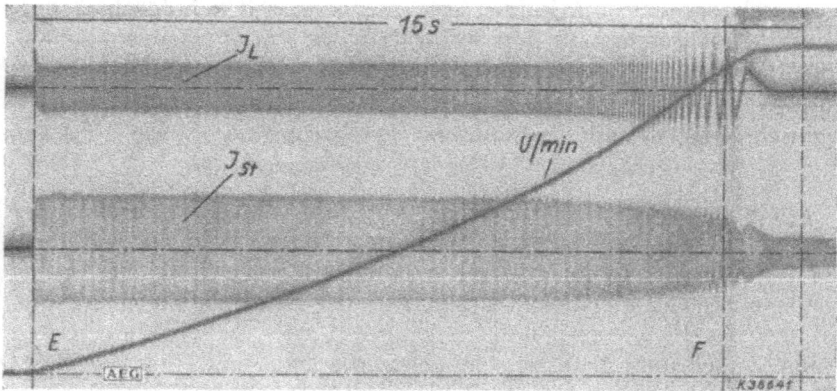

J_L = Läuferstrom. J_{St} = Ständerstrom. E = Einschalt-Augenblick, F = Feldverstärkung.
Abb. 116. Wellenbild des Anlaufvorganges eines Synchronmotors von 1250 kW, 125 U/min, 5000 V, für unmittelbare Einschaltung.

das Relais *5* erfaßt, das am Drehzahlsender *17* liegt; das Abklingen des Anlaßstromes erfaßt das Stromrelais *6*. Sind beide Bedingungen erfüllt, so wird wiederum das Feld durch Einschaltung des Feldschwächungsautomaten *4* verstärkt; die Lampe zeigt den beendeten Anlaßvorgang an.

3. Synchronmotor mit asynchronem Anlassen mit Teilspannung.

Überschreitet die Motorgröße, bezogen auf die Netzgröße, einen bestimmten Wert, so geht man zur Verkleinerung des Anlaßstromes und Vermeidung der dadurch bedingten Spannungsabsenkungen im Hochspannungsnetz auf das asynchrone Anlassen mit Teilspannung, d. h. mit Stern-Dreieck-Schalter oder Anlaßumspanner über. Das Verfahren mit Stern-Dreieck-Schalter hat den großen Vorteil der Einfachheit und Billigkeit. Es legt das Verhältnis von Anlaßspannung zu Betriebsspannung mit 1:1,73 fest; außerdem bedingt es die betriebsmäßige Dreieckschaltung, die aber bei größeren Motoren, auch bei 6 kV, keine Schwierigkeiten bereitet. Bei großen Einheiten wird die Teilspannung zum Anlassen meist durch einen kleinen Anlaßumspanner für kurzzeitige Belastung erzeugt, dessen nutzbare Spannung mit Hilfe einiger Anzapfungen leicht geändert werden kann. Abb. 117 zeigt die Schaltung bei mechanischer Kupplung mit der Erregermaschine. Wird der Motor durch einen getrennten Erregerumformer oder von einer Gleichstrom-Sammelschiene aus fremderregt, so muß ein Drehzahlsender mit der Hauptwelle gekuppelt werden.

Die Schaltvorgänge sind folgende: Die Einschaltung des Druckgasschalters erfolgt durch Druckknopfschalter, während der Anlaßumschalter 2 ebenso wie der Nebenschlußregler 3 in Anlaßstellung stehen, der Feldschwächungsautomat 4 ausgeschaltet und der nur beim Ansprechen einer Schutzeinrichtung fallende Automat 13 eingeschaltet ist. Da es sich bei synchronen Motoren mit Anlaßumspanner meist um größere Maschinen handelt, ist eine besondere Feldschwächung im Nebenschlußkreis zur schnelleren Entregung der Maschine bei Störungen wie auch mit Rücksicht auf sonst leicht eintretende Kipperscheinungen zweckmäßig, zumal sie sich mit sehr billigen Mitteln durchführen läßt.

Nach Einschalten des Druckgasschalters läuft die Maschine asynchron mit der vom Anlaßumspanner gelieferten Teilspannung hoch. Das am Anker der Erregermaschine liegende Erregerspannungsrelais zieht nach Erreichen der ungefähr synchronen Drehzahl an und verstärkt die Erregung nach kurzer Zeitverzögerung. Nach weiterer kurzer Zeitverzögerung (zum magnetischen Ausgleich der Maschine) wird der Anlaßumschalter 2 in die Betriebstellung umgesteuert, womit der Anlaßumspanner abgeschaltet und der Anlaßvorgang beendet ist. Die Umschaltung von Anlaß- in Betriebstellung erfolgt mit den üblichen Hochspannungs-Anlaßumschaltern ohne Zwischenschaltung einer Widerstandsstufe so schnell, daß die Drehzahl während der Umschaltzeit nicht abfallen kann.

Abb. 118 zeigt das Wellenbild des Anlaßvorganges eines 3000-kW-Motors, jedoch mit Fremderregung. Der Feldschwächungswiderstand

K 36642

	101	102	103	104	105	106	107	108	109	110	111	112	113	114
	Anlassen								Abstellen					

Spaltenbeschriftungen:

101 — Einschaltung des Druckgasschalters 1, Motor läuft an

102 — Mit steigender Drehzahl steigt die Spannung am Erregerspannungs-Relais 5

103 — Relais 5 und 6 betätigen bei einer synchroner Drehzahl über Schütz 4H die Einschaltg. des Feldschwächungs-Automaten 4

106 — Zeitrelais 2 Z läuft an

107 — Es schaltet den Anlaß-Umschalter 2 in die Betriebsstellung um

108 — Lampe „Maschine betriebsbereit" erscheint

109 — Abschaltung der Maschine durch Druckknopf-Schalter

110 — Abschaltung durch Überstrom- und Unterspannungs-Schutzrelais

111 — Ausschaltung des Feldschwächungs Automaten

113 — Rückschaltung des Anlaß - Umschalters 2 in die Anlaßstellung, nachdem die Drehzahl zurückgegangen ist

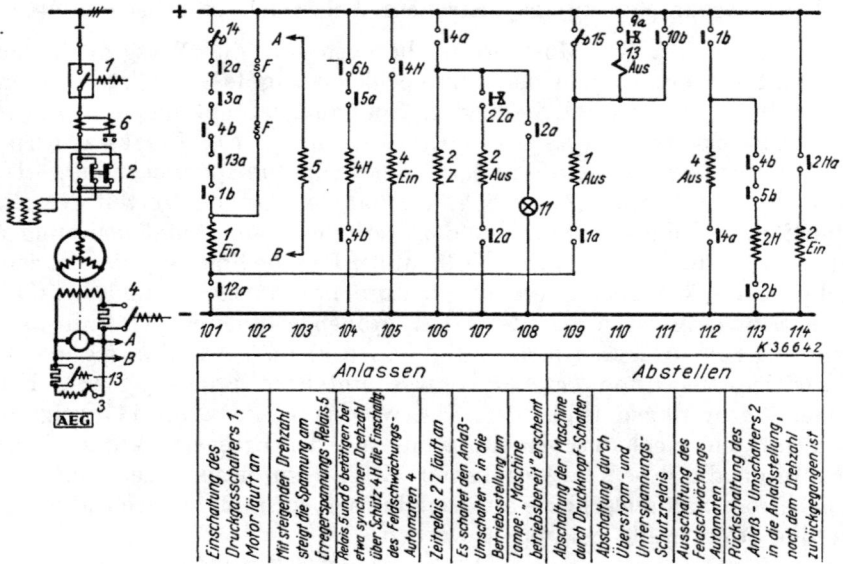

Abb. 117. Schaltfolgenbild für einen Synchronmotor mit Anlaßumspanner und mechanisch gekuppelter Erregermaschine.

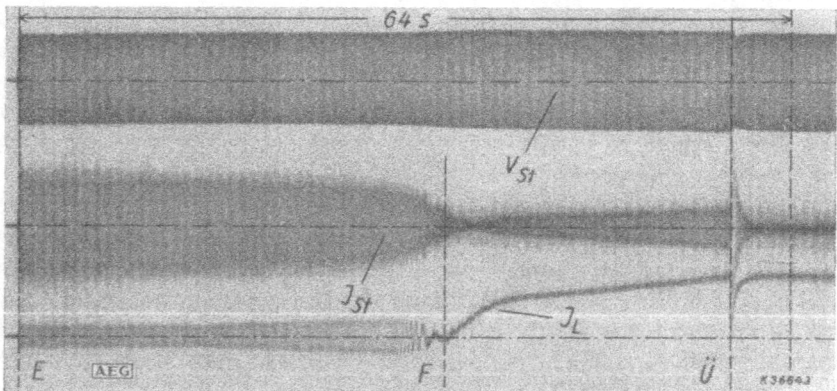

64 s

V_{St}

J_{St}

J_L

E   F   Ü   K 36643

V_{St} = Ständerspannung, J_L = Läuferstrom, F = Feldverstärkung,
J_{St} = Ständerstrom, E = Einschalt-Augenblick, Ü = Überschalten auf volle Spannung.

Abb. 118. Wellenbild des Anlaufvorganges eines Synchronmotors von 3000 kW, 750 U/min, 6000 V, mit Anlaßumspanner und Fremderregung.

wurde im vorliegenden Falle mit in den Magnetregler eingebaut und durch den Kontaktarm mit Motorantrieb stufenweise kurzgeschlossen, wie aus dem Wellenbild hervorgeht. Der Anlaufvorgang ist nach etwa 60 s beendet.

4. Schutzeinrichtungen und selbsttätige Rückschaltung.

Thermische Überstromrelais und Unterspannungsauslösung, die auf die Abschaltung des Druckgasschalters und Feldschwächungsautomaten wirken, sind die üblichen Schutzeinrichtungen, die bei sehr großen Maschinen zweckmäßig durch Differential- und Erdschlußschutz ergänzt werden. Treibt der Synchronmotor Gleichstromerzeuger an, die parallel mit anderen Gleichstromerzeugern arbeiten, so wird zweckmäßig außer den üblichen Gleichstrom-, Überstrom- und Rückstrom-Schutzrelais noch ein Schutz gegen zu hohe Umdrehungszahlen eingebaut. Dieser besteht aus einem Fliehkraftschalter oder einem an den Drehzahlsender angeschlossenen Relais, das auf die Auslösung der Gleichstromautomaten arbeitet. Zweckmäßig wird bei größeren Maschinen wie in vollselbsttätigen Werken auch noch ein Zeitüberwachungsrelais eingebaut, das die Länge der Anlaufzeit des betreffenden Maschinensatzes überwacht und abschaltet, wenn der letzte zu erwartende Schaltvorgang nicht innerhalb der eingestellten Zeit beendigt ist.

Außer den Anlaß- und Abstellknöpfen kann man auch für den Feldschwächungsautomaten und Anlaßumschalter noch besondere Betätigungsschalter vorsehen sowie durch einen mehrpoligen Paketumschalter festlegen, ob das Anlassen selbsttätig oder in bestimmten Ausnahmefällen von Hand erfolgen soll.

Wie in den letzten Stromkreisen der Schaltbilder angegeben ist, wird die Rückschaltung von Feldschwächungsautomaten, Anlaßumschaltern usw. in die Anlaßstellung durch einige Hilfskontakte selbsttätig bewerkstelligt, so daß die Maschine nach dem Abschalten sofort wieder zum Anlassen bereit ist. Die Rückschaltung des Anlaßumschalters erfolgt erst nach Abklingen von Spannung bzw. Umdrehungszahl, so daß eine unzulässige Erhöhung der von der Maschine selbst erzeugten Spannung mittels des Anlaßumspanners bei zu frühzeitiger Rückschaltung auf die Anlaßstellung vermieden wird. Hat der Nebenschlußregler motorischen Antrieb, so kann er durch eine einfache, in der Zeichnung nicht angegebene Hilfskontaktsteuerung bei Abschaltung der Maschine gleichfalls leicht selbsttätig in die Anlaßstellung zurückgebracht werden.

Die Ziffern der Abb. 114, 115, 117 bedeuten:

$1 =$ Druckgasschalter,
$2 =$ Anlaßumschalter,
$2H =$ Zwischenschütz für die Schaltung des Anlaßumschalters in Anlaßstellung,
$2Z =$ Zeitrelais für die Umschaltung von 2,
$3 =$ Nebenschlußregler,
$4 =$ Feldschwächungsautomat im Hauptfeld,
$4H =$ Zwischenschütz zu 4,

5 = Relais für Anzeige der Drehzahl,
6 = Stromrelais,
7 = Schaltschütz für Lüfter,
8 = Schaltschütz für Erregermaschinensatz,
9 = Überstromrelais,
10 = Unterspannungsrelais,
11 = Lampe »Maschine betriebsbereit«,
12 = Druckwächter am Verdichter von *1*,
13 = Feldschwächungsautomat für Nebenfeld,
14 = Anlaßdruckknopf,
15 = Abstelldruckknopf,
16 = Windklappenkontakt,
17 = Drehzahlsender,
101...116 = Kennziffern für Stromkreise.

XIV. Selbsttätige Phasenschieberanlagen.[1]

1. Allgemeines.

Häufig werden große Phasenschieber nicht im Kraftwerk, sondern in einem Umspannwerk, das im Lastschwerpunkt errichtet ist, aufgestellt. Der Phasenschieber hat bei dieser Anordnung die Aufgabe, die Hochspannungsleitung zwischen Kraftwerk und Umspannwerk vom Blindstrom zu entlasten bzw. den Blindstrom in der Nähe des Lastschwerpunktes zu erzeugen. Daher kommt es, daß häufig der Phasenschieber die einzige Maschine in einem Werk ist, das in erster Linie zur Umspannung des Stromes dient.

In diesen Fällen ist es besonders naheliegend, den Phasenschieber mit einer halbautomatischen Anlaßvorrichtung auszurüsten, die so arbeitet, daß im Anschluß an die Betätigung eines einzigen Druckknopfes die Maschine in möglichst kurzer Zeit in Betrieb gesetzt wird. Der Anlaßdruckknopf kann in der Warte der Phasenschieberanlage oder in einer Netzwarte angeordnet werden.

Im Zusammenhang mit einem größeren Netzgemeinschaftsbetrieb ist es zweckmäßig, das Anlaßkommando für die im Netz verteilten Phasenschieber von der Netzwarte aus zu geben, weil diese Stelle am besten über die Spannungsverhältnisse und Lastverhältnisse des gesamten Netzes unterrichtet ist.

Das zu wählende Anlaufverfahren für den Phasenschieber wird in erster Linie durch den mit Rücksicht auf das Netz zulässigen Anlaufstrom bestimmt. Die einfachsten Verfahren mit Anlaßtransformator verlangen vom Netz einen Anfahrstrom von etwa 30 bis 50% des Maschinenstromes, der größtenteils aus Blindstrom besteht und dadurch die

---

[1] Siehe: L. Lebrecht, »Anlauf synchroner und asynchroner Phasenschieber«, AEG-Mitt. 1931, Heft 6.

Spannungsverhältnisse des Netzes ungünstig beeinflußt, wenn es sich nicht um ein sehr großes Netz bzw. um eine verhältnismäßig kleine Maschine handelt. Darf der Anlaufstrom 5 bis 10% des Phasenschieber-Nennstromes nicht überschreiten, dann kommen die Anlaufverfahren mit Anwurfmotor in Frage, deren selbsttätige Abwicklung in diesem Abschnitt behandelt werden soll. Das selbsttätige Anlassen mit Anlaß-transformator entspricht dem Anlassen größerer Synchronmotoren. Es ist im Abschnitt XIII eingehend beschrieben. An Stelle einer systematischen Behandlung der vielen möglichen Anlaufverfahren mit Anwurfmotor sollen im folgenden zwei Beispiele von ausgeführten selbsttätigen Steueranlagen für Phasenschieber von 30 000 und 20 000 kVA behandelt werden. Grundsätzlich ist zu sagen, daß die selbsttätige Steuerung von Phasenschiebern besonders einfach und mit geringen zusätzlichen Mitteln möglich ist.

2. Synchron-Phasenschieber mit einer Leistung von 30 000 kVA.

a) Anlaufvorgang (Abb. 119).

Dieser spielt sich selbsttätig in etwa 90 s in der folgenden Weise ab: Der Anlaufdruckknopf *1* wird betätigt. Der Hubmagnet *2* öffnet das Ventil der Lagerölkühlung. Die Lagerentlastungs-Ölpumpe *3* wird angelassen. Wenn diese Vorgänge abgeschlossen sind und das Öldruck-relais *4* seinen Kontakt schließt, erfolgt die Einschaltung des Haupt-schalters *5* des Anwurfmotors *A*. Die Maschine beginnt zu laufen. Der Anlasser *6* wird in Abhängigkeit von einem Stromrelais so aus seiner Anfangsstellung höchsten Widerstandes in seine Stellung kleinsten Widerstandes gesteuert, daß einerseits ein bestimmter Anfahrstrom nicht überschritten wird, daß aber andererseits der Maschinenanlauf in möglichst kurzer Zeit erfolgt. Die Maschine nähert sich ihrer Nenndrehzahl. Wenn der Anlasser in seiner Kurzschlußstellung angekommen ist, wird der Rotorumschalter *7* umgeschaltet, so daß der Rotorstromkreis des Anwurfmotors vom Anlasser *6* abgeschaltet und auf die Gleichstrom-Erregermaschine *E* umgeschaltet ist. Der Rotor des Anwurfmotors wird jetzt mit Gleichstrom erregt. Der Anlasser geht inzwischen in seine Anfangsstellung zurück, damit er später für den Bremsvorgang in geeigneter Stellung steht. Durch Einschalten des Feldschalters *8* wird die Erregung des Anwurfmotors *A* verstärkt und dieser fällt in Tritt. Anschließend erfolgt nun die Parallelschaltung des Phasenschiebers *P* mit dem 11-kV-Netz, wenn dieses Netz bereits unter Spannung steht. (Ist dies nicht der Fall, d. h. soll der Phasenschieber zum Unterspannungsetzen des 11-kV-Netzes dienen, dann spielen sich andere und einfachere Vorgänge ab, die weiter unten besprochen werden sollen.) Da das 3-kV-Netz des Anwurfmotors mit dem 11-kV-Netz synchron läuft, so braucht vor dem Einschalten des Hauptschalters *9* nicht erst eine Gleichregulierung der Maschinenfrequenz mit der Netzfrequenz zu erfolgen, wie dies bei der Parallelschaltung von Generatoren der Fall ist. Dafür muß aber die Phasenlage der Maschinenspannung derjenigen der Netzspannung gleichreguliert und die Höhe der Maschinenspannung der der Netzspannung angeglichen werden, bevor der Hauptschalter *9* eingeschaltet werden kann. Das Phasenvergleichsrelais *10* betätigt mit seinem Doppel-

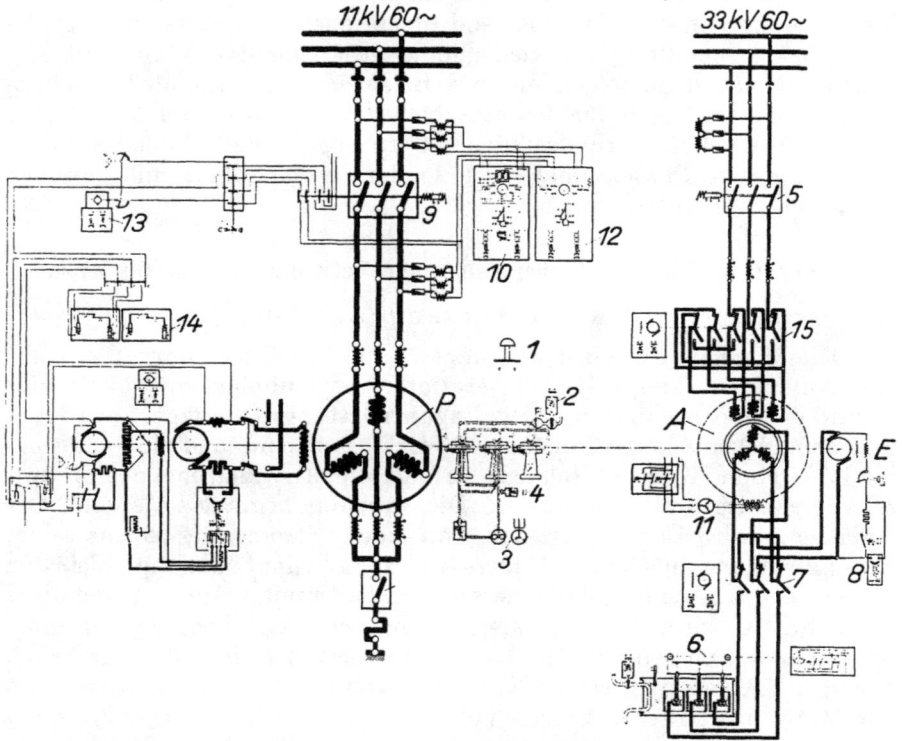

Abb. 119. Vereinfacht dargestelltes Schaltbild für einen 30 000-kVA-Synchron-Phasenschieber.

zungenkontakt den kleinen Steuermotor *11* der Statorverdreheinrichtung am Anwurfmotor *A*, während das Spannungsdifferenzrelais *12* durch Betätigung des Steuermotors *13* für den Einstellwiderstand des Spannungsreglers die Maschinenspannung der Netzspannung gleichreguliert. Nachdem so die Synchronisierbedingungen einreguliert sind, erfolgt die Einschaltung des Hauptschalters *9*. Hierauf wird der Schalter *5* ausgeschaltet.

b) Das Bremsen.

Bei einer Störung innerhalb des Maschinensatzes wird der Phasenschieber *P* vom Netz abgeschaltet, seine Erregung geschwächt und das

Abbremsen des Maschinensatzes eingeleitet. Dies spielt sich so ab, daß durch Umschalten des Schalters *15* zwei Phasen des Anwurfmotors *A* vertauscht und damit die Ricntung seines Drehfeldes umgekehrt wird. Hierauf wird der Maschinenschalter *5* des Anwurfmotors eingeschaltet. Da der Anwurfmotor entgegen der augenblicklichen Drehrichtung der Maschine umzulaufen bestrebt ist, erfolgt eine schnelle Abbremsung. Von Wichtigkeit ist, daß bei Erreichen des Stillstandes der Maschine für die Abschaltung des Anwurfmotors *A* vom Netz gesorgt wird, weil sonst der gesamte Maschinensatz mit umgekehrter Drehrichtung wieder anlaufen würde. Zu diesem Zweck ist ein Schaltorgan mit der Maschinenwelle gekuppelt, das beim Umkehren der Drehrichtung einen Kontakt schließt, der den Schalter *5* ausschaltet und damit den Anwurfmotor von seinem Netz abtrennt.

Soll der Phasenschieber zum »Anlassen« des 11-kV-Netzes bzw. eines hieran angeschlossenen 70-kV-Netzes in Betrieb genommen werden, dann spielen sich die Anfahrvorgänge in anderer Weise ab. Die Maschine wird zwar auch mit Hilfe des Anwurfmotors hochgefahren, aber dieser bleibt jetzt in Betrieb. Eine selbsttätige Parallelschaltung des Phasenschiebers mit dem Netz erfolgt in diesem Falle nicht, da das Netz spannungslos ist. Vielmehr wird die Einschaltung des Schalters *9* bei niedriger Spannung des Phasenschiebers von Hand vorgenommen. Hierauf wird langsam die Spannung des Phasenschiebers und damit des 70-kV-Netzes gesteigert, bis beide ihre normale Betriebsspannung aufweisen.

3. Asynchronphasenschieber mit einer Leistung von etwa 20000 kVA.

a) Aufbau und Schaltung der Maschinen.

Die Hauptbestandteile eines Satzes reihen sich folgendermaßen aneinander: Anwurfmotor — Phasenschieber (mit außerhalb des Lagers liegenden Schleifringen) — Haupterregermaschine — Hilfserregermaschine (Abb. 120).

Der gleich dem Phasenschieber achtpolige Anwurfmotor hat eine dreieckgeschaltete Ständerwicklung für 6250 V, 213 A. Er leistet 3 min lang 1800 kW bei $\cos \varphi = 0,84$ und ist damit imstande, den Phasenschieber dreimal hintereinander auf volle Drehzahl zu bringen. Die ölgekühlten Schaltwalzenanlasser sind der Leistung der Anwurfmotoren entsprechend bemessen und im Maschinenhaus aufgestellt.

Der Haupterreger ist eine ständererregte Drehstrom-Erregermaschine für 161 kVA bei 60 V und 1550 A.

Die kleine ständerlose Hilfserregermaschine liefert dem Haupterreger bis zu 68 A bei 17 V Erregerleistung, während sie schleifringseitig 167 A bei 18 V dem Erregertransformator entnimmt.

Auf dem freien Wellenende des Anwurfmotors befindet sich eine Ölpumpe, der die Versorgung der Lager mit Schmieröl zufällt. Zwei

weitere, motorisch angetriebene Ölpumpen sind neben den Anwurfmotoren aufgestellt. Eine Preßölpumpe dient der Lagerentlastung beim
Anlauf, die zweite Pumpe stellt die Schmierölversorgung der Lager
während des Anlaufs sicher und bildet für die Betriebsölpumpe eine
Reserve.

b) Betätigung des Phasenschiebers.

Die gesamte Betätigung des Phasenschiebers kann wahlweise vollautomatisch durch Drücken eines Knopfes in der Warte oder durch

Abb. 120. Gesamtansicht der asynchronen Phasenschieber 21 500 kVA.

Fernsteuerung von Hand, ebenfalls von der Warte aus, vorgenommen
werden. Die Betätigungsnetze der beiden Steuerungsarten sind elektrisch
so getrennt, daß Fehler in den zusätzlichen Stromkreisen der Automatik
das Fernsteuerungsnetz unberührt lassen.

Die Vorbereitung zur selbsttätigen Inbetriebnahme oder zum Anfahren von Hand mit der Fernsteuerung trifft man mit Hilfe eines
Paketumschalters in der Warte. Entscheidet man sich für selbsttätigen
Betrieb, so genügt das Drücken eines Knopfes in der Warte, um die
Maschine anlaufen zu lassen. Bei der Automatisierung der Schaltvorgänge ist der Grundsatz durchgeführt, daß die Relais die Weiterschaltung
erst dann freigeben, wenn die vorausgegangenen selbsttätigen Schalt-
befehle zu dem gewünschten Erfolg geführt haben.

Wenn der Anlaufvorgang beendet ist, kehrt der Anlasser *13* (Abb. 121) selbsttätig in die Ausgangsstellung (größten Widerstandes) zurück, so daß der Anlasser sofort für ein neues Anlassen oder ein Wiederanlassen im Verlauf von Netzstörungen zur Verfügung steht.

Die Einstellung der konstant zu haltenden Spannung erfolgt durch einen im Spannungsspulenkreis des Thomareglers liegenden Widerstand

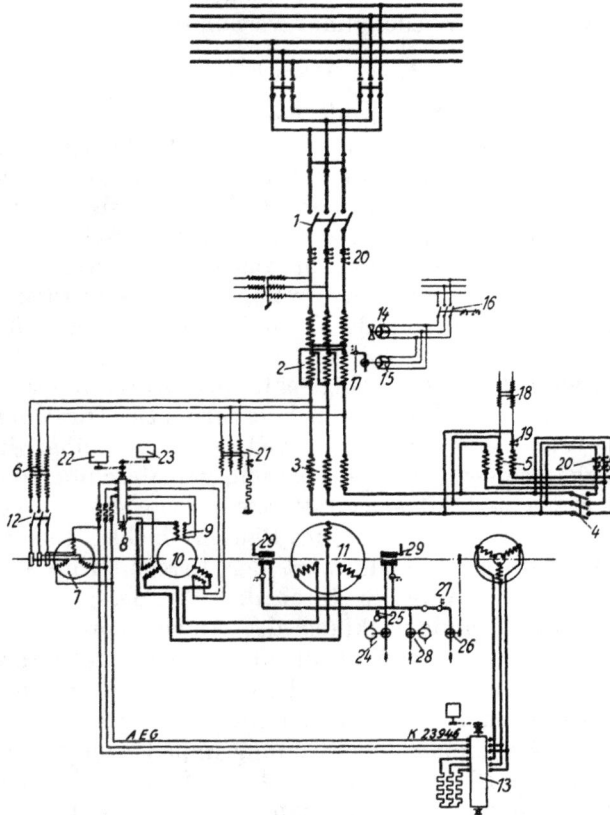

1 = Ölschalter,	14 = Ventilator,
2 = Transformator.	15 = Ölumlaufpumpe,
3 = Ständerwicklung des Phasen- schiebers,	16 = Schalter zu *14* und *15*.
	17 = Strömungsanzeiger,
4 = Kurzschließer,	18 = Spannungswandler,
5 = Ständerwicklung des An- wurfmotors,	19 = Stromwandler,
	20 = Wandlergruppen,
6 = Erregertransformator,	21 = Erdschlußtransformator,
7 = Frequenzwandler,	22 = Öldruckregler,
8 = Wenderegler,	23 = Motorantrieb zu *8*,
9 = Erregerwicklung zu *10*,	24 = Preßölpumpe,
10 = Erregermaschine,	25 = Öldruckrelais,
11 = Läufer des Phasenschiebers,	26 = Betriebsölpumpe,
12 = Schalter für den Erreger- kreis,	27 = Ölströmungsanzeiger,
	28 = Hilfsölpumpe,
13 = Anlasser.	29 = Thermometer.

Abb. 121. Vereinfachtes Schaltbild des 21 500-kVA-Asynchron-Phasenschiebers mit selbsttätigem Anlauf.

auf der Warte. Wird die Nennleistung überschritten, so regelt der Thomaregler unter Änderung der Sammelschienenspannung auf gleichbleibenden Nennstrom.

Wie die Inbetriebsetzung durch einfaches Betätigen eines Druckknopfes eingeleitet werden kann, so kann auch die Außerbetriebnahme durch Drücken eines Knopfes in der Warte erfolgen. Mit dem Fallen des Ölschalters ist die Rückkehr aller Teile der Schaltanlage in die Bereitschaftsstellung für den Wiederanlauf verbunden.

c) Anlauf des Maschinensatzes.

Der Anlauf spielt sich folgendermaßen ab:

Ölschalter *1*, Erregerschalter *12* und Kurzschließer *4* sind offen, Anlasser *13* in der Stellung größten Widerstandes. Der Wenderegler *8* ist in der Ausschaltstellung, in der er den Erregerkreis unterbricht. Die Transformatorölpumpe *15* und der zur Kühlung vorgesehene Ventilator *14* werden eingeschaltet; die motorisch angetriebene Anlaufölpumpe *28* für das Lagerschmieröl sowie die Preßölpumpe *24* werden in Betrieb gesetzt. Der Schieber für das als Kühlmittel des Schmieröles dienende Frischwasser wird geöffnet.

Nunmehr wird Ölschalter *1* eingelegt. Dem Anwurfmotor fließt über die Ständerwicklung *3* des Phasenschiebers Strom zu. Diese Ständerwicklung hat eine sehr kleine Impedanz, weil der Läufer über die Erregermaschine kurzgeschlossen und die Leistung der Maschine sehr groß ist. Der Anlaufvorgang verläuft am günstigsten, wenn die Erregermaschine während des Anlaufes dem Läufer des Phasenschiebers eine *EMK* nicht aufdrückt. Aus diesem Grunde wird der Erregerstrom der Erregermaschine während des Anlaufes durch den Wenderegler unterbrochen (Nullstellung). Die Ständerwicklung des Anwurfmotors hat eine um ein Vielfaches größere Impedanz als die des Phasenschiebers; dies erklärt sich aus der vergleichsweise kleinen Leistung sowie aus der Tatsache, daß im Läuferkreis der Anlaßwiderstand *13* eingeschaltet ist. Entsprechend dieser Aufteilung der Wicklungsimpedanzen verteilt sich in der Reihenschaltung Phasenschieber—Anwurfmotor die Spannung so, daß der Phasenschieber nur wenig Spannung verbraucht. Fast die volle Spannung liegt am Anwurfmotor. Der Anlasser wird stufenweise kurzgeschlossen und der Maschinensatz läuft hoch. Nach dem Kurzschließen des Anlaßwiderstandes ist die Beschleunigungszeit beendet.

Während des Hochfahrens geht mit der Annäherung an den Synchronismus der impedanzvermindernde Einfluß der kurzgeschlossenen Läuferwicklung des Phasenschiebers verloren; die Spannung am Phasenschieber wächst, die am Anwurfmotor fällt etwas. Der Phasenschieber beteiligt sich in dieser Zeit an der Drehmomentbildung. Wenn nach Abschluß der Beschleunigungsperiode der Wenderegler *8* in die Leerlaufstellung gebracht wird, in welcher der dem Netz entnommene Strom ein Kleinstwert wird, liegt die volle Nennspannung am Phasenschieber; die Verluste werden vom Phasenschieber gedeckt, und der Anwurfmotor wirkt nur noch wie eine dem Phasenschieber vorgeschaltete Drosselspule.

Der dem Netz entnommene, durch die Verluste des Maschinensatzes bestimmte Mindeststrom wirkt im vorgeschalteten Anwurfmotor als reiner Magnetisierungsstrom, weil der praktisch synchron laufende Läufer des Anwurfmotors nichts zur Abweisung des störenden Ständerfeldes tun kann. Darum verbleibt am Anwurfmotor eine größere Spannung, deren Vektor auf der Phasenschieberspannung senkrecht steht. Würde man mit Hilfe des Überbrückungsschalters *4* den Anlaufvorgang beenden, so würde ein größerer Stromstoß entstehen. Schaltet man aber den Läufer des Anwurfmotors auf die Hilfserregermaschine, so läßt sich durch den Strom mit Schlupffrequenz im Läufer des Anwurfmotors das störende Feld im Ständer des Anwurfmotors kompensieren; der Anwurfmotor verliert Hauptfeld und Spannung und der Kurzschließer *4* kann stoßfrei eingeschaltet werden.

XV. Gleichrichter-Unterwerke für Bahn- und Licht-Betriebe.
Allgemeines.

Die größte Zahl der in den letzten Jahren gebauten selbsttätigen Anlagen sind Gleichrichteranlagen. Nachdem die Gleichrichter an die Stelle der Einanker-Umformer getreten sind, ist die selbsttätige Steuerung besonders naheliegend, denn sie ist mit viel einfacheren Mitteln durchführbar als die selbsttätige Steuerung von Umformern. In Amerika dagegen, wo der Einanker-Umformer erst viel später als in Europa durch den Gleichrichter verdrängt wurde, sind viele Hundert automatische Einanker-Umformer seit Jahren in Betrieb. Man kann wohl sagen, daß weitaus der größte Teil der Gleichrichter-Unterwerke, die heute gebaut werden, selbsttätig oder halbautomatisch mit Fernsteuerung betrieben wird.

Die Aufgaben, die bei der Planung der selbsttätigen Steuerung eines Gleichrichter-Unterwerkes gelöst werden müssen, werden am besten an Hand des Übersichts-Schaltbildes eines solchen Unterwerkes erläutert (Abb. 122). Der innerhalb der gestrichelten Linien liegende Teil des Gleichrichterwerkes ist in gleicher Weise ausgeführt, unabhängig davon, ob es sich um ein Unterwerk für ein Bahn- oder für ein Lichtnetz handelt. Unterhalb des gemeinsamen Teiles ist im Schaltbild, mit *B* bezeichnet, derjenige Teil dargestellt, der bei der schaltungstechnischen Bearbeitung eines Bahnunterwerkes besondere Aufmerksamkeit verlangt. Es handelt sich um die von der Gleichstrom-Sammelschiene des Unterwerkes abgehenden Speiseleitungsschalter *5*, die sog. »Streckenschalter«, die die einzelnen Strecken des Bahnnetzes mit dem Unterwerk verbinden. Rechts von dem gemeinsamen Teil des

Schaltbildes sind, mit *C* bezeichnet, diejenigen Einrichtungen angedeutet, denen bei der Ausrüstung eines Unterwerkes für Lichtbetrieb, d. h. für die Speisung städtischer Lichtnetze, besondere Aufmerksamkeit geschenkt werden muß. Das ist in erster Linie die Aufgabe der Regelung der Gleichstrom-Sammelschienenspannung bzw. der Lastverteilung auf die einzelnen Gleichrichtersätze des Unterwerkes und auf die verschiedenen Unterwerke desselben Netzes. Diese Frage der Regelung von Gleichstromanlagen wird im Abschnitt XVI ausführlich behandelt.

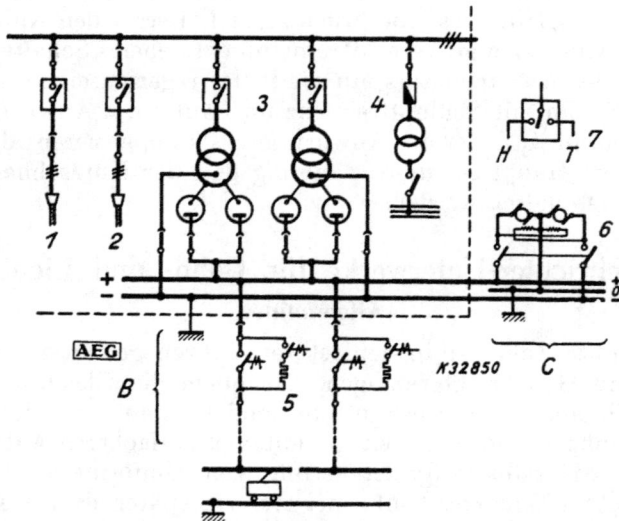

Abb. 122. Übersichtsschaltbild einer Gleichrichteranlage.

Die zweite Aufgabe, die bei der Lichtanlage eine besondere Rolle spielt, ist die der Netzspannungsteilung, denn in den meisten Fällen handelt es sich heute um Dreileiter-Lichtnetze. Die von den Sammelschienen abgehenden, in das Lichtnetz führenden Abzweige spielen, was die technischen Schwierigkeiten anbetrifft, keine große Rolle. Kurzschlüsse in Lichtnetzen sind selten, bzw. ihre Abschaltung erfolgt bereits selektiv im Netz durch die vielen in Reihe liegenden Sicherungen, wie Haussicherungen, Netzsicherung usw. Kennzeichnend für die geringen Schwierigkeiten, die hier vorliegen, ist vielleicht auch der Hinweis darauf, daß es große städtische Gleichstrom-Unterwerke gibt, von denen etwa 100 durch Sicherungen geschützte Speiseleitungen abgehen, und von denen ausgesagt werden kann, daß im Verlauf von Jahren noch nicht 2 Sicherungen Gelegenheit hatten, einen Kurzschluß abzuschalten. Im Gegensatz hierzu ist es bei Streckenabzweigen in Bahnanlagen nichts Besonderes, wenn bei feuchtem Wetter der eine oder andere Streckenabzweig mehrere Male am selben Tage wegen Überlast oder Kurzschluß abschaltet.

Im folgenden sollen nun zuerst diejenigen Gesichtspunkte geschildert werden, die bei der Bearbeitung der selbsttätigen Schaltanlage des für Bahn- und Lichtunterwerke gemeinsamen Teiles des Schaltbildes von Interesse sind.

1. Im Unterwerk ankommende Hochspannungsleitungen.

Um die hochspannungsseitige Stromversorgung eines Unterwerkes sicherzustellen, werden häufig zwei Hochspannungs-Verbindungsleitun-

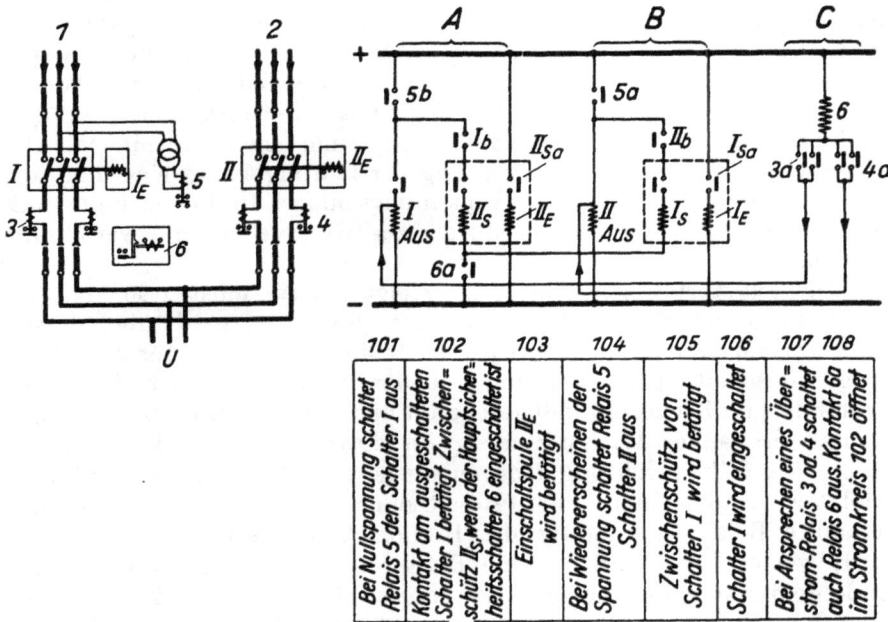

101	102	103	104	105	106	107	108
Bei Nullspannung schaltet Relais 5 den Schalter I aus	Kontakt am ausgeschalteten Schalter I betätigt Zwischen-schütz II_S, wenn der Hauptsicher-heitsschalter 6 eingeschaltet ist	Einschaltspule II_E wird betätigt	Bei Wiedererscheinen der Spannung schaltet Relais 5 Schalter II aus	Zwischenschütz von Schalter I wird betätigt	Schalter I wird eingeschaltet	Bei Ansprechen eines Über-strom-Relais 3 od 4 schaltet auch Relais 6 aus. Kontakt 6a im Stromkreis 102 öffnet	

Abb. 123. Anordnung für die selbsttätige Umschaltung einer im Unterwerk ankommenden Hochspannungsleitung auf eine Reserveleitung bei Ausbleiben der Hochspannung.

gen vorgesehen, die auf verschiedenen Wegen nach derselben Stromquelle führen oder die eine Verbindung mit verschiedenen Kraftwerken herstellen können (Abb. 123). Dabei ist zu beachten, daß die beiden speisenden Kraftwerke häufig nicht miteinander synchron laufen. In solchen Fällen wird innerhalb des selbsttätigen Unterwerkes eine Umschalteinrichtung angeordnet, die die Aufgabe hat, beim Ausbleiben der Spannung der Speiseleitung *1* das Unterwerk selbsttätig auf die Reserveleitung *2* umzuschalten. Erscheint dann die Spannung am Hauptkabel *1* wieder, dann muß das Unterwerk selbsttätig wieder mit dieser Leitung verbunden werden. Hierbei spielt immer die Frage eine Rolle, wo die Betätigungsenergie für die Umschaltvorgänge hergenommen werden soll, wenn — wie dies oft der Fall ist — eine unabhängige Betätigungsstromquelle, beispielsweise in Form einer Steuerbatterie, nicht vorhanden ist. Dann müssen nämlich 2 kleine Umspanner für die Lieferung des Steuerstromes vorgesehen werden. Jeder der beiden Umspanner ist an eine der beiden Hochspannungsleitungen angeschlossen und liefert den Strom für die Einschaltung des zu seiner Leitung gehörigen Leistungsschalters.

Bei diesen Umschalteinrichtungen darf ein wichtiger Punkt nicht vergessen werden: Die Umschaltung auf die Reserveleitung *2* muß eingeleitet werden, wenn das A u s b l e i b e n   d e r   H o c h s p a n n u n g an der Hauptleitung *1* der Anlaß zur Ausschaltung des Leistungsschalters der Leitung *1* war. Erfolgte jedoch die Abschaltung der Leitung *1* wegen eines K u r z s c h l u s s e s   i m   U n t e r w e r k, dann hat es keinen Zweck, nach erfolgter Abschaltung der Leitung *1* das Unterwerk auch noch über die Leitung *2* mit einer Hochspannungs-Stromquelle zu verbinden. Die Folge wäre die sofortige Ausschaltung der Leitung *2* und eine unnötige Beanspruchung der ganzen Hochspannungsanlage. In diesem Falle muß also die selbsttätige Umschaltung auf die Reserveleitung *2* verhindert werden.

Die erläuterte Unterscheidung erfolgt am einfachsten so, daß ein Relais nach Art eines Fallklappenrelais vorgesehen wird, über dessen im Normalzustand geschlossene Kontakte die Stromkreise für die selbsttätige Umschaltung geleitet sind und das beim Ansprechen der Überstromrelais im Kurzschlußfall abschaltet und die erwähnten Betätigungs-Stromkreise außer Wirkung setzt. In diesem Falle wird die selbsttätige Umschalteinrichtung dadurch wieder in Betrieb gesetzt, daß nach erfolgter Untersuchung und Beseitigung der Störungsursache das erwähnte Relais (das häufig als »Hauptsicherheitsschalter« bezeichnet wird) wieder von Hand in seine Betriebsstellung zurückgestellt wird. Außerdem muß ein kleiner Schalter vorgesehen werden, der zur Abschaltung der selbsttätigen Steueranordnung dient, damit gelegentlich beide Hochspannungsleitungen ausgeschaltet werden können, ohne daß die selbsttätige Schalteinrichtung in Tätigkeit tritt.

Mit Rücksicht darauf, daß die beiden Hochspannungs-Stromquellen unter Umständen nicht synchron laufen, muß die Umschaltung m i t Unterbrechung, d. h. so vorgenommen werden, daß vermieden wird, daß die beiden Stromquellen zusammengeschaltet werden. Dies bedeutet, daß zuerst der eine der beiden Leistungsschalter ausgeschaltet werden muß, bevor der andere eingeschaltet wird. Andererseits muß die Umschaltung so schnell wie möglich erfolgen, damit die Stromunterbrechung möglichst kurze Zeit dauert.

Anschließend wird ein Ausführungsbeispiel erläutert unter der vereinfachenden Annahme, daß eine Gleichstrom-Betätigungs-Stromquelle vorhanden ist. Außerdem sind mit Rücksicht auf eine klare Darstellung nur die Stromkreise für die selbsttätige Schaltung aufgezeichnet. Die

in solchen Anlagen meist vorhandene elektrische Betätigung mit Betätigungsschalter von Hand ebenso wie die Umschaltung von »Automatik« auf »Handbedienung« ist nicht dargestellt.

In dem Schaltfolgenbild zeigen die mit *A* bezeichneten Stromkreise
die selbsttätige Ausschaltung des Schalters *I* bei Ausbleiben der Spannung an der Hochspannungsleitung *1*, d. h. beim Abfallen des Spannungsrelais *5*. Der Kontakt *5 b* leitet die Umschaltung ein. Die mit *B* bezeichneten Stromkreise lassen erkennen, daß beim Wiedererscheinen der
Hochspannung an der Leitung *1* das Spannungsrelais *5* seinen Kontakt *5 a*
schließt, was zur Folge hat, daß der Schalter *II* wieder aus- und der
Schalter *I* wieder eingeschaltet wird.

Von besonderer Bedeutung ist der Kontakt *6 a*, das ist der Kontakt
des Hauptsicherheitsschalters *6*. Nur wenn dieser Kontakt geschlossen
ist, erfolgt die selbsttätige Umschaltung.

Aus dem Teil *C* des Schaltfolgenbildes geht hervor, daß beim Ansprechen eines der Überstromrelais *3* oder *4* außer der Betätigung der
Auslösespule des Schalters *I* bzw. *II* die Spule des Hauptsicherheitsschalters *6* von Strom durchflossen wird. Die Folge ist das Ausschalten
des Relais *6*, wodurch die selbsttätige Umschaltung (im Kurzschlußfalle)
verhindert wird, weil Kontakt *6 a* öffnet.

2. In- und Außerbetriebnahme des Unterwerkes.

Die In- und Außerbetriebnahme vieler Unterwerke wird durch Fernsteuerung vorgenommen. Das hat den Vorteil, daß der Betriebsleiter
mehr als bei einer Automatisierung das Gefühl hat, seine Unterwerke
»in der Hand« zu haben. Es gibt Verfahren, die es ermöglichen, über
nur 2 Fernsteuerleitungen Gleichrichterwerke fern in und außer Betrieb
zu nehmen, fernzumessen und fernzuregeln. Dies gilt, wenn man von
der Anwendung von Wähler-Fernsteuereinrichtungen absieht, zwar nur
für einfache Unterwerke, aber auch bei umfangreichen Anlagen werden
nur wenig Fernsteuerleitungen benötigt, um die wichtigsten Steuervorgänge von einer zentralen Stelle aus einleiten zu können. Wenn
dies aber mit so einfachen Mitteln möglich ist, und wenn die geringe
Zahl der notwendigen Steuerleitungen vorhanden ist oder leicht verlegt
werden kann, dann zieht man die Fernsteuerung in diesem Falle vor. Es
gibt aber auch eine große Zahl von Gleichrichteranlagen, z. B. in einem
sehr ausgedehnten belgischen Bahnnetz etwa 50 Gleichrichterunter-
werke, deren In- und Außerbetriebsetzung seit vielen Jahren und ohne
technische Schwierigkeiten vollautomatisch erfolgt. Hier wird in den
meisten Fällen die In- und Außerbetriebnahme durch eine Schaltuhr
vorgenommen, die früh am Morgen zu einer bestimmten, einstellbaren
Zeit den führenden Gleichrichtersatz in Betrieb nimmt, indem sie seinen
Hochspannungs-Ölschalter einschaltet. Ebenso erfolgt die Ausschaltung
der Anlage am Abend durch die Kontaktuhr.

Bahnunterwerke, die lediglich die Aufgabe haben, die Spannungs-verhältnisse irgendeines entlegenen Netzpunktes in Zeiten starker Belastung zu verbessern, können auch in Abhängigkeit von der Höhe der Streckenspannung in Betrieb genommen werden. Der Vorgang spielt sich dabei so ab, daß mit zunehmender Belastung der Strecke der Spannungsabfall bis zu dem Aufstellungsort der noch nicht in Betrieb befind-lichen Gleichrichteranlage mehr und mehr zunimmt, bis das an die Strecke angeschlossene Spannungsrelais bei Unterschreitung eines be-stimmten niedrigen Spannungswertes einen Kontakt schließt und die Inbetriebnahme der Gleichrichteranlage veranlaßt.

Um zu verhindern, daß bereits kurzzeitige Spannungsabsenkungen unnötige Inbetriebsetzungen hervorrufen, wird mit dem Kontakt des Spannungsrelais ein Zeitrelais in Reihe geschaltet, so daß die Inbetrieb-nahme des Unterwerkes erst erfolgt, wenn die Unterschreitung eines be-stimmten Spannungswertes längere Zeit erfolgt. Häufig wird nun der Fehler gemacht, daß auch die Außerbetriebsetzung der Gleich-richteranlage in Abhängigkeit von dem Spannungswert geplant wird. Diese Lösung ist aber sehr unvorteilhaft, denn sofort nach der erfolgten Inbetriebsetzung des Gleichrichter-Unterwerkes erfolgt ja eine Span-nungsverbesserung und anschließend eine unerwünschte Wideraußer-betriebnahme des Unterwerkes, wenn man nicht eine sehr empfindliche Einstellung wählt. Bedeutend besser ist es, wenn man zwar die Inbetrieb-setzung der Anlage in Abhängigkeit von der Spannung, dagegen ihre Außerbetriebnahme in Abhängigkeit von der Belastung des Gleich-richterwerkes vornimmt. Erfolgt die Inbetriebnahme bei schlechten Spannungsverhältnissen auf der Strecke, dann wird die Gleichrichter-anlage sofort einen größeren Lastanteil übernehmen. Nimmt die ge-samte Belastung der Strecke stark ab, dann geht auch die Belastung des Unterwerkes zurück und jetzt kann in Abhängigkeit von dieser ge-ringer werdenden Belastung die Außerbetriebnahme erfolgen, ohne daß hierdurch die Spannungsverhältnisse auf der Strecke sich soweit ver-schlechtern, daß eine erneute Inbetriebsetzung die Folge wäre.

Die Inbetriebnahme von Gleichrichteranlagen für Lichtnetze wird meistens durch Fernsteuerung oder durch eine Kontaktuhr vorgenommen. Die Inbetriebnahme eines Unterwerkes für Lichtbetrieb in Abhängigkeit von den Gleichstrom-Spannungsverhältnissen vorzunehmen, wie dies oben für eine Bahnanlage geschildert wurde, ist nur in seltenen Fällen möglich, weil in einem gut regulierten Lichtnetz die durch starke Be-lastungen entstehenden Spannungsverschlechterungen durch Nach-regulieren in den Gleichstrom erzeugenden Unterwerken wieder beseitigt werden.

Wollte man für die Inbetriebsetzung eines Unterwerkes für Licht-netzbetrieb, wie oben geschildert, ein Minimal-Spannungsrelais ver-wenden, dann hätte dies gar keine Gelegenheit zum Ansprechen, weil in den das Gleichstromnetz speisenden Werken bei zunehmender Belastung deren Sammelschienenspannung soweit erhöht wird, daß nach Möglichkeit die Spannung im Netz konstant ist. Nur in einem weniger gut ausgeregelten Lichtnetz bzw. für Gleichrichteranlagen, die besonders weit von dem übrigen Netz entfernt sind, kann ausnahmsweise die Inbetriebnahme in Abhängigkeit von der Spannungsverschlechterung erfolgen.

3. Inbetriebnahme des jeweils nächsten Gleichrichtersatzes in Abhängigkeit von der Belastung der in Betrieb befindlichen.

Die Schaltung Abb. 124 zeigt, daß es sich hier um einen vollkommen symmetrischen Aufbau einer Schaltanordnung handelt, was seinen

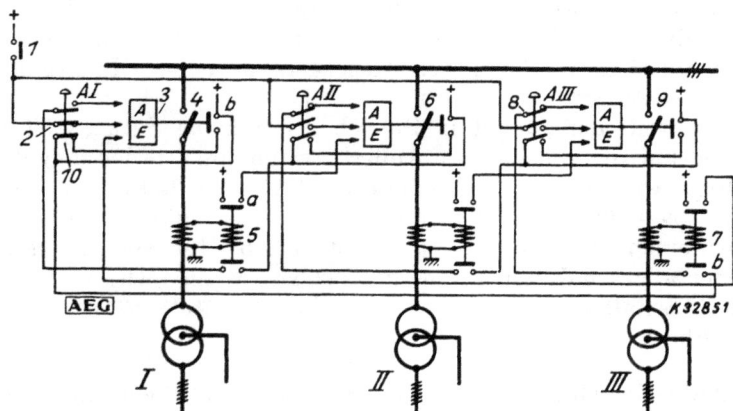

Abb. 124. Schaltung für die selbsttätige Inbetriebnahme des jeweils nächsten Gleichrichtersatzes.

Grund darin hat, daß jeder Gleichrichter in der Reihe der in und außer Betrieb zu nehmenden Sätze die gleiche Rolle einnehmen kann. Die Zuschaltung der einzelnen Gleichrichtersätze erfolgt in einer Art Ringschaltung, d. h. wenn als erster, »führender« Gleichrichter-Satz der Satz *I* in Betrieb genommen wird, dann folgen die beiden übrigen bei Lastzunahme in der Reihenfolge *I—II—III*. Wird der zweite Satz als »führender« ausgewählt, dann erfolgt die Zuschaltung in der Reihenfolge *II—III—I* und wenn der dritte Satz als »führender« in Betrieb genommen wird, dann ist die Reihenfolge *III—I—II*.

Die Auswahl des führenden Gleichrichtersatzes erfolgt durch Einschalten des betreffenden Auswahlschalters *A*. Es sei beispielsweise angenommen, daß der Gleichrichtersatz *I* als führender ausgewählt sei, dann wird der Schalter *A I* eingeschaltet. Der Inbetriebnahme-Stromkreis dieses Satzes führt über den Kontakt *1* der Kontaktuhr für die Inbetriebnahme der Gleichrichteranlage, über den geschlossenen Kontakt *2* des Auswahlschalters *A I* nach dem Einschaltorgan *3* für die Einschaltung des Hochspannungsschalters *4*. Nach durchgeführter Einschaltung dieses Schalters zünden die angeschlossenen Gleichrichter selbsttätig und übernehmen Last. Steigt die Belastung so an, daß der Gleichrichtersatz *I* überlastet wird, dann muß selbsttätig der Satz *II* eingeschaltet werden, was sich sehr einfach in der folgenden Weise abspielt: Das Stromrelais *5* schließt seinen Kontakt *5a*, der mit Hilfe des Einschaltorganes E den Ölschalter *6* einschaltet. In gleicher Weise wird auch bei Überlastung von Satz *II* der Satz *III* in Betrieb genommen. Nimmt nun die Belastung wieder ab, dann muß als erster der Satz *III* und dann der Satz *II* abgeschaltet werden, während der Satz *I* als führender Gleichrichtersatz durch die Kontaktuhr abgeschaltet wird. (Letzteres ist der Einfachheit wegen nicht eingezeichnet!) Die Abschaltung des Satzes *III* spielt sich folgendermaßen ab: Das Stromrelais *7* schließt seinen Kontakt *b*, der über den geschlossenen Kontakt *8* des Auswahlschalters *A III* das Auslöseorgan A des Hochspannungsschalters *9* betätigt.

Daß jeweils der zuletzt in Betrieb genommene Satz zuerst wieder abgeschaltet wird, und daß die Außerbetriebnahme in der umgekehrten Reihenfolge wie die Inbetriebnahme erfolgt, wird dadurch erzielt, daß der Stromkreis für die Abschaltung, z. B. der Stromkreis des Kontaktes *7b*, über einen Kontakt am ausgeschalteten Hochspannungsschalter des vorher abgeschalteten Satzes geführt ist. Beim f ü h r e n d e n S a t z ist dieser Schalterkontakt *4b* durch einen Kontalt *10* am Auswahlschalter überbrückt.

4. Ersatzinbetriebnahme eines Gleichrichtersatzes an Stelle eines gestörten Satzes.

Ähnlich wie in Abschnitt 3 erläutert, muß jeweils der nächste Gleichrichtersatz eingeschaltet werden, wenn infolge einer Störung ein Satz abgeschaltet wird. Während aber die lastabhängige Zuschaltung meistens über Z e i t r e l a i s, die in Abb. 124 der Einfachheit wegen nicht eingezeichnet sind, erfolgt, muß die Ersatzinbetriebnahme möglichst schnell durchgeführt werden. Bei diesen selbsttätigen Inbetriebsetzungen muß auf folgendes geachtet werden: Der Stromkreis für die Einschaltung des Hochspannungsschalters muß künstlich unterbrochen und damit wirkungslos gemacht werden, wenn der durch diesen Stromkreis in Betrieb zu nehmende Gleichrichtersatz oder sein Umspanner einen Fehler aufweisen. Wird hierauf nicht die nötige Rücksicht genommen, dann kommt es vor, daß ein Schutzrelais, beispielsweise ein Umspanner-Temperatur-Relais den A u s schaltstromkreis des Hochspannungsölschalters an Spannung legt, während der Stromkreis für die lastabhängige Zuschaltung oder für die Ersatzinbetriebnahme den E i n schaltstromkreis desselben Ölschalters betätigen. Dies führt zu einem dauernden Ein- und Ausschalten, d. h. dem gefürchteten »Pumpen« des Schalters, was zu dessen Zerstörung führen kann. Hier muß eine Anordnung vorgesehen werden, die nach Ansprechen eines Schutzrelais den Stromkreis für die selbsttätige Einschaltung des Schalters unterbricht (ein sog. »Hauptsicherheitsschalter«, siehe auch Abschnitt VII/13, Abb. 54).

5. Das selbsttätige Zünden des Gleichrichters.

Alle Gleichrichter größerer Leistung sind so eingerichtet, daß sie selbsttätig zünden, wenn der Gleichrichter-Transformator an Spannung gelegt wird. Als Beispiel zeigt das Schaltfolgenbild 125 die Vorgänge,

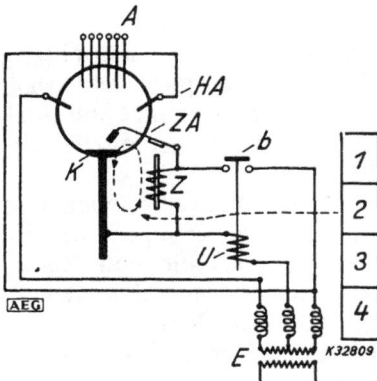

Erläuterung der 4 Betätigungsstromkreise:

Stromkreis *1*: Sobald Erregertrafo *E* unter Spannung kommt, wird die Zündspule *Z* von Strom durchflossen. Die Zündanode *ZA* taucht in das Quecksilber der Kathode *K*.

Stromkreis *2*: Hierdurch wird durch den gestrichelt gezeichneten Stromkreis die Spule *Z* kurzgeschlossen und stromlos gemacht. Die Zündanode taucht wieder aus dem Quecksilber der Kathode heraus. Hierbei tritt ein Zündlichtbogen auf. Der Lichtbogen greift auf die Hilfsanoden *HA* über. Der Gleichrichter zündet.

Stromkreis *3*: Jetzt fließt ein Gleichstrom über die Hilfsanoden, die Kathode, die Spule *U* des sogenannten Unterbrecherrelais. Auf diesen Gleichstrom spricht das Relais *U* an und öffnet seinen Kontakt *b* im Stromkreis *1*.

Stromkreis *4*: Der Zündvorgang ist beendet. Der Hilfslichtbogen brennt. Der Gleichrichter kann belastet werden.

Abb. 125. Selbsttätiges Zünden eines Glasgleichrichters.

die sich beim Zünden eines Glasgleichrichters abspielen. In der Einfachheit dieses Vorganges liegt ein großer Vorzug des Gleichrichters im Vergleich mit dem Anlaufvorgang eines rotierenden Umformers. Denn dort tritt an die Stelle des Zündvorganges das Anlaufen des Maschinensatzes, das bei größeren Maschinen mit mehreren schaltungstechnischen Einzelvorgängen verbunden ist und dessen selbsttätige Steuerung nicht so einfach wie das Zünden eines Gleichrichters vor sich geht.

6. Die Schutzeinrichtungen.

Ist eine Gleichrichteranlage nicht dauernd bedient, dann ist die Verbesserung der Schutzeinrichtungen gegenüber denen einer handbedienten Anlage sehr wichtig. Häufig unterscheidet sich eine selbsttätige Anlage von einer handbedienten Anlage nur dadurch, daß bei der ersteren zusätzliche Schutzeinrichtungen vorgesehen sind. Wichtig sind folgende Schutzeinrichtungen:

1. Verbesserter thermischer Schutz für den Fall von geringen, aber lange andauernden Überlastungen.
2. Anordnung für das Abschalten des Gleichrichters beim Ausbleiben des Kühlmittels. Beim Glasgleichrichter, der in den meisten

Fällen luftgekühlt ist, besteht diese Einrichtung aus einer sog. »Windklappe«, die durch den Luftstrom so aus ihrer Ruhelage gebracht wird, daß ein elektrischer Auslösekontakt geöffnet ist. Bleibt die Kühlluft aus, dann geht die Windklappe in ihre Ruhelage und schaltet über ein Kurzzeitrelais den Gleichrichter ab. Das Zeitrelais ist vorgesehen, um zu verhindern, daß beim Einschalten des Gleichrichters während des Anlaufvorganges des Luftflügel-antriebsmotors, d. h. vor Einsetzen des Luftstromes, eine Abschaltung erfolgt.

3. Schutz gegen das dauernde Zünden eines Gleichrichters. Ein Zündüberwachungsrelais hat die Aufgabe festzustellen, ob eine bestimmte Zeit nach der erfolgten Einschaltung des Gleichrichters derselbe gezündet hat. Ist dies nicht der Fall, beispielsweise, weil die Zündeinrichtung nicht in Ordnung ist, dann erfolgt die Abschaltung des gestörten Gleichrichters und an seiner Stelle die Inbetriebnahme des nächsten.

4. Anodensicherungsüberwachung. Glasgleichrichter sind meistens mit Anodensicherungen versehen, d. h. mit Sicherungen, die in sämtlichen Anodenleitungen liegen und die im Falle von Rück-zündungen oder außergewöhnlich hohen Überlastungen den Gleich-richter wechselstromseitig abschalten. Obwohl derartige Siche-rungen grundsätzlich dem Wesen des selbsttätigen Betriebes einer elektrischen Anlage vollkommen widersprechen, weil sie beim Durchbrennen nicht selbsttätig ausgewechselt werden, haben sie sich doch so gut bewährt, daß sie auch in selbsttätigen Anlagen allgemein beibehalten werden. Da es vorkommt, daß im Kurz-schlußfall nur ein Teil der Anodensicherungen eines Glasgleich-richters durchbrennt, und da in diesem Falle die Gefahr besteht, daß die in Betrieb verbleibenden Anodenarme des Glaskörpers durch geringe aber lange andauernde Überlastungen beschädigt werden, so sind in einigen Anlagen Überwachungsanordnungen eingebaut, die die Aufgabe haben, im Falle des Durchbrennens eines Teiles der Anodensicherungen über ein Zeitrelais den gefähr-deten Gleichrichter außer Betrieb zu nehmen. Das Zeitrelais wirkt hierbei auf die Auslösung des Hochspannungs-Ölschalters.

5. Der Schutz gegen das Ausbleiben des Kühlmittels ist beim Eisen-gleichrichter etwas verwickelter als bei dem luftgekühlten Glas-gleichrichter. Beim Eisengleichrichter kommt die Überwachung des Kühlwassers, der Gleichrichtertemperatur und des Vakuums hinzu. Außerdem muß der Gleichrichter-Umspanner bei Über-temperatur und möglichst durch ein Buchholz-Relais im Falle von inneren Fehlern abgeschaltet werden. Es ist wichtig, daß bei einer so großen Zahl von Abschaltmöglichkeiten eine einwandfreie Anzeige darüber erfolgt, welche Schutzeinrichtung im Störungs-

fall die Abschaltung des Gleichrichtersatzes vorgenommen hat. Bei Eisengleichrichtern sind häufig für jeden Satz 10 bis 12 Störungsanzeigerrelais vorgesehen.

7. Der Schutzschalter auf der Gleichstromseite des Gleichrichters.

Im Gegensatz zum umlaufenden Drehstrom-Gleichstrom-Umformer tritt hier die Tatsache, daß der Gleichrichter infolge seiner Ventilwirkung keinen Rückstrom vom Gleichstromnetz her aufnimmt, vereinfachend in Erscheinung. Die Bedeutung des Gleichstromautomaten wird hierdurch so stark vermindert, daß man bei den meisten Glasgleichrichteranlagen auf einen Automaten im Gleichstromkreis vollkommen verzichtet. Im Störungsfalle erfolgt nur die Abschaltung des Hochspannungsschalters oder bei sehr heftigen Überlastungen und Rückzündungen das Durchbrennen der Anodensicherungen. Bei Glasgleichrichteranlagen besonders großer Leistung und bei Eisengleichrichteranlagen wird im Gleichstromkreis ein Automat oder besser ein Schnellschalter angeordnet. Der Schnellschalter ist dabei in der Hauptsache ein Schutz für den Fall der Rückzündung des Gleichrichters.

Besondere Beachtung muß bei all diesen Schutzeinrichtungen innerhalb des Unterwerkes der Frage der Selektivität der in Reihe liegenden Stromelemente geschenkt werden. Bei einer handbedienten Anlage ist diese Frage zwar auch wichtig, aber sie ist doch nicht so ausschlaggebend für die Betriebstüchtigkeit der Anlage wie bei einer selbsttätigen oder ferngesteuerten Anlage; denn eine Fehlauslösung infolge mangelhafter Selektivität der Schutzeinrichtungen hat bei einer handbedienten Anlage nur zur Folge, daß der Bedienungsmann den unnötigerweise gefallenen Schalter wieder einschaltet. Zwar sind in selbsttätigen Anlagen selbsttätig wirkende Wiedereinschaltvorrichtungen vorgesehen, aber diese müssen in einer ganz bestimmten Gesetzmäßigkeit wirken und es widerspricht den Grundsätzen einer einwandfreien Lösung der gesamten schaltungstechnischen Aufgabe, daß man versucht, die mangelhafte Selektivität der Überstromschutzeinrichtungen durch unnötig verwickelte Wiedereinschaltanordnungen wieder gutzumachen. Hierdurch entstehen unnatürliche und untechnische Lösungen. Allerdings spielen diese Probleme eigentlich nur bei Bahnanlagen oder bei Industrieanlagen, nicht aber bei Lichtnetzanlagen eine Rolle, da hier Netzkurzschlüsse, die sich bis in das Unterwerk hinein auswirken, nur sehr selten vorkommen. In der Schaltanlage eines Bahnunterwerkes (Abb. 126) stellt der Streckenschalter *1* die Verbindung der Strecke *2* mit der Gleichstrom-Sammelschiene *3* dar. Er hat den Zweck, die Strecke bei Störungen oder Überlastungen so schnell wie möglich von der Sammelschiene *3* abzutrennen, damit das Unterwerk und andere Strecken nicht in Mitleidenschaft gezogen werden. In Reihe mit den Streckenschaltern *1* liegen die Gleichrichter-Gleichstromschalter *4* (falls solche überhaupt

vorgesehen sind), die Gleichrichter-Hochspannungsschalter *5* und endlich die Hochspannungsschalter *6* in der das Unterwerk speisenden Hochspannungsleitung, die sämtlich dem Schutz der Anlage und besonders
der Gleichrichter dienen. Um unnötige
Abschaltungen der Gleichrichter infolge
Überlastung nach Möglichkeit zu vermeiden, wird, wie in Abschnitt 3 erläutert
wurde, in selbsttätigen Anlagen der nächste noch außer Betrieb befindliche Gleichrichtersatz durch das Zuschaltrelais *7* eingeschaltet. Diese Zuschalteinrichtungen
stellen auch eine Art Überstromschutz
dar, und man sieht, daß alle diese Aus-
löseorgane hinsichtlich ihrer möglichst se-
lektiven Arbeitsweise aufeinander abge-
stimmt werden müssen. Da in Bahnanlagen eine von der Strecke kommende
Überlastung meist durch zufällig gleich-
zeitiges schnelles Anfahren mehrerer Züge
hervorgerufen wird und später nicht mehr
auftritt, wird häufig eine selbsttätige
Wiedereinschaltung des Hochspannungsschalters *5* oder des Gleichstromschalters *4*
vorgesehen. Dabei muß die Wiedereinschaltvorrichtung eine Häufigkeitsbegren-
zung aufweisen, damit sich die Ein- und
Ausschaltung nicht unzulässig oft wieder-
holt. Außerdem ist Vorsorge zu treffen,
daß der Hochspannungsschalter bei Störungen im U m s p a n n e r usw. nicht
selbsttätig wiedereinschaltet (Haupt-
sicherheitsrelais). Bei den Streckenschaltern *1* ist eine solche selbsttätige Wieder-
einschalteinrichtung eine Selbstverständ-
lichkeit.

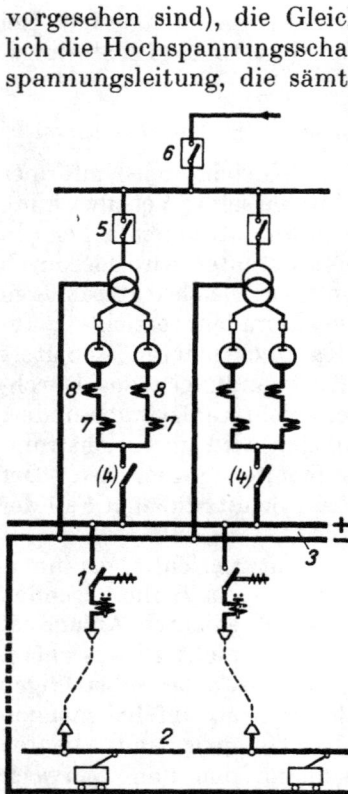

1 = Streckenschalter,
2 = Strecke,
3 = Sammelschienen,
4 = Gleichrichter-Gleich-
    stromschalter,
5 = Gleichrichter-Hochspan-
    nungs-Schalter,
6 = Hochspannungs-Kabel-Schalter,
7 = Vollast-Zuschaltrelais,
8 = Überstrom-Schutzrelais.

Abb. 126. Schaltbild zur Erläuterung
der Aufgaben der Selektivität der
Überstromschutzeinrichtungen innerhalb eines Gleichrichterunterwerkes.

8. Selbsttätige Streckenabzweigschalter.

Grundsätzlich ist zwischen einer selbsttätigen Wiedereinschaltung
ohne, und einer solchen mit vorheriger Prüfung der Lastverhältnisse der
Bahnlinie zu unterscheiden.

Bei einer Wiedereinschaltung o h n e vorherige Prüfung ist eine
H ä u f i g k e i t sbegrenzung der Zahl der Schaltungen mit Rücksicht
auf das Bahnunterwerk, das Netz und den Schalter notwendig, da verhindert werden muß, daß der Streckenschalter immer wieder auf einen

Dauerkurzschluß schaltet. Es genügt jedoch betriebsmäßig oft nicht, die Zahl der Wiedereinschaltungen auf eine bestimmte Zahl (von beispielsweise fünf) zu begrenzen. Es tritt häufig der Fall ein, daß ein Streckenschalter morgens beim ersten Befahren der Strecke einmal ausschaltet. Ist eine starre Begrenzung der Anzahl der Wiedereinschaltungen auf fünf vorgesehen, so stehen bei einer später am Tage erfolgenden Ausschaltung desselben Streckenschalters nur noch vier Wiedereinschaltvorgänge zur Verfügung. Die Wiedereinschaltvorrichtung muß daher nach Möglichkeit wieder in ihre Nullstellung zurückkehren, wenn der Schalter nach einem mehrmaligen Wiedereinschalten längere Zeit eingeschaltet bleibt, damit bei einer erneuten Ausschaltung wieder die gesamte Zahl (fünf) der Einschaltvorgänge zur Verfügung steht. Eine solche Wiedereinschaltvorrichtung muß also einen sog. »Entriegelungsmagneten« zur Rückführung des Relais in seine Anfangslage besitzen. Dieser Magnet kann durch ein Zeitrelais betätigt werden, das seinerseits durch einen Hilfskontakt am eingeschalteten Streckenschalter gesteuert wird. Bleibt der Streckenschalter nach einer selbsttätigen Wiedereinschaltung längere Zeit eingeschaltet, dann hat das Zeitrelais Zeit, abzulaufen und die Entriegelungsspule des Wiedereinschaltrelais zu betätigen, womit das Relais in seine Anfangslage zurückgeht. Ebenso kann das Wiedereinschaltrelais durch Fernbetätigung des Entriegelungsmagneten von einer beliebigen Stelle her in die Nullage zurückgebracht werden. Auch eine indirekte Entriegelung durch ein Spannungsrelais ist möglich, das innerhalb der Station an die ausgehende Streckenleitung angeschlossen wird und die Entriegelung des Wiedereinschaltrelais vornimmt, wenn der betreffende Streckenabschnitt von einem parallel arbeitenden Unterwerk her nach Behebung des Kurzschlusses wieder unter Spannung gesetzt wird.

a) Wiedereinschaltung nach vorhergehender Prüfung.

Streckenschalter ohne Streckenprüfeinrichtung spielen in kleinen selbsttätigen Unterstationen eine gewisse Rolle. Als grundsätzlicher Nachteil muß jedoch das ein- oder mehrmalige Einschalten der Unterstation auf einen bestehenden Streckenkurzschluß in Kauf genommen werden. Der Nachteil ist um so schwerwiegender, je größer die hinter dem Unterwerk stehende Kurzschlußleitung und je geringer die Entfernung zwischen Unterwerk und Netzkurzschlußstelle ist. Bei hohen Kurzschlußleistungen sind Streckenschalter mit selbsttätiger Wiedereinschaltung ohne Kurzschlußprüfung wegen erheblicher Gefährdung der Betriebsanlagen durch Kabelbrände auf der Strecke oder in den Zügen sowie durch Schmelzperlenbildung an den Schaltern nicht anwendbar. Mit wachsender Größe des Unterwerkes wird deshalb die jedesmalige Prüfung der Strecke auf Kurzschlußfreiheit vor Einschaltung des Streckenschalters immer dringender, um die Einschaltung außergewöhnlich großer Ströme grundsätzlich zu vermeiden und die gesamte Ausrüstung zu schonen.

Allerdings traten in den letzten Jahren diese Gesichtspunkte durch die Einführung der Schnellschalter mit ihren außerordentlich kurzen Abschaltzeiten von Tausendsteln von Sekunden immer mehr in den Hintergrund; denn wenn ein so schnell wiederausschaltender Schalter auf einen Kurzschluß geschaltet wird, dann ist die Beanspruchung der Anlage außerordentlich gering. Es ist sehr wahrscheinlich, daß in wenigen Jahren durch die allgemeine Einführung der Schnellschalter die selbsttätige Streckenprüfung ihre heutige Bedeutung verlieren wird. Aus diesem Grunde wird sie im folgenden nur kurz besprochen.

b) Selbsttätige Streckenprüfung.

Bei der selbsttätigen Streckenprüfung handelt es sich darum, den Widerstandswert, den die Streckenlast oder der Streckenkurzschluß darstellt, zu messen; je nach Größe des gemessenen Widerstandswertes erfolgt eine selbsttätige Wiedereinschaltung des Streckenschalters oder nicht. Die Aufgabe dieser Widerstandsmessung ist im Falle des Alleinbetriebes der Strecke einfach und eindeutig. Aus dem über den Prüfwiderstand fließenden Strom wird ein Schluß auf die Höhe des Widerstandswertes der Belastung gezogen. Handelt es sich dagegen um einen Parallelbetrieb des Streckenschalters, d. h. wird ein Streckenabschnitt über zwei oder mehr Streckenschalter gespeist, so ist die Netzprüfung undurchsichtiger; denn nicht nur der Widerstandswert der Netzlast, sondern auch der Streckenschalter des parallel arbeitenden Werkes bestimmen den über den Prüfwiderstand fließenden Prüfstrom (Abb. 127). Eindeutige Prüfverhältnisse liegen ohne weiteres bei gleicher Sammelschienenspannung an den beiden Unterwerken und bei einer Lage des Kurzschlusses genau in der Mitte zwischen den beiden Unterwerken vor, da über jeden Prüfwiderstand die Hälfte des gesamten Prüfstromes fließt. Liegt die Kurzschlußstelle jedoch einem Unterwerk näher als dem anderen oder sind die beiden Sammelschienenspannungen der Unterwerke verschieden, so sind die über die Prüfwiderstände fließenden Ströme verschieden. Die Größe der Verschiebung ist abhängig vom Verhältnis des Fahrleitungswider-

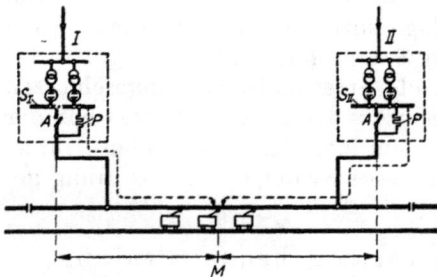

I, II = Unterwerke, P = Prüfwiderstände,
A = Strecken-   M = Mitte zwischen I
    schalter,   und II.

Abb. 127. Grundschaltbild für die Parallelarbeit verschiedener Streckenschalter auf eine gemeinsame Strecke.

standes zum Prüfwiderstand und von der Höhe des Spannungsunterschiedes zwischen den beiden Sammelschienenspannungen.

Als Beispiel für eine selbsttätige Wiedereinschaltung eines Streckenschalters nach vorhergehender Prüfung soll die Anordnung nach Abb. 128 geschildert werden:[1])

Die Wiedereinschaltung des Streckenschalters erfolgt auch hier mit Hilfe des oben erläuterten Wiedereinschaltrelais, jedoch indirekt unter Zwischenschaltung der Prüf-einrichtung. Löst der Streckenschalter aus, so läuft das Wiedereinschaltrelais 8 an, betätigt jedoch nach der eingestellten Zeit nicht den Einschaltmagneten des Streckenschalters, sondern das Prüfschütz 2. Dieses Schütz schließt den parallel zum offenen Streckenschalter liegenden Prüfstromkreis. Es fließt mithin von der Sammelschiene zur Strecke ein Strom, der außer von dem Ohmwert des Prüfwiderstandes R von dem Zustand der Strecke und von ihrer Belastung abhängig ist.

Besteht ein Kurzschluß auf der Strecke, so daß die Wiedereinschaltung zu verhindern ist, so fließt ein hoher Prüfstrom, das Stromrelais 3 öffnet seinen Ruhekontakt und schaltet das Wiedereinschaltrelais 8 ab. Hierdurch fällt auch das Prüfschütz 2 ab, die

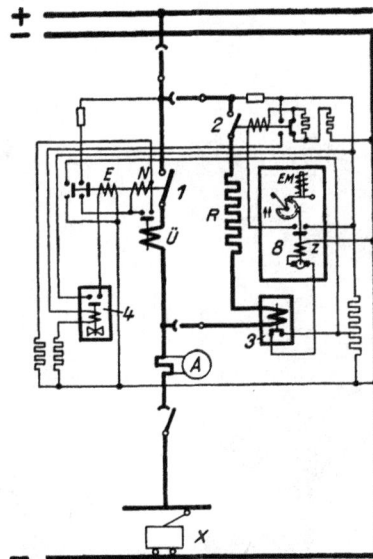

Abb. 128. Streckenschalter mit Prüfeinrichtung und Wiedereinschaltrelais.

Streckenprüfung ist unterbrochen, bis das Wiedereinschaltrelais nach seinem erneuten Anlauf zum zweiten und dritten Male die Prüfung, wie vorher beschrieben, einleitet. Ist der Kurzschluß auf der Strecke auch bei dem letzten eingestellten Prüfvorgang noch nicht behoben, so verriegelt sich das Wiedereinschaltrelais und meldet dies. Nach Behebung des Kurzschlusses wird das Relais von Hand oder selbsttätig entriegelt.

Ist der Strecken- oder Lastwiderstand dagegen so hoch, daß nur ein kleiner Prüfstrom zur Strecke fließt und das Stromrelais 3 seinen Ruhekontakt geschlossen hält, so kann das Zwischenschütz 4 anziehen und nach kurzer Verzögerung den Streckenschalter 1 wiedereinschalten. Als Verzögerungselement dient ein mechanisches Pendel-Hemmwerk am

---

[1]) Siehe auch Abb. 18 und 19.

Schütz *4*. Ein Hilfskontakt am eingeschalteten Streckenschalter schließt dann das Wiedereinschaltrelais kurz, Prüfschütz und Zwischenschütz fallen ab, die Wiedereinschaltung ist beendet.

Das vorbeschriebene Verfahren hat den Vorteil, daß sich der ganze Prüfvorgang innerhalb einer bestimmten Zeit abwickelt. Wird das Wiedereinschaltrelais beispielsweise auf fünf Schaltgänge eingestellt bei einer Verzögerung von jeweils 30 s, beträgt fernerhin die eigentliche Schalt- und Prüfzeit je 1 s, so dauert die gesamte Prüfung bei einem bestehenden Kurzschluß auf der Strecke 155 s. Hiernach ist die Strecke vollkommen spannungsfrei.

Wegen seiner grundsätzlichen Bedeutung soll noch auf einen interessanten schaltungstechnischen Kunstgriff hingewiesen werden. Bei der betrachteten Messung des Streckenwiderstandes ist noch ein Punkt sehr wesentlich: Die Schwankungen der Meß-, d. h. Betriebsspannung. Die genaueste Prüfung führt nicht zum Ziele, wenn die Sammelschienenspannung des Unterwerkes, mit deren Hilfe die Prüfung durchgeführt wird, schwankt. Der vom Unterwerk über den Prüfwiderstand nach der Belastungs- oder Kurzschlußstelle fließende Prüfstrom ist ja nicht nur abhängig von den Streckenverhältnissen, sondern auch von den Schwankungen der Sammelschienenspannung. Die Prüfspannung unveränderlich zu halten, ist bei den hohen Prüfströmen meist umständlich und kostspielig. Es gibt aber ein einfaches Verfahren, um die Spannungsschwankungen der Gleichstromsammelschiene zu kompensieren, indem als Stromprüfrelais *3* im Schaltbild 128 ein Waagebalkenrelais (Abb. 129) benutzt wird. Die eine Spule wird von dem über den Prüfwiderstand R fließenden Strom beeinflußt, während die andere Spule an die Gleichstromsammelschiene angeschlossen wird. Die Kraft der Spannungsspule wirkt der Stromspule entgegen. Bei Spannungsschwankungen nehmen die Amperewindungen auf beiden Seiten in gleichem Maße ab, so daß das Relais in dieser Schaltung den Einfluß der Spannungsschwankungen ausgleicht.

Abb. 129. Spannungsvergleichsrelais.

9. Die Spannungsteilung des Netzes.

In Dreileiter-Lichtnetzen wird die im Netz verteilte Anordnung kleiner selbsttätiger Gleichrichteranlagen durch die Notwendigkeit der Netzspannungsteilung etwas erschwert. Für diese Spannungsteilung werden in den meisten Fällen Ausgleichmaschinensätze aufgestellt, weil die Netzteilung durch Gleichrichter kostspielig und keineswegs einfach ist. Das selbsttätig anlaufende und die Netzspannung teilende Ausgleichsaggregat ist zwar sehr einfach aber es ist nicht angenehm, in einer kleinen unbedienten Anlage einen umlaufenden Maschinensatz in Betrieb zu haben. Außerdem laufen mehrere Ausgleichsaggregate oft nicht gut miteinander parallel, wenn der zwischen den Maschinen liegende Netzwiderstand nicht verhältnismäßig hoch ist. In den Fällen, in denen eine größere handbediente Umformeranlage mit mehreren, im Netz verteilten kleineren Gleichrichteranlagen parallel arbeitet, hilft man sich in den meisten Fällen so, daß man den Netzausgleich nur in der Umformeranlage vornimmt und die Gleichrichteranlagen nicht mit einer Einrichtung zur Spannungsteilung ausrüstet. Es sind aber auch viele selbsttätige Gleichrichteranlagen mit selbsttätigen Ausgleichaggregaten in Betrieb. Dabei müssen diese Maschinensätze mit Schutzeinrichtungen

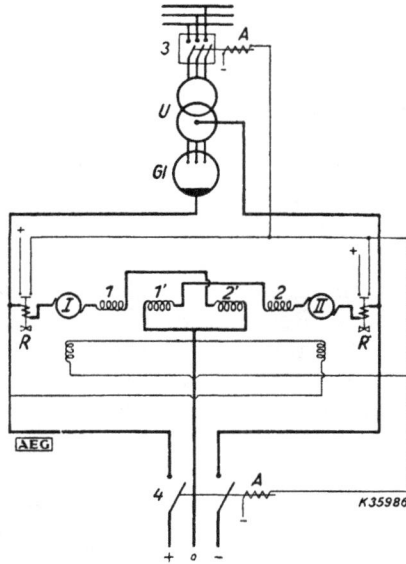

I, II = Ausgleichsatz,
1, 1' = Kompoundwicklungen auf den Polen der Maschine I,
2, 2' = Kompoundwicklungen auf den Polen der Maschine II,
3 = Hochspannungsschalter,
4 = Gleichstromnetzschalter,
A = Auslösespule,
Gl = Gleichrichter,
R = Überstromrelais,
U = Umspanner.

Abb. 130. Schaltanordnung für einen Ausgleichsatz, der ohne Benötigung eines Anlassers selbsttätig hochläuft.

gegen Überlastung und mit Selbstanlassern versehen werden. Beim vorübergehenden Ausbleiben der Gleichstromnetzspannung müssen sich die Ausgleichsätze selbsttätig stillsetzen und nach Wiedererscheinen der Spannung wieder anlaufen.

Eine einfache Lösung dieser Aufgabe wurde von A. Mandl angegeben (Abb. 130).[1] Bei dieser Schaltung ist kein Selbstanlasser nötig. Der Ausgleichsatz sorgt, sobald die Spannung wiederkehrt, auch bei

---

[1] A. Mandl, »Ein neuer Ausgleichsatz für Spannungsteilung«, AEG-Mitt. 1934, Heft 12.

sehr ungleicher Netzhälftenbelastung, praktisch ohne Verzögerung für genaue Spannungsteilung, was für angeschlossene Lampen von Wichtigkeit ist.

Die Maschine *I* trägt auf ihren Polen außer der fremderregten Wicklung zwei gleiche Kompoundwicklungen *1* und *1'*. Die Wicklung *1* ist vom Strom der Maschine *I* durchflossen, die Wicklung *1'* vom Strom der Maschine *II*. Die Pole der Maschine *II* tragen zwei ebenso große, also auch gleiche Kompoundwicklungen *2* und *2'*, die wieder vom eigenen und vom Strom der anderen Maschine durchflossen sind. Der Wickelsinn aller vier Kompoundwicklungen ist für den Motorstrom aufkompoundierend. Im normalen Betrieb werden sie voneinander entgegenwirkenden, ungefähr gleich großen Strömen durchflossen und sind so wirkungslos.

Bei beliebigen Strömen in beiden Ankern wird die Spannungsteilung durch diese vier gleichen Kompoundwicklungen nicht im geringsten beeinflußt. Allen vom speisenden Netz herrührenden Ausgleichvorgängen gegenüber — also auch im Anlauf — verhält sich der Satz wie zwei in Reihe geschaltete, stark kompoundierte Motoren. Durch die sehr kräftigen Kompoundwicklungen werden alle Stromstöße sehr gemildert. Ebenso erlangt der Satz bei wiederkehrender Spannung sehr rasch seine volle Drehzahl und damit die Fähigkeit zur Spannungsteilung.

XVI. Spannungsregelung in Gleichstromanlagen und Gleichstromnetzen.

Die Regelaufgaben in Gleichstromanlagen sind in den letzten Jahren dadurch etwas schwieriger geworden, daß man dazu übergegangen ist, an Stelle weniger großer Gleichstrom-Umformeranlagen viele kleine Anlagen zu bauen (siehe Abschnitt I 1). Die Gleichstromregelung spielt in erster Linie in Gleichstrom-Lichtnetzen und nur sehr ausnahmsweise in Gleichstrom-Bahnnetzen eine wichtige Rolle.

Im folgenden sollen die technischen Aufgaben und Schwierigkeiten, die im Zusammenhang mit diesen Regelproblemen entstehen, geschildert werden. Hierbei ist wesentlich die Frage, ob die Umformeranlage allein ein Netz oder einen abgetrennten Netzteil versorgt, d. h. ob sie im »Alleinbetrieb« arbeitet oder ob sie mit anderen Gleichstrom erzeugenden Anlagen parallel arbeiten muß. Im letzteren Falle hängt nämlich mit der Frage der Spannungsregelung die der Stromverteilung auf die einzelnen Stationen unmittelbar zusammen. Hierdurch treten zusätzliche Regelaufgaben in Erscheinung.

1. Alleinbetrieb der Umformerstation.

Hier sind die Regelaufgaben einfach. Grundsätzlich handelt es sich nur darum, die Spannung der Gleichstrom-Sammelschiene des Unterwerkes ungefähr konstant zu halten bzw. dafür zu sorgen, daß beim Stromabnehmer die Spannung konstant gehalten wird. Dies bedeutet, daß die Spannung an den Sammelschienen des Unterwerkes mit dessen zunehmender Belastung gesteigert werden muß, um den größeren Spannungsabfall zwischen Unterwerks-Sammelschiene und Abnehmer auszugleichen.

Wenn man von den Hochspannungsschwankungen der Umformerstation absieht, dann besteht also die Regelaufgabe lediglich darin, mit zunehmender Belastung des Unterwerkes die Sammelschienenspannung langsam zu erhöhen bzw. bei Abnahme der Belastung die Sammelschienenspannung wieder zu erniedigen. In den meisten Anlagen für Alleinbetrieb erfolgt die Verstellung des Regelorganes (Reguliertransformator, Drehtransformator, Feldregler, Gitter-Reguliereinrichtung usw.) auf Grund der Anzeige des Spannungs- und Stromzeigers von Hand. In der Zwischenzeit bleibt das Regelorgan in der jeweils eingestellten Lage stehen. Handelt es sich um eine Art der Umformungseinrichtung, bei der sich die drehstromseitigen Spannungsschwankungen in gleichstromseitigen Spannungsschwankungen auswirken, wie dies z. B. beim Einankerumformer und besonders beim Gleichrichter der Fall ist, dann müssen auch noch diese Spannungsschwankungen ausreguliert werden. Wenn die Hochspannungsschwankungen bedeutend sind, und besonders dann, wenn sie von anderen Belastungen als der Belastung des Umformerwerkes herrühren (Industrienetze), ist es sehr leicht möglich, daß eine selbsttätige Spannungsregelung zweckmäßig oder notwendig ist.

Wenn die Belastung des Unterwerkes sich ihrem Vollastwert nähert, dann kann insofern eine Schwierigkeit entstehen, als die in der Nachbarschaft des Werkes liegenden Abnehmer eine etwas zu hohe Spannung erhalten, während die am weitesten entfernt liegenden Abnehmer mit schlechteren Spannungswerten zufrieden sein müssen, wenn man die Unterwerks-Sammelschiene auf einen Mittelwert einreguliert.

Ausnahmsweise macht man zur Abhilfe dieses Mangels von folgendem Kunstgriff Gebrauch: Auf der Gleichstromseite des Unterwerkes sind 2 Sammelschienensysteme vorgesehen, die bei geringer Belastung durch einen besonderen Kuppelschalter zusammengeschaltet sind. An das eine der beiden Sammelschienensysteme sind diejenigen Stromabnehmer angeschlossen, die in der Nachbarschaft des Unterwerkes liegen. Das andere Sammelschienensystem speist die weit entfernten Abnehmer. Wächst nun die Belastung des Unterwerkes mehr und mehr an, dann wird der Kuppelschalter der beiden Sammelschienensysteme geöffnet, und es arbeiten jetzt verschiedene Umformungseinrichtungen auf die beiden Sammelschienensysteme.

Die Regelung erfolgt dabei so, daß die Spannung desjenigen Sammelschienensystemes, das die entfernt liegenden Abnehmer mit Strom versorgt, höher reguliert wird als die des Systemes, das zur Versorgung der benachbarten Abnehmer dient. Diese Anordnung findet man vor allem in großen amerikanischen Gleichstromanlagen. Bei der selbsttätigen Steuerung einer solchen Anlage treten selbstverständlich zu der eigentlichen Regelung schaltungstechnische Aufgaben hinzu, die in dem Öffnen und Schließen des Kuppelschalters und in der verschiedenartigen Regelung der beiden Sammelschienensysteme begründet sind. In neuerer Zeit umgeht man diese Schwierigkeiten fast immer dadurch, daß man an den entfernten Netzpunkten neue kleine Gleichrichter-Unterwerke aufstellt, die zur Spannungsverbesserung dieser Punkte während der Zeit starker Belastung des Netzes dienen (sog. Druckpunktstationen).

Was die Genauigkeit der Spannungsregeleinrichtung anbetrifft, so muß man, wenn es sich um eine selbsttätige Regelung handelt, darauf achten, daß die Empfindlichkeit, mit der das Spannungsreguliergerät die Spannung konstant regeln soll, nicht größer ist, als der Größe der Stufen des Regelorganes entspricht. Setzt man beispielsweise voraus, daß es sich um eine Gleichrichteranlage mit einem hochspannungsseitigen Regulierschalter handelt, und daß dieser beim Übergang von einer Stellung in die andere einen Spannungssprung von 1 Volt ergibt, dann nützt es natürlich nichts, das Regelgerät so empfindlich einzustellen, daß es bestrebt ist, die Spannung mit einer größeren Empfindlichkeit als etwa 1 Volt konstant zu regulieren; im Gegenteil muß man dafür Sorge tragen, daß die Ansprechgrenzen des Spannungsregulierrelais größer sind, als der Stufenspannung des Regelorganes entspricht. Wenn man hierauf nicht achtet, erhält man eine unzulässig große Spielzahl der Regeleinrichtung.

In vielen Fällen wird vergeblich versucht, diese Schwierigkeit durch Anordnung von Zeitrelais zu beseitigen. Die Anwendung solcher Zeitrelais für Regelanordnungen ist grundsätzlich vollkommen richtig, aber nur dann, wenn auch ohne Verwendung der Zeitrelais die Regeleinrichtung einigermaßen ruhig arbeitet. Die Zeitrelais haben dann die Aufgabe, die Spielzahl der Regeleinrichtung weiter zu vermindern, erstens, um die Regeleinrichtung zu schonen und zweitens, um mit Rücksicht auf den Abnehmer unnötig häufige Regelvorgänge zu vermeiden.

Die meisten selbsttätigen Spannungsregeleinrichtungen sind unnötig empfindlich eingestellt und halten die Spannung so genau konstant, daß die Schwankungen mit Hilfe von gewöhnlichen Schalttafelinstrumenten kaum festgestellt werden können. Grundsätzlich ist aber im vorliegenden Fall (Alleinbetrieb) die Aufgabe so einfach, daß man mit sehr einfachen Regeleinrichtungen auskommt, wenn man nicht übertrieben hohe Anforderungen an die Regelung stellt. Ein großer Teil der Regelvorgänge, die sich in selbsttätigen Anlagen abspielen, sind unnötig. Bei Anlagen, die im Alleinbetrieb arbeiten, bringen sie keinen bedeutenden Nachteil mit sich, was jedoch immer dann der Fall ist, wenn es sich um die selbsttätige Regelung von mehreren, auf ein gemeinsames Netz parallel arbeitenden Anlagen handelt (Ausgleichströme, Pendelungen usw.)

In den meisten Umformerstationen werden, auch wenn die Stationen ihr Netz allein versorgen, mehrere Maschinen oder mehrere Gleichrichter innerhalb derselben Anlage untereinander parallel arbeiten. Auch hier entsteht eine zusätzliche Regelaufgabe, die in der Lastverteilung zwischen den einzelnen Maschinen oder Gleichrichtern desselben Unterwerkes besteht. Werden derartige parallel arbeitende Maschinen oder Gleichrichter mit einer selbsttätigen Spannungsreguliereinrichtung ausgerüstet, dann gibt es verschiedene Wege, um eine gleichmäßige Lastverteilung auf die einzelnen Maschinensätze des Unterwerkes zu erhalten.

Man rüstet die einzelnen Maschinensätze mit Spannungsregeleinrichtungen aus, die die erzeugte Gleichspannung nicht auf einem bestimmten Wert konstant halten, sondern die so arbeiten, daß der einregulierte Spannungswert mit zunehmender Belastung des Maschinensatzes abnimmt. Dies ist der Verlauf zwischen Strom und Spannung, den jede Nebenschlußmaschine, in deren Regeleinrichtung nicht eingegriffen wird, von Natur aus aufweist. Bekanntlich erzielt man eine gleichmäßige Lastverteilung auf verschiedene, parallel arbeitende Maschinen nur dann, wenn sie einen solchen Nebenschlußcharakter haben, d. h. wenn der von der betreffenden Maschine oder vom Gleichrichter gelieferte Spannungswert mit zunehmendem Strom abnimmt. Bei selbsttätiger Spannungsregelung muß also eine entsprechende Strombeeinflussung des Spannungsreglers stattfinden, und diese wird leicht dadurch erreicht, daß der Spannungsregler neben seiner Spannungsspule eine Stromspule erhält, die auf elektromagnetischem Wege so wirkt, daß der vom Spannungsregler eingesteuerte Spannungswert mit zunehmender Belastung abnimmt. Hierbei wird also der Spannungsregler jeder Maschine von ihrem eigenen Strom beeinflußt.

Dieses Verfahren widerspricht nun aber dem oben geschilderten Wunsche, die Sammelschienenspannung des Unterwerkes mit zunehmender Belastung zu erhöhen, damit die Spannung beim Stromabnehmer einen möglichst konstanten Wert aufweist. Hier kann man dadurch Abhilfe schaffen, daß von Zeit zu Zeit von Hand der Soll-Spannungswert sämtlicher Regler so verstellt wird, daß bei zunehmender Belastung des gesamten Unterwerkes auch die Sammelschienenspannung erhöht wird. Man kann dies aber auch selbsttätig machen, und zwar so, daß man neben der bereits erwähnten Strombeeinflussung der Spannungsregler eine weitere Strombeeinflussung dieser Regler vornimmt, die aber nun nicht vom Strom der einzelnen Maschinen- oder Gleichrichtersätze, sondern von dem Gesamtstrom des Unterwerkes abhängig gemacht wird und die die umgekehrte Wirkung wie die bereits erwähnten Stromspulen hat.

Es sind also hier zwei Strombeeinflussungen vorhanden, und zwar hängt die eine Beeinflussung von dem Strom des einzelnen Maschinensatzes ab und wirkt so, daß mit zunehmendem Strom der einzelnen Maschine der vom Regler konstant gehaltene Spannungswert abnimmt. Diese Strombeeinflussung hat die Aufgabe, eine stabile Lastverteilung zwischen den Maschinensätzen zu bewirken. Die zweite Strombeeinflussung hat einen völlig anderen Zweck, und zwar hat sie die Aufgabe, den Spannungswert der Sammelschiene mit zunehmender Belastung des ganzen Unterwerkes zu steigern. Während die erstgenannte Strombeeinflussung von dem Strom des einzelnen Maschinensatzes abhängig ist, ist die zuletzt erwähnte vom Summenstrom abhängig.

Das dritte Verfahren, das hier anwendbar ist, ist in größeren amerikanischen Umformerwerken in Anwendung und es besteht darin, daß eine der Umformermaschinen als Führermaschine die Spannungsregelung übernimmt, während eine Differenzstrom-Regeleinrichtung die Aufgabe hat, für die richtige Stromverteilung zwischen den parallel arbeitenden Maschinen zu sorgen.

Das vierte Verfahren hat den Namen »Gleichlaufregelung«, und es ist in den meisten Glasgleichrichteranlagen in Betrieb. Bei dieser Steuerung sind die Regelorgane, z. B. die Regulierschalter der Regeltransformatoren, mechanisch miteinander gekuppelt, so daß auf einfache Weise der Antrieb durch ein gemeinsames Antriebsorgan erfolgen kann, das seinerseits so gesteuert wird, daß es die Spannung, unabhängig von Lastschwankungen und drehstromseitigen Spannungsschwankungen, konstant hält oder besser mit zunehmender Last ansteigen läßt. Diese mechanische Kupplung kann auch durch eine sog. »elektrische Welle« ersetzt werden, wenn aus räumlichen Gründen die mechanische Kupplung Schwierigkeiten macht. Ein Ausführungsbeispiel einer solchen elektrischen Welle wird im nächsten Abschnitt ausführlich geschildert.

2. Parallelbetrieb mehrerer Umformerstationen auf ein gemeinsames Gleichstromnetz.

Hier nehmen die Schwierigkeiten der selbsttätigen Regelung zu, denn mit der Spannungsregelung der einzelnen, auf das gemeinsame Netz arbeitenden Umformerstationen hängt nun unmittelbar die Lastverteilung zwischen diesen Umformerstationen zusammen. Außerdem kommt hinzu, daß sehr häufig die einzelnen Umformerstationen an verschiedene Hochspannungs-Stromquellen angeschlossen sind, die verschiedenen und voneinander unabhängigen Spannungsschwankungen unterworfen sind.

Was die zur Erzielung einer richtigen Lastverteilung zur Verfügung stehenden Wege anbetrifft, so ist folgendes zu sagen: Die selbsttätige Spannungsregulierung der einzelnen Umformerstationen auf bestimmte, von der Last unabhängige Spannungswerte ist nicht möglich, weil auf diese Weise grundsätzlich eine stabile Lastverteilung nicht gewährleistet werden kann. Die Strombeeinflussung der einzelnen Unterstationen im Sinne der Erzielung des Nebenschlußcharakters der einzelnen Stationen ist ebenfalls meistens nicht anwendbar, weil sich dieses Verfahren nicht mit der Forderung verträgt, daß die Spannung beim Abnehmer konstant gehalten, d. h. an den Sammelschienen der Unterwerke mit zunehmender Belastung gesteigert werden muß. Es ist auch hier nicht möglich, mit Hilfe einer Summenstrom-Beeinflussung die Umformerstationen zu steuern, weil in den meisten Fällen die Entfernung zwischen den Unterwerken groß sein wird und weil man keine Stelle im Netz finden wird, durch die der gesamte Strom fließt, und an die die Summenstromspulen zur Beeinflussung der Spannungsregler sämtlicher Stationen angeschlossen werden könnten.

Hier müssen also andere Verfahren in Anwendung kommen, wenn es sich darum handelt, mehrere Umformer- oder Gleichrichterstationen, die weit voneinander entfernt liegen und ein gemeinsames Gleichstromnetz speisen, selbsttätig zu regeln.

Es ist noch zu erwähnen, daß die angedeuteten Schwierigkeiten nicht auftreten, wenn die Entfernung zwischen den Stationen ganz besonders groß ist oder wenn der Querschnitt der Verbindungsleitungen zwischen den parallel arbeitenden Stationen so gering ist, daß Änderungen der Spannung in der einen Station die Belastung der anderen Station nicht nennenswert beeinflussen. Diese Verhältnisse liegen aber im allgemeinen in Gleichstromnetzen nicht vor, so daß man sich überlegen muß, wie man die Last zwischen den Umformeranlagen auf einfache Weise verteilen kann.

Man vermeidet die ganzen Schwierigkeiten häufig dadurch, daß man auf eine selbsttätige Regelung der einzelnen Unterstationen verzichtet, und daß man die Umformerstationen von einer zentralen Stelle aus fernüberwacht, ferngesteuert und fernreguliert. Durch dieses Verfahren werden wohl alle Schwierigkeiten, die die selbsttätige Steuerung bringt, umgangen, aber selbstverständlich setzt dieser Weg einen verhältnismäßig großen Aufwand an Fernmeß- und Fernsteuereinrichtungen voraus (Abb. 131). Trotzdem ist wohl der größere Teil der in den letzten 10 Jahren in Deutschland gebauten Gleichrichteranlagen so ausgeführt, daß die

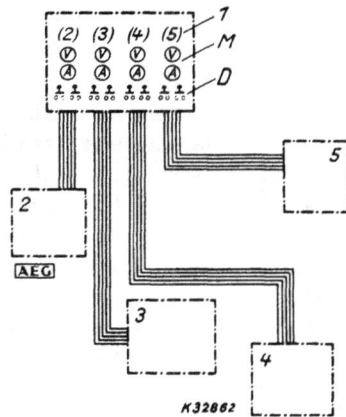

Abb. 131. Radiale Fernsteuerung von vier Gleichrichteranlagen von einer Steuerstelle (1) aus.

Steuerung und Regelung der Stationen von einer zentralen Stelle aus erfolgt.

Es sind aber auch sehr viele Anlagen mit gutem Erfolg in Betrieb, bei denen die Regelung selbsttätig vorgenommen wird, und zwar bestehen auch hier einige Wege, die im folgenden geschildert werden sollen.

a) Selbsttätige Spannungsregelung mit Strombegrenzungseinrichtung.

Diese Lösung besteht darin, daß man alle Unterstationen mit einer selbsttätigen Spannungsreguliereinrichtung ausrüstet, die bei geringer Belastung des Netzes so arbeitet, daß an den einzelnen Netzpunkten bestimmte Spannungen konstant gehalten werden. Die Belastungsverteilung auf die einzelnen Stationen spielt in diesem Zustand keine so große Rolle, weil ja voraussetzungsgemäß die Netzbelastung gering ist. Nimmt nun die Netzbelastung zu, dann nehmen die in dem Netz verteilten Umformerstationen Last auf, und zwar so lange, bis sie bei ihrem Vollastwert angekommen sind. Von diesem Augenblick an wird die Spannungsregeleinrichtung selbsttätig stillgesetzt und es tritt eine selbsttätige Strombegrenzungsregelung in Tätigkeit, die so arbeitet, daß sie unabhängig von der Netzbelastung eine Belastung der einzelnen Unterstationen über ihre Vollastgrenze hinaus nicht zuläßt.

Es ist aber folgendes zu berücksichtigen: Die mit einer solchen Spannungsregelung mit Strombegrenzung ausgerüsteten Umformeranlagen sind sehr oft Glasgleichrichteranlagen, bei denen eine große Zahl von Glaskörpern parallel arbeitet. Wenn man eine solche Anlage zuverlässig ausrüsten will, dann ist man gezwungen, jedem einzelnen Glasgleichrichterkolben ein eigenes Strombegrenzungs-Regulierrelais zu geben; denn ein Strom-Relais, das an die gemeinsame Leitung mehrerer Glasgleichrichter angeschlossen wird, muß in seiner strombegrenzenden Wirkung versagen, wenn der eine oder andere Kolben aus irgendwelchen Störungsgründen ausfällt. Setzt man beispielsweise voraus, daß 4 gleichartige Glasgleichrichter parallel arbeiten und daß sie mit einem gemeinsamen Strombegrenzungs-Regulierrelais ausgerüstet sind, dann arbeitet dieses Relais so, daß es verhindert, daß der Strom der 4 Gleichrichter 100% übersteigt. Dabei ist jeder der 4 Gleichrichter mit 25% belastet. Nimmt man nun an, daß einer der 4 Glasgleichrichter ausfällt, dann hält auch weiterhin das Strombegrenzungsrelais den Strom auf einem Wert von 100% konstant, aber dieser Strom verteilt sich nun nur noch auf 3 Glasgleichrichter. Trotz der vorhandenen Strombegrenzungs-Reguliereinrichtung erfolgt also eine Überlastung der einzelnen Glasgleichrichter. Man sieht, daß bei dem geschilderten Verfahren verhältnismäßig viel Strombegrenzungs-Regulierrelais gebraucht werden, aber trotzdem hat sich dieses Verfahren gut eingeführt und es arbeitet zuverlässig.

b) Gleichlauf-Regulierverfahren.

Um die Regelausrüstung parallelarbeitender, gittergeregelter[1]) Gleichrichteranlagen zu vereinfachen, wurde eine Gleichlauf-Regulierung, eine Art »elektrische Welle« entwickelt, die nach folgendem Grundsatz arbeitet: Die Antriebe der Regelorgane sämtlicher im Netz verteilter Gleichrichteranlagen sind als Schrittschaltwerke (Relaisantriebe) ausgeführt und die Steuerung dieser sämtlichen Schaltwerke erfolgt durch Fernsteuerung von einer Stelle aus oder durch ein gemeinsames Spannungs-Regulierrelais über nur 3 Leitungen.

Der Relaisantrieb (Abb. 132) arbeitet ähnlich wie der Antrieb eines Wählers aus der automatischen Telephonie, d. h. als Schrittschaltwerk. Durch die Verwendung dieses Verfahrens ist es möglich, schaltungstechnisch alle diejenigen Lösungen für Regelanordnungen zu verwenden, welche typisch für automatische Telephoniesteuerungen bzw. für die aus diesen Steuerungen hervorge-

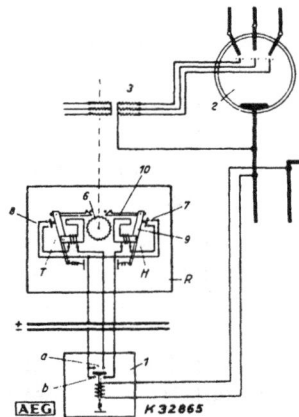

Abb. 132. Selbsttätige Gitterregelung mit einem Relaisantrieb.

gangenen »Wählerfernsteuerungen« sind. Der Relaisantrieb besteht aus einem Zahnrad *6* und zwei Steuerrelais *H* und *T*, von denen das eine bei seinem Arbeiten das Zahnrad *6* im Sinne der Linksdrehung bewegt, während das andere das Zahn-rad und damit den Gitterdreh-regler in Rechtsdrehung ver-setzt. Das Schaltbild zeigt, daß die Relaisspulen mit Selbst-unterbrecherkontakten *7* bzw. *8* in Reihe liegen und daß die An-ordnung ähnlich wie ein Wagner-scher Hammer arbeitet. Wird von außen die Relaisspule *H* betätigt, dann zieht der Anker *9* an, die Klinke *10* dreht das Zahn-rad um einen Zahn weiter, der Selbstunterbrecherkontakt *7* öff-net den Spulenstromkreis des

Bildbezeichnungen wie bei Abb. 132.
Abb. 133. Relaisantrieb mit abgenommenem Gehäusedeckel.

Relais *H* und hierdurch fällt der Anker des Relais wieder ab. Da der Spulenstromkreis durch den Kontakt *7* wieder geschlossen wird, wieder-holt sich das Spiel so lange, bis die Betätigung des Relais *H* aufhört.

---

[1]) Siehe auch Abschnitt XI.

Der Aufbau des Antriebes ist sehr einfach (Abb. 133). Das Zahnrad *6*
macht in der Sekunde 10 Schritte. Im Gegensatz zu den für solche
Zwecke meist verwendeten Motorfernantrieben ist ein »Nachlaufen« nach
Beendigung der Betätigung nicht vorhanden, obwohl eine Stillsetz-
bremse nicht vorgesehen ist. In automatischen Anlagen hat diese Bremse
der Motorfernantriebe oft Schwierigkeiten gemacht. Die beim Motorantrieb bei jeder Betätigung vorhandene »Anlaufverzögerung« fällt
praktisch ganz fort.

Interessant ist, daß es sich hier um einen Eilregler ohne jede Rückführung handelt. Dies ist eine Folge der Trägheitslosigkeit der Gleich-
richter-Gittersteuerung und der besonderen Ausgestaltung der Antriebseinrichtung.

c) Regulierschaltungen.

Es sollen nun Schaltungen erläutert werden, welche durch die Verwendung einer solchen Schrittschaltwerk-Reguliereinrichtung ermöglicht
werden.

Die Schaltung geht aus Abb. 134 hervor. Die Gleichrichter *I* und *II*
sollen mit Hilfe der Betätigungsdruckknöpfe *1* gesteuert werden. Dieses
»Gleichlaufsteuerungsverfahren« arbeitet so, daß die von *1* ausgehenden
Regelbetätigungen durch zwei sog. »Impulsrelais« *2* und *3* in kurze Impulse umgewandelt werden. Die Relaisantriebe der beiden Gleichrichter

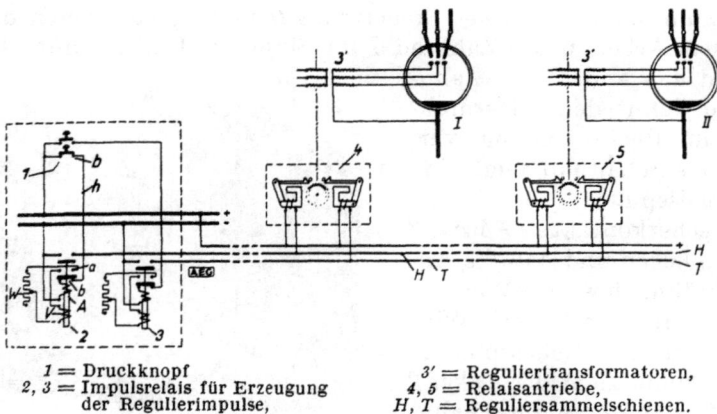

1 = Druckknopf	3′ = Reguliertransformatoren,
2, 3 = Impulsrelais für Erzeugung	4, 5 = Relaisantriebe,
der Regulierimpulse,	H, T = Reguliersammelschienen.

Abb. 134. Gleichlaufsteuerung zweier Gleichrichter.

sind nun so an Reguliersammelschienen *H* und *T* angeschlossen, daß bei
jedem Impuls, welcher auf die Tiefer-Reguliersammelschiene *T* gegeben
wird, das rechte Relais in jedem Relaisantrieb arbeitet bzw. im
anderen Falle das linke. Die Anzahl der Impulse und damit das Maß
der Verstellung der beiden Drehtransformatorwellen ist dabei für beide
Relaisantriebe gleich. Das Schaltbild zeigt, daß in diesem Falle die in

Abb. 132 mit *7* und *8* bezeichneten Unterbrecherkontakte aus dem Relaisantrieb entfernt (bzw. für die vorliegende Regulieraufgabe kurzgeschlossen) sind.

Das Zusammenarbeiten der Druckknöpfe *1* mit den beiden Impulsrelais *2* und *3* ist aus Schaltungen der Fernsteuertechnik oder der Telephonietechnik bekannt. Es spielt sich folgendermaßen ab:

Der Stromkreis *h* führt über den Kontakt *b* des Relais *2* und über dessen Spule *A*. Sobald der Kontakt *b* des Druckknopfes *1* geschlossen wird, zieht die Spule *A* das Relais *2* an. Hierauf unterbricht der Kontakt *2 b* den Spulenstromkreis und das Relais würde, wenn keine weiteren Anordnungen getroffen wären, sofort wieder abfallen. Bei dem Anziehen des Relais *2* schließt jedoch der Kontakt *a* dieses Relais den Stromkreis der Haltespule *V*, welcher die Eigenschaft hat, das Verschwinden des elektromagnetischen Flusses beim Öffnen des Kontaktes *b* des Relais *2* zu verzögern. Auf diese Weise hat das Relais eine bestimmte Abfallverzögerung. Das Schaltbild zeigt, daß der Regulierimpuls, welcher von dem Druckknopf *1* auf den Stromkreis *h* gegeben wird, ein Anziehen und Abfallen des Relais *2* mit einer Taktzahl zur Folge hat, welche durch die Einstellung des Dämpfungswiderstandes *w* festgelegt werden kann.

So lange die zu regulierenden Gleichrichter innerhalb eines Unterwerkes liegen, wäre ist Gleichregulierung der beiden Gleichrichter auch mit anderen Mitteln, beispielsweise mit einer mechanischen Kupplung der beiden Drehtransformatoren, zu bewerkstelligen.

Für die Aufgabe der Regelung verschiedener, v o n e i n a n d e r e n t - f e r n t angeordneter Gleichrichteranlagen kann die Schaltung dadurch verwendet werden, daß in jeder Anlage ein Relaisantrieb vorgesehen wird, und daß die drei Leitungen im ganzen Netz verlegt werden. Häufig steht eine so geringe Zahl von Leitungen in Gleichstromnetzen in Form von Prüfdrähten zur Verfügung.

Die Gründe dafür, daß es im allgemeinen nicht möglich ist, mehrere Gleichrichteranlagen, die ein gemeinsames Gleichstromnetz speisen, so auszuführen, daß jede mit einer eigenen Spannungsregeleinrichtung für Konstanthaltung eines b e s t i m m t e n Spannungswertes arbeitet, sollen nochmals an Hand der Abb. 135 erläutert werden:

Im linken Teil dieses Bildes ist ein von den drei Stationen *I*, *II* und *III* gespeistes Gleichstromnetz vereinfacht dargestellt. Die drei eingezeichneten Kreise sollen die Grenzen der von den einzelnen Stationen mit Strom versorgten Netzteile andeuten. Diese Grenzen sind die Punkte gleichen Spannungsabfalles. Der Punkt *X* beispielsweise ist ein Punkt gleichen Spannungsabfalles, von der Unterstation *I* sowie von der Unterstation *II* aus betrachtet. Die schraffierten Dreiecke sollen kennzeichnen, in welcher Weise die Gleichstromnetzspannung mit zunehmender Entfernung von den Stationen *I* und *II* abnimmt. Im rechten Teil des Bildes sind die Spannungsverhältnisse der Netze der Stationen *I* und *II* nochmals dargestellt. Die Gleichstromspannung E_I am Aufstellungsort der Station *I* nimmt mit zunehmender Entfernung von der Station *I* ab. In einer Entfernung N_I von der Station *I* ist ein Netzspannungsabfall e_I festzustellen. In entsprechender Weise verhalten

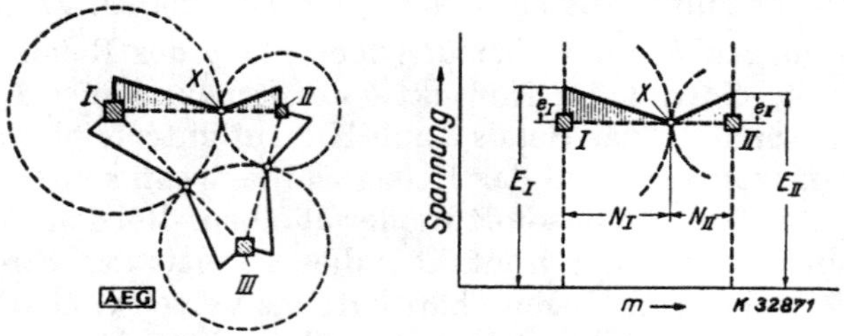

Abb. 135. Lastverteilung in einem Gleichstromnetz.

sich die Spannungswerte des Netzes *II*. E_{II} ist der Netzspannungswert an den Sammelschienen der Station *II*. Der Spannungsabfall im Netz *II* hat den Wert e_{II}. Der Punkt *X* ist der Berührungspunkt der Netze *I* und *II*. Er ist der Punkt gleichen Spannungsabfalles, von der Station *I* und *II* aus betrachtet.

Wird nun ein derartiges Netz automatisch dadurch reguliert, daß in allen Stationen *I*, *II* und *III* selbsttätige und selbständige Spannungsreguliereinrichtungen mit der Aufgabe der Spannungskonstanthaltung in Betrieb genommen werden, dann ist dieser Gesamtbetrieb unstabil, und zwar liegt der Grund hierfür darin, daß bei irgendeinem zufälligen Reguliervorgang, beispielsweise in der Station *III*, infolge der Erhöhung der Netzspannung durch diesen Reguliervorgang der Netzbereich der Station *III* vergrößert wird (Abb. 136). Die Kreise *a* kennzeichnen den Versorgungsbereich der Stationen *I* und *II* vor dem Einsetzen des Reguliervorganges. Die Kreise *b* bzw. die schraffierten Flächen zeigen die Verschiebung der Netzbereiche nach dem angenommenen Reguliervorgang.

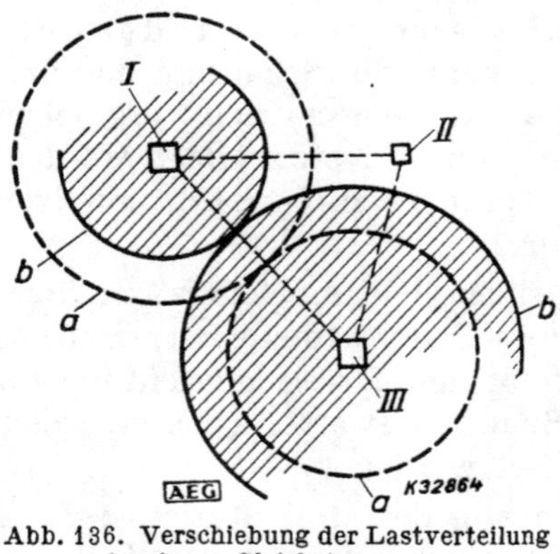

Abb. 136. Verschiebung der Lastverteilung in einem Gleichstromnetz.

Die Vergrößerung des Netzbereiches der Station *III* wird von den parallelarbeitenden Stationen *I* und *II* als Entlastung empfunden. Die Folge der Entlastung ist eine Erhöhung der Gleichstromspannung in der Nähe der Stationen *I* und *II*. Diese Spannungserhöhung wird von den

Spannungsreglern in den Stationen *I* und *II* mit einer Tieferregulierung und auf diese Weise mit einer weiteren Verkleinerung ihres Netzbereiches beantwortet und so fort.

Die in Abb. 134 angegebene Gleichlaufnetzsteuerung kann auch dazu benutzt werden, ein wegen Ausbleibens der Drehstrom-Hochspannung vorübergehend spannungslos gewordenes Gleichstromnetz wieder anzufahren. Besondere Maßnahmen in dieser Richtung müssen getroffen werden, weil ein Lichtnetz die Eigenschaft hat, nach Ausbleiben der Spannung und Wiedererscheinen derselben einen sehr hohen Einschaltstromstoß aufzunehmen, wenn die Lampen des Netzes während per Störungszeit kalt geworden sind. Der Netzanfahrvorgang spielt sich bei Anwendung der Gleichlaufnetzsteuerung so ab, daß nach dem Ausbleiben der Spannung die Gitter aller Gleichrichterstationen mit Hilfe der Gleichlaufnetzsteuerung geschlossen werden. Wenn dann die Hochspannung wieder erscheint, wird das Netz durch langsames Öffnen der Gitter aller Stationen unter Spannung gesetzt. Bei Dreileiternetzen ist hierbei noch die Inbetriebsetzung der Ausgleichsaggregate zu berücksichtigen; aber auch dieser Vorgang ist bei der angegebenen Schaltung sehr einfach durchzuführen.

Da bei großen Spannungsregulierbereichen Leistungsfaktor und Wirkungsgrad der Anlagen infolge der Gittersteuerung nennenswert verschlechtert werden, so könnte dies der Einführung der Gittersteuerung zu Regelzwecken in vielen Netzen hemmend im Wege stehen. In diesen Fällen besteht aber noch die Möglichkeit, den geschilderten Netzanlaufvorgang mit der Gleichlaufsteuerung vorzunehmen, da in diesem Falle die Verschlechterung des Leistungsfaktors nur während des Hochfahrvorganges des Netzes auftritt. Im normalen Betrieb sind dann die Gitter der Gleichrichter vollkommen geöffnet. Die Regulierung derartiger Anlagen im normalen Betriebe könnte, wie bisher, durch Regulierschalter erfolgen.

XVII. Selbsttätige Umspannwerke.

Zur Ersparnis von Leerlaufverlusten, d. h. zur Verbesserung des Wirkungsgrades von Umspannwerken wird häufig eine selbsttätige Schaltanordnung verwendet, die die Aufgabe hat, in Abhängigkeit von der Netzbelastung einzelne Umspanner in und außer Betrieb zu nehmen. Viele Werke besitzen zwei oder mehrere parallel geschaltete Umspanner, von denen einer zur Deckung der Belastung über einen großen Teil des Tages ausreicht. Das Verhältnis zwischen Eisen- und Kupferverlusten betrug bei Umspannern der älteren Bauart etwa 1:1 bei Vollast, bei Umspannern der neueren Bauart wird in der Regel das Verhältnis mit 1:3 gezählt. Es wurden ausführliche Berechnungen darüber angestellt, in welchen Fällen der Einbau selbsttätiger, lastabhängiger Schalteinrichtungen wirtschaftliche Vorteile bringt.[1])

Die schaltungstechnische Ausführung einer solchen Anordnung bei der auf der Hochspannungsseite des selbsttätig zu schaltenden Umspanners ein Hochspannungstrennschalter mit Hochspannungssicherungen vorgesehen ist, geht aus der Abb. 137 hervor. Als Betätigungsspannung wird das Niederspannungsnetz benutzt. Die Niederspannungsseite des

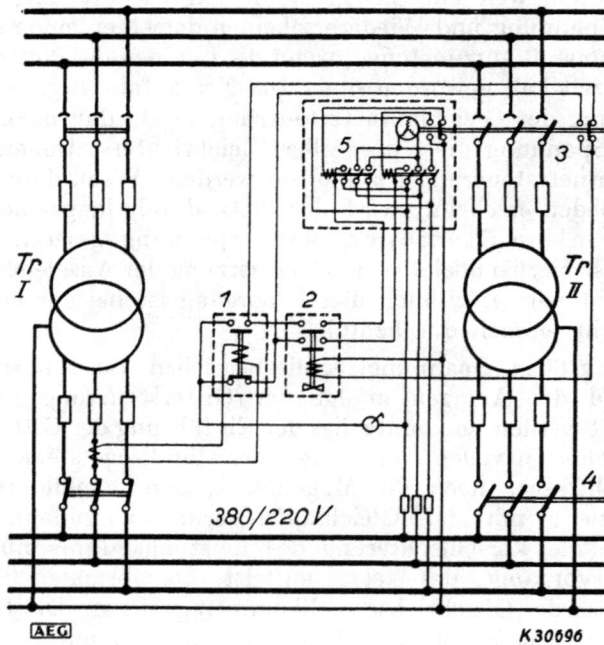

1 Stromrelais, 2 Zeitrelais, 3 Trennschalter und 4 Hebelschalter (mechanisch gekuppelt), 5 Motorantrieb mit eingebauten Schaltschützen mit Selbsthaltung.

Abb. 137. Schaltbild einer Transform.-Station mit selbsttätiger stromabhängiger Schaltung des zweiten Transformators.

Umspanners wird entweder durch einen mechanisch mit dem Hochspannungsschalter gekuppelten Hebelschalter oder durch ein elektrisch gekuppeltes Schaltschütz abgeschaltet. Die Schaltvorgänge spielen sich folgendermaßen ab: Umspanner *I* ist dauernd eingeschaltet, Umspanner *II* soll in Abhängigkeit von der Belastung selbsttätig ein- und ausgeschaltet werden. Steigt die Belastung des Umspanners *I* auf etwa 90% seiner Nennlast, dann zieht das Stromrelais *1* an und betätigt das

---

[1]) B. Fleck und E. Rahn, »Verbesserung des Wirkungsgrades von Netztransformatoren durch selbsttätige Schalteinrichtungen«, E. u. M. 1934, Heft 43, S. 501.

Zeitrelais *2*. Dieses Zeitrelais ist vorgesehen, um ein unnötig häufiges Ein- und Ausschalten bei kurzzeitigen Lastschwankungen zu verhindern. Hält die hohe Belastung längere Zeit an, als der Einstellung des Zeitrelais entspricht, so kommt Relais *2* zur Kontaktgabe, das linke in dem Motorantrieb *5* eingebaute Zwischenschütz steuert den Trennschalter *3* mittels des Antriebsmotors in die Einschaltstellung. Gleichzeitig schaltet auch der mechanisch mit diesem Trennschalter gekuppelte Hebelschalter *4* ein. Durch die Einschaltung des zweiten Umspanners verteilt sich die Belastung zur Hälfte auf beide Umspanner unter der Annahme, daß es sich um gleich große Umspanner handeln möge. Hierbei darf das mit großem Halteverhältnis ausgeführte Stromrelais *1* noch nicht abfallen. Es geht vielmehr erst dann in die gezeichnete Ruhelage zurück, wenn der Strom wieder auf etwa 30% der Nennlast des Umspanners *I* gefallen ist. Dann läuft das Zeitrelais *2* erneut an und steuert mittels des rechten Zwischenschützes im Motorantrieb *5* die Schalter *3* und *4* in die Ausschaltstellung, so daß Umspanner *II* wieder abgeschaltet ist.

Wenn die Zahl der Umspanner größer ist als im erläuterten Falle, dann wird die Schaltung etwas schwieriger. Sie ist ausführlich behandelt im Abschnitt XV/3 (Abb. 124).

XVIII. Batterieladeeinrichtungen.

In selbsttätigen Anlagen hat sich in den letzten Jahren die »Dauerladung« der Betätigungsbatterien sehr gut bewährt. Sie besteht darin, daß die Lademaschine oder der Ladegleichrichter dauernd zur Batterie parallel geschaltet ist und diese immer im aufgeladenen Zustand erhält. Bei Verwendung eines kleinen Ladegleichrichters sind überhaupt keine schaltungstechnischen Maßnahmen erforderlich. Es ist nur darauf zu achten, daß der Gleichrichter einen besonders großen Spannungsabfall zwischen Leerlauf und Vollast aufweist, damit er bei großen Belastungsspitzen nicht unzulässig überlastet wird. Außerdem muß immer für eine gewisse Belastung der Batterie gesorgt werden, beispielsweise durch Anordnung einer künstlichen Belastung in Form eines Widerstandes, der parallel zur Batterie geschaltet wird. Für das erstmalige Aufladen der Batterie muß außerdem ein Widerstand in den Ladestromkreis geschaltet werden, durch dessen Regelung die Batterie langsam bis auf ihren Endwert aufgeladen wird. Bei Ausbleiben und Wiederkehren der Drehstromspannung arbeitet die Anordnung ohne irgendwelche Schaltungs- oder Regelvorgänge. Wird ein kleiner Motorgenerator zur Dauerladung verwendet, dann spielen sich etwa folgende Vorgänge ab (Abb. 138). Damit beim Fortbleiben der Drehstromspannung kein Rückstrom nach dem Ladeumformer fließt, der zu einem schnellen Entladen der Batterie führen würde, ist in die Ladeleitung ein Zwischenschütz *63* eingebaut, das beim Ausbleiben der Drehstromspannung sofort die Ladeleitung unterbricht. Kehrt die Drehstromspannung wieder, so schaltet das Schütz erst ein, wenn der Gleichstromgenerator volle Spannung abgibt. Hierfür ist das Gleichstromrelais *64* vorgesehen. Zum Benachrichtigen einer Überwachungsstelle bei Störungen am Ladeumformer ist an die Batterie ein Spannungsrelais *65* angeschlossen.

Handelt es sich um den vollautomatischen Ladevorgang größerer Batterien, die mit Zellenschaltern ausgerüstet sind, dann werden die

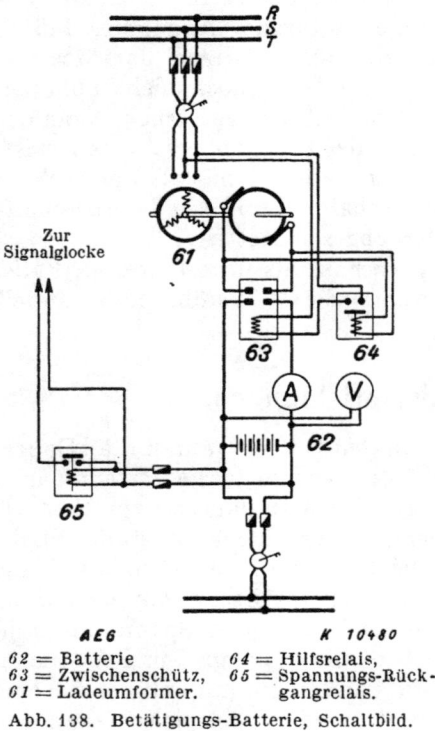

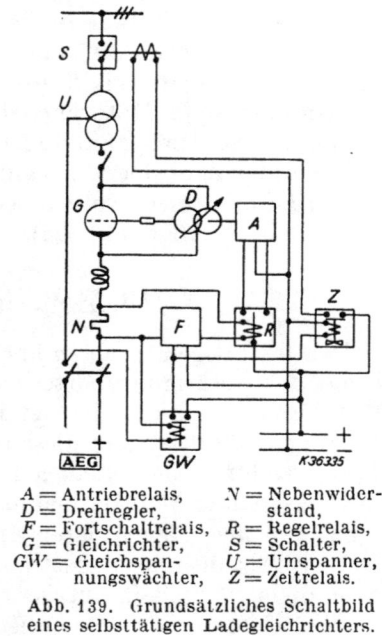

Zur
Signalglocke

AEG   K 10480

62 = Batterie   64 = Hilfsrelais,
63 = Zwischenschütz,   65 = Spannungs-Rück-
61 = Ladeumformer.   gangrelais.

Abb. 138. Betätigungs-Batterie, Schaltbild.

A = Antriebrelais,   N = Nebenwider-
D = Drehregler,   stand,
F = Fortschaltrelais,   R = Regelrelais,
G = Gleichrichter,   S = Schalter,
GW = Gleichspan-   U = Umspanner,
      nungswächter,   Z = Zeitrelais.

Abb. 139. Grundsätzliches Schaltbild
eines selbsttätigen Ladegleichrichters.

Schaltungen bedeutend schwieriger. Mit Rücksicht auf ihre seltene Anwendung sollen diese Anordnungen hier nicht im einzelnen behandelt werden.

Liegt die Aufgabe vor, Triebwagenbatterien, die während des Tages den Motorstrom des Tiebwagens liefern, während der Nacht oder während kurzer Betriebspausen selbsttätig aufzuladen, dann kann unter Verwendung gittergesteuerter Glasgleichrichter folgende Anordnung gewählt werden (Abb. 139):

Das Verfahren ist einfach und verlangt während der gesamten Ladezeit keine Wartung: es bewirkt das Laden der Zellen mit gleichbleibendem Strom während des ersten Ladeabschnittes durch Überwachen des

Ladevorganges mit einem Stromregelrelais *R*, das seinerseits auf den Antrieb des Drehreglers[1]) und damit auf die Gittersteuerung des Gleichrichters einwirkt. Bei Erreichen einer Zellenspannung von 2,4 V, die durch einen Spannungswächter *GW* gemessen werden kann, setzt der Regelvorgang ein, der die Ladestromstärke langsam herabsetzt. Nach Beendigung dieses Vorganges wird der Ladestrom auf einem für die Nachladung geeigneten Wert gehalten, bis die Anlage selbsttätig abgeschaltet wird. Die Arbeitsweise einer solchen Anlage erkennt man aus Abb. 139, die den Gleichrichter *G* mit dem vorgeschalteten Um-

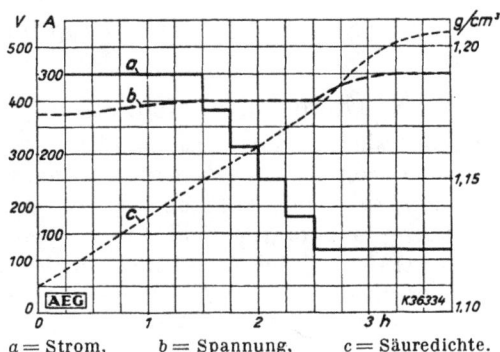

a = Strom,   *b* = Spannung,   *c* = Säuredichte.

Abb. 140. Kennlinien eines selbsttätig geregelten Ladevorganges.

spanner *U* und die hauptsächlichsten Teile der selbsttätigen Regeleinrichtung zeigt. Nach Einlegen sämtlicher Schalter läuft der Ladevorgang wie folgt ab:

1. Ladeabschnitt:

Regelrelais *R* mißt am Nebenwiderstand *N* eine dem Strom verhältnisgleiche Spannung und gibt bei Abweichen des Stromes vom Sollwert Impulse auf das Antriebsrelais *A*.

Relais *A* steuert den Drehregler *D*, bis der Strom seinen Sollwert wieder erreicht.

Gleichspannungswächter *GW* beobachtet die steigende Speicherspannung.

2. Ladeabschnitt:

Gleichspannungswächter *GW* spricht bei 2,4 V Zellenspannung an und gibt den Ablauf des Fortschaltrelais *F* und des Zeitrelais *Z* frei. Fortschaltrelais *F* ändert stufenweise die Spannung am Relais *R*, das in entsprechenden Absätzen Impulse zur Herabsetzung des Stromes erteilt.

---

[1]) Es handelt sich um einen Relaisantrieb, wie er im Abschnitt XVI erläutert ist (Abb. 132 und 133).

3. Ladeabschnitt:

Die selbsttätige Herabsetzung des Stromes wird unterbrochen. Das Zeitrelais Z schaltet nach Ablauf einer vorbestimmten Zeit den Schalter S und somit die Gleichrichteranlage aus.

Die Kennlinien eines solchen selbsttätig geregelten Ladevorganges zeigt Abb. 140, das abhängig von der Zeit den Verlauf von Strom, Spannung und Säuredichte enthält.

Die Verwendung der Gittersteuerung erlaubt neben der stufenlosen Regelung und dem Vorteil kleiner Massenbewegungen eine sehr viel einfachere Ausführung der selbsttätigen Einrichtung; sie bringt ferner durch den Fortfall der Regelumspanner eine Besserung des Wirkungsgrades mit sich.

XIX. Dampfturbinenanlagen.

Auf diesem Gebiet sind in der Vergangenheit selbsttätige Steueranordnungen nur sehr selten angewendet worden. Die Steuerung kleinster Hilfsturbinen, die die Aufgabe haben, bei Störungen im Hauptbetrieb selbsttätig anzufahren und für die Notbeleuchtung zu sorgen, arbeiten sehr einfach. Bei Ausbleiben der Spannung fällt ein mit Zeitversorgung versehener kleiner Hubmagnet ab und löst die Verklinkung eines Abfallgewichts, das beim Abfallen das Dampfeinlaßventil der Kleinturbine öffnet.[1]) Diese läuft hoch und der von ihr angetriebene Generator übernimmt die Notstromversorgung. Das Stillsetzen des selbsttätig angelassenen Maschinensatzes erfolgt von Hand.

Auch Maschinen mit Leistungen von etwa 500 kW können noch mit verhältnismäßig einfachen Mitteln selbsttätig angelassen werden. Ein solcher Fall liegt z. B. bei Notturbinen zur Deckung des Kraftwerkseigenbedarfes vor. Dabei handelt es sich um Dampfturbinen, die an die gleichen Dampfkessel angeschlossen sind, die für die Speisung der Hauptmaschinensätze bereits in Betrieb sind und die im Falle eines Fehlers im Netz, von dem in der Regel der Eigenbedarf versorgt wird, sofort angelassen werden und Strom liefern müssen (Abb. 141). Die Nebenbetrieb-Sammelschiene N wird in der Regel von den Hauptgeneratoren H mit Strom versorgt. Sobald wegen einer Störung im Hauptbetrieb die Sammelschiene N spannungslos wird, erfolgt selbsttätig die Inbetriebsetzung der Notturbine und die Wiederunterspannungsetzung der Nebenbetrieb-Sammelschiene. In Abb. 141 sind die Vorgänge angedeutet, die sich selbsttätig abspielen, um die Turbine anlaufen zu lassen und den Generator an die Sammelschiene N anzuschließen. Für die eigentliche Überwachung des Betriebes dieser Notturbine besteht kein Anlaß zur Automatisierung; es handelt sich nur darum, den Inbetriebsetzungsvorgang des Maschinensatzes von der im Störungsfalle stark beanspruchten Bedienungsmannschaft unabhängig zu machen.

---

[1]) Siehe Seite 109.

Die Inbetriebsetzung eines solchen Maschinensatzes ergab folgendes: Der vollautomatische Anlauf der Turbine vom Stillstand bis zur Einschaltung des Feldschwächungsautomaten 8 erfolgte innerhalb 16 s und nach weiteren 2 s erfolgt die Schaltung der Maschine auf das Eigenbedarfsnetz.

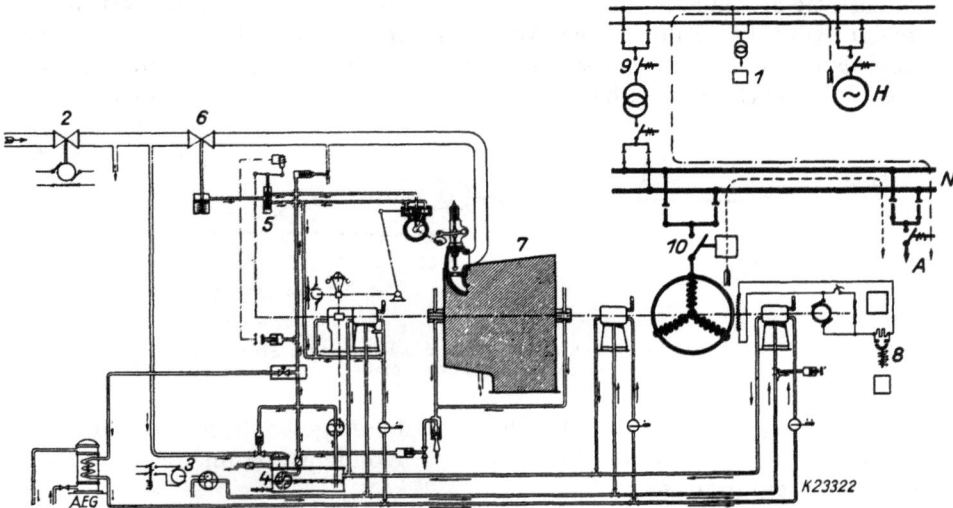

Die Apparate arbeiten in folgender Reihenfolge:

1 = Spannungsrelais, Impulsgeber für die selbsttätige Inbetriebnahme - Apparatur,
2 = Haupteinlaßventil,
3 = Lagerentlastungs-Pumpe,
4 = Reglungsölpumpe,

5 = Durch Hubmagnet betätigtes Vorsteuerventil zu 6,
6 = Selbstätiges Anfahr- und Schnellschlußventil,
7 = Notdampfturbine,
8 = Feldschwächungsautomat,

9 = Verbindungsschalter mit den Hauptmaschinen (öffnet),
10 = Maschinenschalter des Notturbinengenerators (schaltet ein).

Die Nebenbetrieb-Sammelschienen S und damit die Nebenbetrieb-Abzweige A werden vorübergehend von der Notturbine gespeist.

Abb. 141. Selbsttätige Inbetriebnahme einer Notdampfturbine für die Versorgung der Nebenbetriebe eines Dampfkraftwerkes bei Störungen der Hauptmaschinen H.

Die Absenkung der auf 420 V eingeregelten Generatorspannung bleibt innerhalb der festgelegten zulässigen Grenze, so daß der richtige Anlauf der Motoren erfolgt. Nach 10 bis 12 s wird die Normalspannung von 380 V endgültig erreicht.

XX. Elektrische Kondensatorenanlagen.

Hier liegt die Aufgabe vor, in Abhängigkeit vom Blindlastbedarf eines Netzes eine mehr oder weniger große Zahl von statischen Kondensatoren in bzw. außer Betrieb zu nehmen.

Schaltungstechnisch läuft dieser Vorgang auf eine selbsttätige Blindlastregulierung hinaus, wie aus folgender Schilderung hervorgeht

(Abb. 142). An die Sammelschiene sind außer den Lampen L die Motoren M angeschlossen, die je nach Zahl und Belastung das Netz N mit nacheilendem Blindstrom belasten. Ordnet man an der Stelle x ein Blindwattmeter an, das bei Überschreiten einer bestimmten nacheilenden Blindleistung seinen Kontakt 1 schließt und einen Kondensator K selbsttätig an die Sammelschiene schaltet, dann wird das Blindwattmeter seinen Kontakt wieder öffnen, wenn der vom Kondensator dem Netz entnommene voreilende Blindstrom so groß ist, daß er den, den Einstellwert des Blindwattmeters überschreitenden nacheilenden Blindstrom aus-

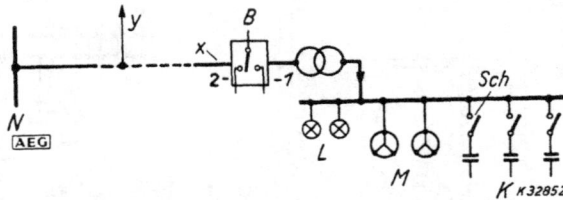

Abb. 142. Vereinfachtes Schaltbild der selbstätigen Steuerung einer Kondensatorenanlage.

gleicht. Ist dies nicht der Fall, d. h. reicht der eingeschaltete Kondensator nicht aus, dann wird noch ein weiterer Kondensator an die Sammelschiene gelegt und so fort.

Werden nun einige Motore abgeschaltet, dann nimmt der aus dem Netz entnommene nacheilende Blindstrom ab und infolge des Überschusses an Kondensatorleistung schließt das Blindwattmeter seinen Kontakt 2, der für die selbsttätige Außerbetriebnahme von Kondensatoren sorgt. Auf diese Weise kann das Blindwattmeter B die aus dem Netz N entnommene Blindleistung auf einen bestimmten Wert konstant regulieren. Ebenso wie bei selbsttätigen Regeleinrichtungen die Ansprechempfindlichkeit des Regulierrelais nicht größer sein darf als der Größe der Regulierstufen entspricht, darf auch im vorliegenden Falle die Ansprechempfindlichkeit des Relais B nicht größer sein als dem Blindleistungsbedarf e i n e s Kondensators entspricht. Im anderen Falle pendelt die Schalteinrichtung, d. h. auf die Einschaltung eines Kondensators erfolgt seine sofortige Wiederausschaltung.

An Stelle des Blindwattmeters B kann auch in Ausnahmefällen einfach ein S p a n n u n g s regulier-Relais verwendet werden, denn der zunehmende Bedarf an Blindstrom ergibt auch eine entsprechende Spannungsabsenkung an der Sammelschiene als Folge des durch den Blindstrom längs der Verbindungsleitung mit dem Netz N hervorgerufenen Spannungsabfalles. Voraussetzung für die Verwendung dieses Spannungsrelais ist aber, daß das Netz N seine Spannung konstant hält und daß nicht an einer Stelle y Stromabnehmer angeschlossen sind, die auf die Spannungshaltung einwirken.

Für die selbsttätige Ein- und Ausschaltung der Kondensatoren in Abhängigkeit von dem Blindwattmeter B können schaltwalzenartige Geräte verwendet werden, die, ähnlich wie ein Regulierschalter die einzelnen Anzapfungen einer Trafowicklung umschaltet, die einzelnen Kondensatoren durch Fernbetätigung ihrer Schalter *Sch* einschaltet.

XXI. Wiedereinschaltvorrichtungen für Hochspannungs-leistungsschalter.

Derartige Schalteinrichtungen sind in Europa in erster Linie in Mittelspannungsnetzen, in Amerika dagegen in großer Zahl in Hochspannungsnetzen in Betrieb. Sie haben die Aufgabe, einen wegen einer vorübergehenden Störung durch seine Schutzrelais ausgeschalteten Leistungsschalter entweder sofort oder nach einer einstellbaren Zeit selbsttätig wieder einzuschalten. Dabei ist zu unterscheiden, ob eine solche Wiedereinschaltung nur einmal oder ob sie mehrere Male, meist dreimal, vorgenommen wird. Bei Mittelspannungsschaltern besteht das Wiedereinschaltgerät häufig aus einem Gewichtskraftspeicher, d. h. aus einem Gewicht, das als Vorbereitung für den selbsttätigen Wiedereinschaltvorgang von Hand in eine bestimmte Höhe emporgehoben und verklinkt wird. Im Wiedereinschaltaugenblick wird das Gewicht selbsttätig mechanisch oder elektrisch entklinkt und hierauf schaltet es beim Abfallen den betreffenden Leistungsschalter wieder ein. Wenn eine genügende Fallhöhe zur Verfügung steht, dann kann sich der geschilderte Vorgang mehrere Male wiederholen, bevor das Gewicht wieder erneut von Hand emporgehoben wird.

Die Wiedereinschaltung kann aber auch unter Verwendung eines Fernantriebes, z. B. eines Motorantriebes (Abb. 143) erfolgen, wenn eine Einrichtung verwendet wird, die die Zahl der Wiedereinschaltungen begrenzt (siehe auch Abb. 54). Hierfür wird meistens ein sog. Wiedereinschaltrelais benutzt, das außerdem die Zeitverzögerung zwischen den einzelnen Wiedereinschaltvorgängen festzulegen hat. Es spielen sich folgende Vorgänge ab (Abb. 143): Wird der Ölschalter *1* durch seine Überstromrelais *4* ausgeschaltet, so betätigt ein Ölschalterhilfskontakt das Zeitelement Z des Wiedereinschaltrelais *2*, das hierauf abzulaufen beginnt. Nach einer bestimmten, am Zeitelement einstellbaren Zeit von wenigen Sekunden bis einigen Minuten betätigt ein Kontakt des Wiedereinschaltrelais über das Zwischenschütz *Sch* den Motorfernantrieb des Ölschalters, worauf dieser eingeschaltet wird. Sprechen die Überstromrelais *4* nicht erneut an, dann bleibt der Ölschalter eingeschaltet. Besteht aber der Kurzschluß weiter, dann wiederholt sich der geschilderte Vorgang noch zweimal und hierauf schließt das Relais *2* seinen Kontakt *H*, der durch Ausschalten des kleinen Motorschutzschalters *8* die gesamte

Wiedereinschaltvorrichtung abschaltet. Für den Fall aber, daß beispielsweise nach zwei vergeblichen Wiedereinschaltversuchen der Ölschalter
eingeschaltet bleibt, weil inzwischen die Störungsursache beseitigt ist,
ist noch eine Entriegelungseinrichtung *EH* vorhanden. Die Entriegelung
des Wiedereinschaltrelais *2* wird selbsttätig vorgenommen, wenn der
Ölschalter nach erfolgter Wiedereinschaltung eine bestimmte Zeit lang
eingeschaltet geblieben ist. Hierzu ist das Zeitrelais *3* vorgesehen, das

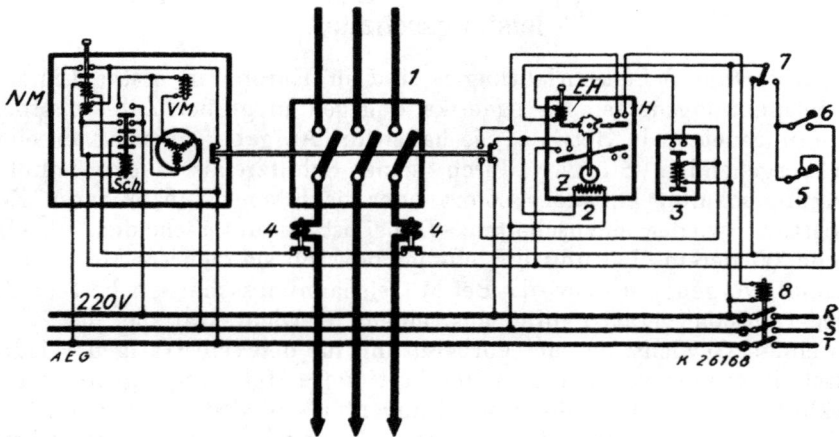

1 = Ölschalter mit motorischem Antrieb,	*EH* = Entrieglungsmagnet des Wiederein-
2 = Wiedereinschaltrelais,	schaltrelais *2*,
3 = Zeitrelais für automatische Ent-	*H* = Hilfskontakt für die Auslösung von
rieglung,	*8* bei Blockung von *2*,
4 = Überstromauslöser des Ölschalters,	*NM* = Unterspannungsauslöser des Öl-
5 = Druckknopf für Handausschaltung,	schalters *1*,
6 = Druckknopf für Handeinschaltung,	*Sch* = Schaltschütz im Motorantrieb von *1*,
7 = Umschalter von Handbetätigung auf	*VM* = Verklinkungsmagnet des Motor-
Automatik,	antriebes von *1*,
8 = Motorschutzschalter mit Arbeitstrom-	*Z* = Zeitelement des Wiedereinschalt-
Auslösespule,	relais *2*.

Abb. 143. Selbsttätige Wiedereinschaltvorrichtung mit selbsttätiger Entriegelung
für einen Ölschalter mit Motorantrieb.

über einen Hilfskontakt des Ölschalters gesteuert wird und z. B. 20 s
oder 1 min nach erfolgter Einschaltung das Wiedereinschaltrelais mittels
des Entriegelungsmagneten in die Ausgangsstellung zurückholt. Hierdurch wird nämlich erzielt, daß das Wiedereinschaltrelais, dessen zwei
Schaltvorgänge durch die beiden vergeblichen Wiedereinschaltversuche
verbraucht sind, wieder wie anfänglich für drei Wiedereinschaltvorgänge
zur Verfügung steht, wenn gelegentlich wieder eine Ausschaltung des
Schalters *1* erfolgt.

Aus lehrreichen Veröffentlichungen[1] amerikanischer Ingenieure geht
folgendes hervor, wobei allerdings zu beachten ist, daß in den meisten

---

[1] A. E. Anderson, »Automatic Reclosing of Oil Circuit Breakers«, El.
Engg. 1934, S. 48.

amerikanischen Netzen der Netznullpunkt geerdet ist, so daß jeder vorübergehende Erdschluß zu einer Ölschalterauslösung führt:

Bei Zeiten zwischen den Wiedereinschaltvorgängen von 15 bis 120 s blieb der Ölschalter eingeschaltet:

Nach der ersten Wiedereinschaltung in . . . . 86,9% der Fälle
» » zweiten » » . . . . 3,4% » »
» » dritten » » . . . . 0,9% » »
Erfolglos war die Wiedereinschaltung in . . . 8,8% » »

Um die Störungszeit zu vermindern, ging man dazu über, den ersten Wiedereinschaltvorgang o h n e besondere Z e i t v e r z ö g e r u n g vorzunehmen, mit folgendem Ergebnis:

Der Ölschalter blieb eingeschaltet:

Nach der ersten Wiedereinschaltung in . . . . 73,3% der Fälle
» » zweiten » » . . . . 15,9% » »
» » dritten » » . . . . 2,8% » »
Erfolglos war die Wiedereinschaltung in . . . 8,0% » »

Obwohl der erste Wiedereinschaltvorgang nur in 73,3% der Fälle (gegenüber oben 86,9%) Erfolg hatte, ergab sich hier doch der Vorteil, daß der Stromabnehmer diese 73,3% von hundert Fällen überhaupt nicht als Störung empfang, weil die Wiedereinschaltung des Schalters sofort erfolgte.

XXII. Selbsttätige Dieselanlagen.

Für die Netzstromversorgung lebenswichtiger Anlagen werden häufig kleine und mittlere Dieselanlagen aufgestellt, die, ohne mit anderen Anlagen parallel arbeiten zu müssen, vorübergehend die Stromversorgung der Abzweige *3* (Abb. 144) übernehmen müssen, wenn aus irgendeinem Störungsgrunde die Fernstromversorgung ausfällt.

Die Inbetriebnahme des Dieselmaschinensatzes spielt sich selbsttätig ab. Die Rückschaltung bei wiederkehrendem Fernstrom erfolgt mittels eines einzigen Schalters von Hand, während die Rückführung der übrigen Teile der Anlage in die Anlaßstellung selbsttätig vor sich geht. Auf eine selbsttätige Spannungsregelung kann im allgemeinen verzichtet werden, wenn die Belastung durch Glühlampen usw. annähernd gleich bleibt. Das Schaltbild zeigt die diesen Forderungen entsprechende, äußerst einfache Schaltung.

Bleibt der Fernstrom aus, so schaltet der Nullspannungsumschalter *1* die an der Notstromschiene *2* liegenden, dauernd mit Strom zu versorgenden Abnehmer *3* sofort auf den noch in Ruhe befindlichen Dieselgenerator um. Über einen Hilfskontakt am Umschalter *1* erhält der Hubmagnet *4* aus der Starterbatterie *5* Strom und gibt die Füllung der Brennstoffpumpen frei. Der Bosch-Anlasser *6* wird selbsttätig an die Starterbatterie gelegt, die Dieselmaschine erreicht, von dem Drehzahlregler gesteuert, innerhalb weniger Sekunden ihre Nenndrehzahl. Der Bosch-Anlasser wird durch das an der Erregermaschine liegende Spannungsrelais *7* abgeschaltet. Der Magnetregler *8*, der bisher in der Stellung höchsten Widerstandes gestanden hatte, wird mittels des Motorantriebes *9* auf

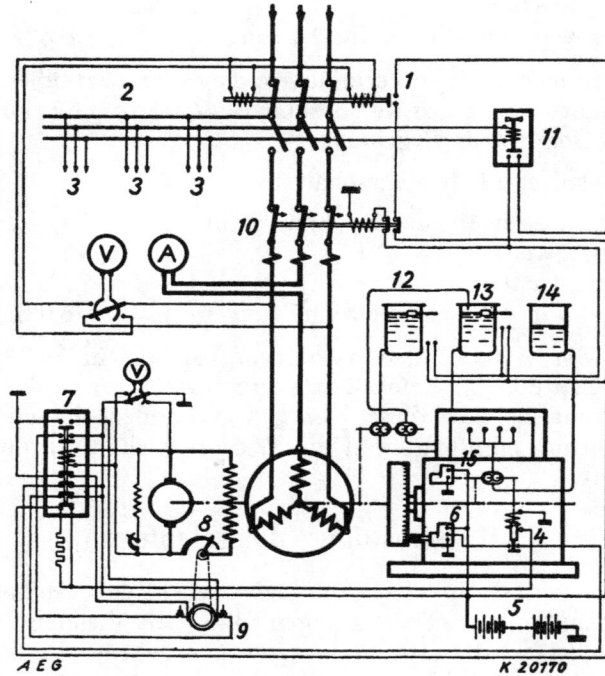

1 = Nullspannungs-Umschalter,	10 = Überstromschutzschalter,
2 = Notstrom-Sammelschienen,	normal eingeschaltet mit
3 = Notstrom-Abzweige,	Arbeitstrom-Auslöser,
4 = Hubmagnet für Brennstoff-	11 = Zeitrelais für Überwachung
pumpen,	der Anlaufzeit,
5 = Starter-Batterie,	12 = Schmierölbehälter mit
6 = Bosch-Anlasser,	Schwimmer,
7 = Erreger-Spannungs-Relais,	13 = Kühlwasserbehälter mit
8 = Magnetregler,	Schwimmer,
9 = Motorantrieb für Magnet-	14 = Brennstoffbehälter,
regler,	15 = Lademaschine.

Abb. 144. Schaltbild einer selbsttätigen Notstromdieselanlage mit Rückschaltung von Hand, ohne selbsttätige Spannungsreglung.

seine der Nennspannung bei gleichbleibender Belastung entsprechende Stellung gesteuert, wo er von einem Endkontakt abgeschaltet wird. Durch die somit langsam steigende Spannung wird eine allmähliche Übernahme der Last erreicht und die Anheizstromspitze der Glühlampen vermieden. Die Anlage arbeitet trotzdem so schnell, daß die

Nennspannung, je nach Größe der Maschine, in wenigen Sekunden bis zu einer halben Minute erreicht wird.

Die Brennstoff-, Schmieröl- und Kühlwasserversorgung erfolgt selbsttätig durch mit der Dieselmaschine gekuppelte Pumpen. Das Kühlwasser wird dabei aus einem Behälter *13* entnommen, dem das warme, von der Dieselmaschine kommende Wasser wieder zugeführt wird. Bei größeren Maschinen mit stärkerem Wasserverbrauch sieht man zweckmäßig eine Frischwasserzuleitung zum Behälter *13* vor, die bei steigender Temperatur des Kühlwassers dem Behälter selbsttätig Frischwasser zusetzt. Dieser Frischwasserzusatz wird durch ein, von einem Thermostaten mechanisch gesteuertes Ventil in der Zusatzleitung selbsttätig ohne elektrische Zwischenglieder bewirkt.

Schwieriger liegen die Verhältnisse, wenn große Motoren mit hohem Anlaufstrom von dem Dieselaggregat gespeist werden müssen. Dann muß der Generator mit einem schnell wirkenden, selbsttätigen Spannungsregler ausgerüstet werden. Vor allem ist in diesem Falle darauf zu achten, daß der Dieselmaschinensatz nicht nur für die von ihm verlangte Dauerlast, sondern besonders für das Hochfahren der angeschlossenen Motoren groß genug ausgelegt wird.

Stichwortverzeichnis.

Die Technik der Fernwirkanlagen

Fernüberwachungs- und Fernbetätigungseinrichtungen für den elektrischen Kraftwerks- und Bahnbetrieb, für Gas-, Wasser- und andere Versorgungsbetriebe.

Von DR.-ING. W. STÄBLEIN

302 Seiten, 172 Abbildungen. Gr.-8⁰. 1934. In Leinen gebunden RM. 15.-

„Das vorliegende Buch behandelt systematisch und zusammenfassend die gesamte Technik der Fernwirkanlagen. Der außerordentlich umfangreiche Stoff ist sehr übersichtlich gegliedert und hervorragend klar dargestellt, so daß das Buch allen, auch den höchsten Ansprüchen gerecht wird, die man an ein solches Werk sowohl nach der theoretischen und meßtechnischen als auch nach der praktischen Seite hin stellen kann. Die Grundlagen der Technik und ihre Verfahren werden klar herausgearbeitet, die Lösungen für die einzelnen Aufgaben ausführlich dargestellt und an Beispielen aus der Praxis eingehend erläutert.“

ETZ. Elektrotechnische Zeitschrift

Kurzschlußströme in Drehstromnetzen

Berechnung und Begrenzung

Von DR.-ING. M. WALTER

146 Seiten, 107 Abbildungen. Gr.-8⁰. 1935. RM. 6.50

„Das Buch von Walter ist als ein vorzüglicher Helfer zu bezeichnen für alle diejenigen, die in die gekennzeichnete Gedankenwelt eindringen wollen. Die einfache Darstellung, der übersichtliche Aufbau, die Ausstattung mit guten Bildern und praktische Berechnungsbeispiele lassen das Wesentliche klar hervortreten. Mit glücklicher Hand ist es vermieden, daß lediglich eine Sammlung von Berechnungsformeln gegeben wird: wenn auch nicht immer die Herleitung der Formel gebracht werden konnte, so bleiben doch die physikalischen Zusammenhänge stets klar erkennbar. Die beigefügten Schrifttumshinweise ermöglichen es dem Leser ohne weiteres, sich in Einzelheiten zu vertiefen und auch die Ziele der Weiterentwicklung zu erkennen.“ ETZ. Elektrotechnische Zeitschrift

Der Selektivschutz nach dem Widerstandsprinzip

Von DR. ING. M. WALTER

172 Seiten, 144 Abbildungen. Gr.-8⁰. 1933. RM. 8.50

R. OLDENBOURG · MÜNCHEN 1 UND BERLIN

www.ingramcontent.com/pod-product-compliance
Lightning Source LLC
Chambersburg PA
CBHW081538190326
41458CB00015B/5588